普通高等教育"十一五"国家级规划教材
电子设计系列规划教材

单片机的 C 语言程序设计与应用

——基于 Proteus 仿真（第 4 版）

姜志海　姜沛勋　编著

电子工业出版社
Publishing House of Electronics Industry
北京·BEIJING

内 容 简 介

  本书是普通高等教育"十一五"国家级规划教材。本书以 51 系列单片机和 C 语言为基础，全面系统地介绍单片机的 C 语言程序设计与应用的基本问题。本书主要内容包括：单片机的 C 语言概述，51 系列单片机硬件与 C 语言编程基础，P0～P3 口输入/输出、中断系统、定时器/计数器、串行口、并行扩展、串行扩展的 C51 编程，μVision2 与 Proteus 使用基础等。本书提供大量实例及详细说明与注释，硬件设计实例均可在 Keil 和 Proteus 软件平台上直接运行，每章后附本章小结、习题、实验与设计等，提供电子课件、Proteus 仿真电路及程序代码、习题参考答案。

  本书可作为高等学校电子信息、自动化、计算机、电气工程、机电一体化等专业相关课程的教材，也可供相关领域科技工作者与开发人员学习参考。

图书在版编目 (CIP) 数据

单片机的 C 语言程序设计与应用：基于 Proteus 仿真 / 姜志海，姜沛勋编著. —4 版. —北京：电子工业出版社，2020.7

ISBN 978-7-121-39256-6

Ⅰ. ①单… Ⅱ. ①姜… ②姜… Ⅲ. ①单片微型计算机－C 语言－程序设计－高等学校－教材 Ⅳ. ①TP368.1 ②TP312.8

中国版本图书馆 CIP 数据核字（2020）第 124435 号

责任编辑：王羽佳

印　　刷：涿州市京南印刷厂
装　　订：涿州市京南印刷厂
出版发行：电子工业出版社
　　　　　北京市海淀区万寿路 173 信箱　　邮编：100036
开　　本：787×1092　1/16　印张：15.25　字数：441 千字
版　　次：2008 年 6 月第 1 版
　　　　　2020 年 7 月第 4 版
印　　次：2024 年 7 月第 8 次印刷
定　　价：45.00 元

前　　言

在单片机应用系统设计中，软件编程占据着非常重要的地位。尤其是随着单片机技术的发展，嵌入式系统的推广和应用，硬件的集成化程度越来越高，同时对软件编程的要求也越来越高。这就要求单片机开发人员能在短时间内编写出执行效率高、运行可靠的代码。同时，由于实际系统的日趋复杂，对使用代码的规范性、模块化的要求越来越高，要方便多个设计参与者以软件工程的形式进行协同开发。在这种形势下，仅靠单片机在推广应用初期使用的汇编语言来进行软件开发是远远不够的。

C 语言是近年来在国内外普遍使用的一种程序设计语言。C 语言能直接对计算机硬件进行操作，既有高级语言的特点，又有汇编语言的特点，因此在单片机应用系统开发过程中得到了非常广泛的应用。在单片机应用系统设计与开发过程中，只要简单地熟悉相应单片机的硬件结构，利用 C 语言作为编程语言，就可以大大缩短开发周期。C 语言已成为举世公认的高效简洁而又贴近硬件的编程语言之一。

以 51 系列单片机为硬件基础，以 C 语言为软件编程基础，对于学习单片机的 C 语言程序设计是一种快捷的入门方式。51 系列单片机，由于其具有集成度高、处理能力强、可靠性高、系统结构简单、价格低廉、易于使用等优点，迅速占领了自动控制系统和智能仪器仪表行业的主要市场，在我国得到了广泛的应用，并取得了令人瞩目的成果。尽管目前世界各大公司研制的各种高性能、不同型号的单片机不断问世，但由于 51 系列单片机具有易于学习和掌握、性价比高等优点，并且以 51 系列单片机基本内核为核心的各种扩展和增强型的单片机不断推出，另外由于 51 系列单片机内核技术几乎包含了单片机理论基础和技术的全部，具有较好的系统性和完整性，再加上几十年来，国内已积累了丰富的技术资料、完整的实验环境与开发设备，因此 51 系列单片机技术非常适合课堂教学，学懂、弄通 51 系列单片机的基本理论与应用技术，也就打好了学习、应用单片机的基础，即使学、用其他系列的单片机也就不难了。

本书是一本专门讲解单片机的 C 语言（C51）编程的教材，以由浅入深、相互贯穿、重点突出、文字叙述与典型代码实例相结合为原则，向每位单片机、嵌入式爱好者和开发者全面介绍 C51 语言程序的编写。本书第 4 版仍然保持第 3 版的写作风格，在内容上对第 3 版进行了仔细的修订，使叙述更加合理和顺畅，更便于阅读和理解。全书共 9 章，主要内容包括：单片机的 C 语言概述，51 系列单片机硬件与 C51 编程基础，51 系列单片机 P0～P3 口输入/输出、中断系统、定时器/计数器、串行口、并行扩展、串行扩展的 C51 编程、Keil μVision2 与 Proteus 使用基础等。每章后附本章小结、习题等。

本书提供大量实例供读者学习，在掌握了实例的基础上又给读者推出了"修改"内容，目的是让读者根据实例能自己编写满足要求的程序，所有实例均可在 Keil 和 Proteus 软件平台上直接运行。主要章节提供了"实验与设计"内容，在实验上给出实验的目的、电路、基本内容、参考程序，读者在掌握基本实验的基础上可以根据具体情况对实验进行丰富与设计；设计部分是为了锻炼学生综合分析问题与解决问题的能力，在硬件和软件上都提出了设计要求，学生可以根据所学知识在硬件和软件上进行详细的设计。另外，对有些重要的内容进行了重点的强调，强调的目的是提醒读者在学习该部分内容时要重点注意这些问题。本书提供相关的电子课件、程序代码、习题参考答案，可登录华信教育资源网 http://www.hxedu.com.cn 注册下载。

本书的主要特色是，在介绍单片机的 C 语言程序设计的过程中清晰地说明单片机的所有功能，并对每项功能给出实例代码，同时详细介绍单片机的 C 语言开发与仿真环境的使用，透彻分析单片机的

C 语言语法和语义，以及开发过程中可能存在的问题和难点。

本书的另一个特点是突破了传统的软硬件截然割裂的做法，使读者对嵌入式系统的开发有一个整体的了解。相信本书的这一特点会节省读者进入嵌入式 C 语言领域的时间，同时能够更清楚地认识应用系统开发的过程，深入理解单片机的 C 语言编程机制。

本书由山东理工大学姜志海、烟台汽车工业职业学院姜沛勋编写。第 3、4、5、6、7、8 章由姜志海编写；第 1、2、9 章由姜沛勋编写；全书由姜志海负责整理与统稿。

本书在编写过程中得到了许多专家和同行的大力支持与热情帮助，他们对本书提出了许多建设性的建议和意见，在此一并表示衷心的感谢。

鉴于作者的水平有限，加之新的编程技术不断涌现，书中难免有不完善之处，恳请广大读者批评指正。反馈信息请发送至 wyj@phei.com.cn。

作　者

2020 年 5 月

目　　录

第1章　单片机的 C 语言概述

我们都知道，在单片机应用系统开发过程中，软件编程占有非常重要的地位。尤其是随着单片机技术的发展，嵌入式系统的推广和应用，硬件的集成化程度越来越高，同时对软件编程的要求也越来越高。这就要求单片机开发人员能在短时间内编写出执行效率高、运行可靠的代码。同时，由于实际系统的日趋复杂，对使用代码的规范性、模块化的要求越来越高，要方便多个工程师以软件工程的形式进行协同开发。在这种形势下，仅靠单片机在推广应用的初期使用的汇编语言来进行软件开发是远远不够的。

C 语言是近年来在国内外普遍使用的一种程序设计语言。C 语言能直接对计算机硬件进行操作，既有高级语言的特点，又有汇编语言的特点，因此在单片机应用系统开发过程中得到了非常广泛的应用。

在单片机应用系统设计与开发过程中，只要简单地熟悉相应单片机的硬件结构，利用 C 语言作为编程语言，就可以大大缩短开发周期。本章主要对单片机的 C 语言的基本问题进行概括的说明。

1.1　单片机的 C 语言

嵌入式单片机在开发过程中的编程语言主要有汇编语言和 C 语言。汇编语言作为传统的嵌入式系统的编程语言，已经不能满足实际需要了，而 C 语言的结构化和高效性成为电子工程师在进行嵌入式系统编程时的首选语言，并得以广泛应用。尤其是 C 语言编译系统的发展，更加促进了 C 语言的应用。1985 年出现了针对 51 系列单片机的 C51 编译器，进而又出现了其他流行的嵌入式处理器系统，如 196 系列、PIC 系列、MOTORAL 系列、MSP430 系列、AD 公司和 TI 公司的 DSP 系列的 C 语言编译系统，以及丰富的 C 语言库函数。本书主要讨论 8 位嵌入式单片机——51 系列单片机及其派生产品的 C 语言编程问题，简称 C51 的程序设计。

▶▶ 1.1.1　单片机的 C 语言（C51）的特点

单片机的 C 语言的特点主要体现在以下几个方面：

① 无须了解机器硬件及其指令系统，只需初步了解 51 系列单片机的存储器结构；

② C51 语言能方便地管理内部寄存器的分配、不同存储器的寻址和数据类型等细节问题，但对硬件控制有限，而汇编语言可以完全控制硬件资源；

③ C51 语言在小应用程序中产生的代码量大，执行速度慢，但在较大的程序中代码效率高；

④ C51 语言程序由若干函数组成，具有良好的模块化结构，便于改进和扩充；

⑤ C51 语言程序具有良好的可读性和可维护性，而汇编语言在大应用程序开发中，开发难度增加，可读性差；

⑥ C51 语言有丰富的库函数，可以大大减少用户的编程量，显著缩短编程与调试时间，大大提高软件开发效率；

⑦ 使用汇编语言编制的程序，当机型改变时，无法直接移植使用，而C语言程序是面向用户的程序设计语言，能在不同类型的机器上运行，可移植性好。

▶▶ 1.1.2　单片机的 C 语言和标准 C 语言的比较

单片机的 C 语言是由 C 语言继承发展而来的。和 C 语言不同的是，单片机的 C 语言运行于单片机平台，而 C 语言则运行于普通的桌面平台。单片机的 C 语言具有 C 语言结构清晰的优点，便于学习，同时具有汇编语言的硬件操作能力。对于具有 C 语言编程基础的读者，能够轻松地掌握单片机 C 语言的程序设计。C51 语言与标准 C 语言的不同点主要体现在以下几方面。

（1）库函数

标准 C 语言定义的库函数是按照通用微型计算机来定义的，而 C51 语言中的库函数是按 51 系列单片机的应用情况来定义的。

（2）数据类型

在 C51 语言中增加了几种针对 51 系列单片机的特有数据类型。例如，51 系列单片机包含位操作空间和丰富的位操作指令，因此，C51 语言与标准 C 语言相比多了一种位类型，从而使其能同汇编语言一样，灵活地进行位指令操作。

（3）变量的存储模式

C51 语言中变量的存储模式与 51 系列单片机的存储器紧密相关。从数据存储类型上，MCS-51 系列单片机有片内、片外程序存储器，片内、片外数据存储器。在片内程序存储器中，又有直接寻址区和间接寻址区之分，其分别对应 code、data、xdata、idata，以及根据 51 系列单片机特点而设定的 pdata 类型。使用不同存储器将会影响程序执行的效率，不同的模式对应不同的硬件系统和不同的编译结果。但 ANSI C 语言对存储模式要求不高。

（4）输入/输出

C51 语言中的输入/输出是通过 51 系列单片机串行口来完成的，输入/输出指令执行前必须对串行口进行初始化。

（5）函数使用

C51 语言中有专门的中断函数，而标准 C 语言则没有。

▶▶ 1.1.3　单片机的 C 语言与汇编语言的优势对比

在国内，汇编语言在单片机开发过程中是比较流行的开发工具。长期以来对编译效率的偏见，以及不少程序员对使用汇编语言开发硬件环境的习惯性，使得 C 语言在很多地方遭到冷落。优秀的程序员写出的汇编语言程序的确有执行效率高的优点，但汇编语言其可移植性和可读性差的特点，使得使用其开发出来的产品在维护和功能升级时的确有极大的困难，从而导致整个系统的可靠性和可维护性比较差。而使用 C 语言进行嵌入式系统的开发，有着汇编语言不可比拟的优势。

（1）编程调试灵活方便

C 语言编程灵活，当前几乎所有的嵌入式系统都有相应的 C 语言级别的仿真调试系统，调试十分方便。

（2）生成的代码编译效率高

当前较好的 C 语言编译系统编译出来的代码效率只比直接使用汇编语言低 20%，如果使用优化编译选项甚至可以更低。

（3）模块化开发

目前的嵌入式系统的软硬件开发都向模块化、可复用性的目标集中。不管是硬件还是软件，都希望其有比较通用的接口，在以后的开发中如果需要实现相同或者相近的功能，就可以直接使用以前开发过的模块，尽量不做或少做改动，以减少重复劳动。如果使用 C 语言开发，那么数据交换可以方便地通过约定实现，有利于多人协同进行大项目的合作开发。同时 C 语言的模块化开发方式使开发出来的程序模块可以不经修改而直接被其他项目使用，这样就可以很好地利用已有的大量 C 语言程序资源与丰富的库函数，从而最大程度地实现资源共享。

（4）可移植性好

由于不同系列嵌入式系统的 C 语言编译工具都是以标准 C 语言作为基础进行开发的，因此一种 C 语言环境下所编写的 C 语言程序，只需要将部分与硬件相关的地方和编译链接的参数进行适当修改，就可以方便地移植到另一种系列上。例如，在 C51 下编写的程序通过改写头文件及少量的程序行，就可以方便地移植到 196 或 PIC 系列上。也就是说，基于 C 语言环境下的嵌入式系统能基本实现平台的无关性。

（5）便于项目的维护

用 C 语言开发的代码便于开发小组计划项目、灵活管理、分工合作及后期维护，基本可以杜绝因开发人员变化而给项目进度、后期维护或升级所带来的影响，从而保证整个系统的品质、可靠性及可升级性。

下面通过一个例子对汇编语言和 C 语言进行比较。

【例 1-1】　将外部数据存储器的 000BH 和 000CH 单元的内容相互交换。

用汇编语言编程，程序如下：

```
        ORG     0000H
        MOV     DPTR,#000BH         ;将 000BH 单元内容读入累加器 A
        MOVX    A,@DPTR
        MOV     R7,A                ;暂存 000BH 单元内容
        INC     DPTR                ;将 000CH 单元内容读入累加器 A
        MOVX    A,@DPTR
        MOV     DPTR,#000BH         ;将累加器 A 的内容写入 000BH 单元
        MOVX    @DPTR,A
        INC     DPTR                ;将 R7 内容写入 000CH 单元
        MOV     A,R7
        MOVX    @DPTR,A
        SJMP    $
        END
```

用 C 语言编程，C51 程序如下：

```
#include<absacc.h>                //绝对地址访问库
void main(void)
{   unsigned char c;             //定义无符号字符型变量 c
    c=XBYTE[11];
    XBYTE[11]=XBYTE[12];
    XBYTE[12]=c;
    while(1);
}
```

上面的程序经过编译，生成的反汇编程序如下：

```
0x0000   020013   LJMP    STARTUP1(C:0013)      ;跳转
0x0003   90000B   MOV     DPTR,#0x000B
0x0006   E0       MOVX    A,@DPTR
```

```
0x0007   FF       MOV      R7,A
0x0008   A3       INC      DPTR
0x0009   E0       MOVX     A,@DPTR
0x000A   90000B   MOV      DPTR,#0x000B
0x000D   F0       MOVX     @DPTR,A
0x000E   A3       INC      DPTR
0x000F   EF       MOV      A,R7
0x0010   F0       MOVX     @DPTR,A
0x0011   80FE     SJMP     C:0011
0x0013   787F     MOV      R0,#0x7F              ;以下是清 0 部分
0x0015   E4       CLR      A
0x0016   F6       MOV      @R0,A
0x0017   D8FD     DJNZ     R0,IDATALOOP(C:0016)
0x0019   758107   MOV      SP(0x81),#0x07
0x001C   020003   LJMP     main(C:0003)
```

对照 C 语言编写的程序与反汇编程序，可以看出：

① 进入 C 语言程序后，首先将 RAM 地址从 7FH 开始的 128 个单元清 0，然后置 SP 为 07，因此如果要对内部 RAM 置初值，那么一定是在执行了一条 C 语言语句之后；

② 对于 C 语言程序设定的变量，C51 编译器自行安排寄存器或存储器作为参数传递区，通常在 R0～R7（一组或两组，根据参数多少而定），因此如果对具体地址置数，则应避开 R0～R7 这些地址；

③ 如果不特别指定变量的存储类型，那么变量通常被安排在内部 RAM 区。

下面再给出几个 C 语言和汇编语言对照的例子。

【例 1-2】 二进制数转换成十进制数（BCD 码）。将累加器 A 中给定的二进制数，转换成 3 个十进制数（BCD 码），并存入 Result 开始的 3 个单元。

汇编语言程序如下：

```
Result     EQU      20H
           ORG      0000H
           LJMP     START
           ORG      0030H
START:     MOV      SP,#60H              ;主程序
           MOV      A,#123
           LCALL    BINTOBCD
           SJMP     $
BINTOBCD:  MOV      B,#100               ;设置转换子程序
           DIV      AB
           MOV      Result,A             ;除以 100 得百位数
           MOV      A,B
           MOV      B,#10
           DIV      AB
           MOV      Result+1,A           ;余数除以 10 得十位数
           MOV      Result+2,B           ;余数为个位数
           RET
           END
```

调试结果：片内 RAM 20H、21H、22H 中的数值分别为 01H、02H、03H。

用 C 语言编程，C51 程序如下：

```
void main(void)
{   unsigned char Result[3];
    unsigned char Number;
    Number=123;
    Result[0]=Number/100;              //除以100得百位数
    Result[1]=(Number%100)/10;         //余数除以10得十位数
    Result[2]=Number%10;               //余数为个位数
    while(1);                          //等待暂停
}
```

调试结果：

片内 RAM 07H 中的数据为 7BH，08H、09H、0AH 中的数据分别为 01H、02H、03H。

【例 1-3】二进制数转换成 ASCII 码程序。将累加器 A 中的内容分为两个 ASCII 码，并存入 Result 开始的两个单元。

汇编语言程序如下：

```
Result      EQU     20H
            ORG     0000H
            LJMP    START
            ORG     0030H
START:      MOV     SP,#40H
            MOV     A,#00011010B
            LCALL   BINTOHEX
            SJMP    $
BINTOHEX:   MOV     DPTR,#ASCIITAB
            MOV     B,A
            SWAP    A
            ANL     A,#0FH              ;取A的高4位
            MOVC    A,@A+DPTR
            MOV     Result,A
            MOV     A,B
            ANL     A,#0FH              ;取A的低4位
            MOVC    A,@A+DPTR
            MOV     Result+1,A
            RET
ASCIITAB:   DB      '0123456789ABCDEF'
            END
```

调试结果：片内 RAM20H、21H 中的数据分别为 31H、41H。

用 C 语言编程，C51 程序如下：

```
code unsigned char ASCIITAB[16]="0123456789ABCDEF";
void main(void)
{   unsigned char Result[2];
    unsigned char Number;
    Number=0x1a;
    Result[0]=ASCIITAB[Number/16];         //高4位
    Result[1]=ASCIITAB[Number&0x0f];       //低4位
```

```
        while(1);
    }
```

调试结果：片内 RAM07H 中的数据为 1AH，08H、09H 中的数据分别为 31H、41H。

 ## 1.2   硬件及软件环境

▶▶ ### 1.2.1   硬件环境

在设计一个单片机应用系统时，需要一定的硬件开发环境，不同的设计者需要的环境不同。

1．开发环境基本组成

一个典型的单片机应用系统开发环境如图 1-1 所示，单片机应用系统开发环境中的硬件由个人计算机（PC）、单片机仿真器、用户目标系统、编程器和数条连接电缆组成。

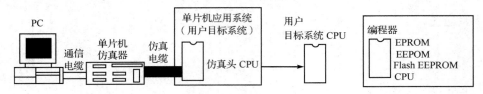

图 1-1   典型单片机应用系统开发环境

软件由 PC 上的单片机集成开发环境软件和编程器软件构成，前者为单片机仿真器随机软件，后者为编程器随机软件。

单片机仿真器又称单片机开发系统。单片机仿真器的工作步骤是：取下用户目标系统的单片机芯片（目标系统 CPU），把仿真器上的 CPU 仿真头插入用户目标系统 CPU 相应的位置，从而将仿真器中的 CPU 和 ROM 借给目标系统。PC 通过仿真器和目标系统建立起一种透明的联系，程序员可以观察到程序的运行（实际上程序在仿真器中运行）和 CPU 内部的全部资源情况。也就是说，在开发环境中，用户目标系统的程序存储器是闲置的。我们调试的是仿真器中的程序，仿真器中的程序运行完全受仿真器的监控程序控制。仿真器的监控程序相当于 PC 的操作系统，该监控程序与 PC 上运行的集成开发环境相配合，使得我们可以修改和调试程序，并观察程序的运行情况。

程序调试完成后，将编程器通过通信电缆连接到 PC 上，将调试好的程序通过编程器写入单片机芯片（即写入单片机内部的程序存储器），从用户目标系统上拔掉仿真头 CPU，即完成了单片机的仿真调试。然后换上写入程序的单片机芯片（目标系统 CPU），得到单片机应用系统的运行态，又称脱机运行。由于仿真器的功能差别很大，脱机运行有时和仿真运行并不完全一致，还需要返回仿真过程调试。上述过程有时可能要重复多次。

单片机仿真器在开发环境中出借 CPU 和程序存储器到用户目标系统，调试完成后，通过编程器把程序固化到程序存储器，插入目标系统，同时插入目标系统 CPU，即可得到单片机应用系统的运行态。

编程器的功能是把调试好的目标代码写入单片机的片内（外）程序存储器中，把写好后的芯片插到用户目标板上进行脱机（脱离仿真器）运行，如未达到用户要求，则要重新返回仿真阶段查找软件或硬件的原因。这个过程可能要重复多遍。

2．单片机的在线编程

通常进行单片机开发时，编程器是必不可少的。仿真、调试完的程序，需要借助编程器烧到单片机内部或外接的程序存储器中。普通编程器的价格从几百元到几千元人民币不等，对于一般的单片机爱好者来说，这是一笔不小的开支。另外在开发过程中，程序每改动一次就要拔下电路板上的芯片编程后再插上，比较麻烦。

随着单片机技术的发展，出现了可以在线编程的单片机。目前有两种实现在线编程的方法：在系统编程（ISP）和在应用编程（IAP）。ISP 一般通过单片机专用的串行编程接口对单片机内部的 Flash 存储器进行编程，而 IAP 是从结构上将 Flash 存储器映射为两个存储体，当运行一个存储体上的用户程序时，可对另一个存储体重新编程，之后将控制从一个存储体转向另一个。ISP 的实现一般需要很少的外部电路辅助；而 IAP 的实现更加灵活，通常可利用单片机的串行口接到计算机的 RS232 口，通过专门设计的固件程序对内部存储器编程。例如，Atmel 公司的单片机 AT89S8252 提供了一个 SPI 串行接口对内部程序存储器编程（ISP），而 SST 公司的单片机 SST89C54 内部包含了两块独立的存储区，将串行口与计算机相连，通过计算机专用的用户界面程序将单片机一块存储区的程序代码直接下载到单片机的另一块存储区中。

ISP 和 IAP 为单片机的实验和开发带来了方便性和灵活性，也为广大单片机爱好者带来了福音。利用 ISP 和 IAP，不需要编程器就可以进行单片机的实验和开发，单片机芯片可以直接焊接到电路板上，调试结束即为成品，甚至可以远程在线升级或改变单片机中的程序。

3. 使用 JTAG 界面单片机仿真开发环境

JTAG（Joint Test Action Group，联合测试行动小组）是一种国际标准测试协议（与 IEEE 1149.1 兼容），主要用于芯片内部测试。现在大部分高级器件都支持 JTAG 协议，例如 DSP 和 FPGA 器件等。标准的 JTAG 接口有 4 线：TMS、TCK、TDI 和 TDO，分别为模式选择、时钟、数据输入和数据输出线。JTAG 最初是用来对芯片进行测试的，其基本原理是在器件内部定义一个 TAP（Test Access Port，测试访问口），通过专用的 JTAG 测试工具对内部节点进行测试。JTAG 测试允许多个器件通过 JTAG 接口串联在一起，形成一个 JTAG 链，能实现对各器件的分别测试。现在，JTAG 接口还常用于实现 ISP，对 Flash ROM（也作 Flash E^{2}PROM 或 Flash EEPROM）等器件进行编程。

JTAG 编程方式是在线编程，在这种方式下不需要编程器。传统生产流程中的先对芯片进行预编程、现装配的方式也因此而改变，简化的流程为先固定器件到电路板上，再用 JTAG 编程，从而大大加快了工程进度。

新一代的单片机芯片内部不仅集成了大容量的 Flash ROM，还具有 JTAG 接口，可连接 JTAG ICE 仿真器。PC 提供高级语言开发环境（Windows），支持 C 语言及汇编语言，不仅可以下载程序，还可以在系统中调试程序，具有调试目标系统的所有功能。开发不同的单片机系统只需更换目标板。JTAG 单片机仿真开发系统如图 1-2 所示。

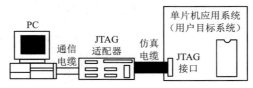

图 1-2　JTAG 单片机仿真开发系统

在 JTAG 单片机仿真开发环境中，JTAG 适配器提供了计算机通信口到单片机 JTAG 口的透明转换，并且不出借 CPU 和程序存储器给应用系统，使得仿真更加贴近实际目标系统。单片机内部已集成了基于 JTAG 协议的调试和下载程序。

▶▶ **1.2.2 软件环境**

在学习本书时用到的软件平台，主要包括以下几类：单片机仿真平台 Proteus、单片机软件开发平台 Keil μVision 等。

单片机软件开发平台 Keil μVision 是单片机开发过程必须用到的，单片机开发者必须达到熟练使用的程度。Keil 提供了包括 C编译器、宏汇编、链接器、库管理和一个功能强大的仿真调试器等在内的完整开发方案，通过一个集成开发环境（μVision）将这些部分组合在一起。

在 Keil μVision2 编译环境中，以项目（工程）结构来管理复杂的 C51 程序文件。整个项目结构如图1-3 所示。

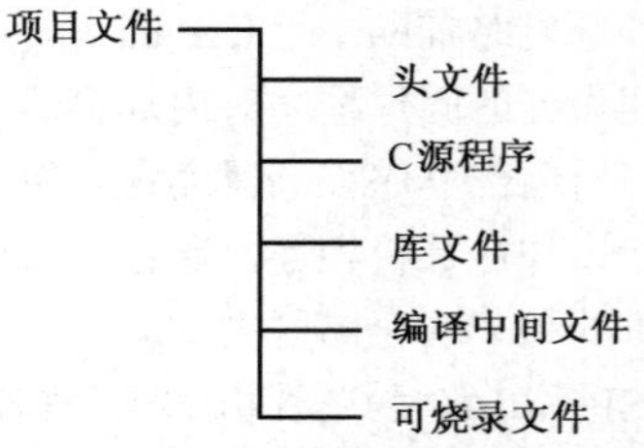

在这里，整个项目由项目文件管理，项目文件扩展名为"$.UV2$"。整个工程项目中可以包含如下几类文件。

① 头文件用来包含一些库函数，系统变量声明并将不同的 C 文件连接起来。

② C 源文件是 C51 程序的主要部分，用来实现特定的功

项目文件 ┬ 头文件
         ├ C 源程序
         ├ 库文件
         ├ 编译中间文件
         └ 可烧录文件

图 1-3　Keil μVision2 项目结构示意图

能。C 源文件可以有一个，也可以按照不同的功能分成多个，但所有这些 C 源文件中有且仅有一个可以包含一个 main()主函数。

③ 库文件是实现特定功能的函数库，供 C 源文件调用。

④ 编译中间文件是程序在编译链接过程中生成的中间文件，其中包含了文件编译调试的信息。

⑤ 可烧录文件是编译系统生成的可以烧录到单片机内部供执行的文件，类似于".exe"可执行文件。在 C51 语言中，一般扩展名为".hex"或者".bin"等。

Proteus 是英国 Labcenter electronics 公司研发的 EDA 工具软件。Proteus 不仅是模拟电路、数字电路、模/数混合电路的设计与仿真平台，更是目前世界上较先进、较完整的多种型号微控制器（单片机）系统的设计与仿真平台。它真正实现了在计算机上完成从原理图设计、电路分析与仿真、单片机代码级调试与仿真、系统测试与功能验证，到形成 PCB 的完整的电子设计、研发过程。Proteus 从 1989 年问世至今，经过了 20 多年的使用、发展和完善，功能越来越强，性能越来越好。

μVision 和 Proteus 的基本应用可参看第 9 章的内容，有关知识的更深层次的应用可参看有关资料。

 本章小结

单片机的编程语言主要有汇编语言和 C 语言，而单片机的 C 语言和标准的 C 语言又有一定的区别。本章主要介绍单片机的 C 语言的特点、单片机的 C 语言和标准 C 语言的比较、单片机的 C 语言和汇编语言的优势对比，目的是让读者认识到 C 语言是单片机编程的主要语言。

 习题

1. 简述单片机的 C 语言的特点。
2. 单片机的 C 语言和标准 C 语言相比，有哪些不同点？
3. 单片机的 C 语言和汇编语言相比，有哪些优势？

第 2 章　51 系列单片机硬件及 C51 编程基础

51 系列单片机已成为单片机领域一个广义的名词。自从 Intel 公司 20 世纪 80 年代初推出 MCS-51 系列单片机以后，世界上许多著名的半导体厂商也相继生产与该系列兼容的单片机，使产品型号不断增加、品种不断丰富、功能不断加强。从系统结构上看，所有的 51 系列单片机都是以 Intel 公司最早的典型产品 8051 为核心，增加了一定的功能部件后构成的。单片机的编程语言一般采用汇编语言或者 C 语言，采用 C 语言的比较多，51 系列单片机的 C 语言也称为 C51。C51 是在标准 C 语言的基础上的扩展。

本章主要对 51 系列单片机的硬件结构以及软件编程语言 C51 进行讨论，为后面单片机的使用打下基础。

 ## 2.1　51 单片机的总体结构

51 系列单片机已有多种产品，可分为两大系列：51 子系列（又称为基本型）和 52 子系列（又称为增强型）。

51 子系列主要有 8031、8051、8751 三种机型。它们的指令系统与引脚完全兼容，其差别仅在于片内有无 ROM 或 EPROM：8051 有 4KB 的 ROM，8751 有 4KB 的 EPROM，8031 片内无程序存储器。

52 子系列主要有 8032、8052、8752 三种机型。52 子系列与 51 子系列的不同之处在于：片内数据存储器增至 256B，片内程序存储器增至 8KB（8032 无），有 3 个定时器/计数器，6 个中断源，其余性能均与 51 子系列的相同。后续章节所述的 51 系列单片机均是指 51 子系列。

为了适应不同的需要，近几年单片机生产厂商又在基本单片机的基础上生产了称为特殊型的 51 系列单片机。特殊型 51 系列单片机体现在以下几个方面。

① 内部程序存储器容量的扩展，由 1KB、2KB、4KB、8KB、16KB、20KB、32KB，发展到 64KB，甚至更多。

② 片内数据存储器的扩展，目前已有 512B、1KB、2KB、4KB、8KB 等。

③ 增加了外设的功能，如片内 A/D 转换器、D/A 转换器、DMA、并行接口、PCA（可编程计数阵列）、PWM（脉宽调制）、PLC（锁相环控制）、WDT（看门狗）等。

④ 增加存储器的编程方式，如 ISP 和 IAP，可以通过并口、串口或专门引脚烧录程序。

⑤ 通信功能的增强，有两个串口、I^2C 总线、SPI、USB 总线、CAN 总线、自带 TCP/IP 协议等。

⑥ 带有 JTAG（Joint Test Action Group）的调试型单片机。

无论是增强型还是特殊型，都是从基本型发展而来的，因此本书以基本型为主。

▶▶ 2.1.1　内部结构

51 系列单片机是在一块芯片上集成了 CPU、RAM、ROM、定时器/计数器和多种 I/O 功能部件，具有了一台微型计算机的基本结构，主要包括下列部件。

① CPU：一个 8 位的 CPU、一个布尔处理机，CPU 的晶振采用片内振荡器。

② 存储器：片内 128B 的数据存储器、4KB 的程序存储器（8031 无）、21B 的专用寄存器。外部数据存储器和程序存储器的寻址范围为 64KB。

③ I/O 口：4 个 8 位并行 I/O 接口、一个全双工的串行口、2 个 16 位的定时器/计数器、5 个中断源、2 个中断优先级。图 2-1 所示为 51 系列单片机的内部结构框图。

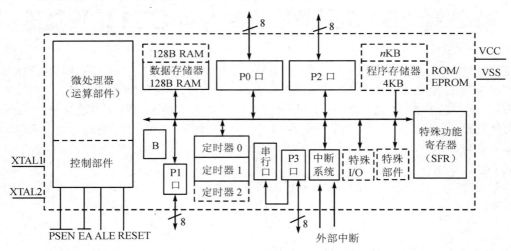

图 2-1   51 系列单片机的内部结构框图

从图 2-1 中可以看出，按功能可划分为 8 个组成部分：微处理器（CPU）、数据存储器（RAM）、程序存储器（ROM/EPROM）、特殊功能寄存器（SFR）、并行 I/O 接口（P0～P3）、串行口、定时器/计数器、中断系统等。各部分是通过片内单一总线连接在一起构成一个完整的单片机。单片机的地址信号、数据信号和控制信号都是通过总线传送的。总线结构减少了单片机的连线和引脚，提高了集成度和可靠性。

强调：掌握了单片机的内部结构，就能明白该单片机能完成的基本工作，可以在单片机应用系统设计时选择合适的单片机。

▶▶ 2.1.2 外部引脚说明

51 系列单片机大都采用 40 条引脚的双列直插式封装（DIP），其引脚示意如图 2-2 所示。各引脚说明如下。

（1）电源引脚 VCC、VSS

电源引脚接入单片机的工作电源。

VCC（40 脚）：接+5V 电源（直流电源正端）；VSS（20 脚）：接地（直流电源负端）。

（2）时钟引脚 XTAL1、XTAL2

时钟电路是单片机的心脏，它用于产生单片机工作所需要的时钟信号。可以说单片机就是一个复杂的同步时序信号，为了保证同步工作的实现，电路应在统一的时钟信号控制下严格地按时序进行工作。

单片机的时钟产生方法有内部时钟方式和外部时钟方式两种，内部方式所得到的时钟信号比较稳定，应用较多。大多数单片机应用系统采用内部时钟方式。

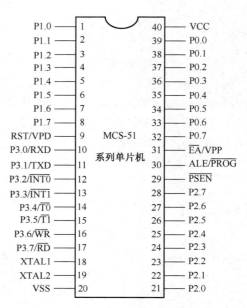

图 2-2   51 系列单片机外部引脚图

内部时钟方式是指采用外接晶体和电容来组成并联谐振电路，电路如图 2-3 所示。

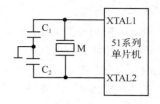

51 系列单片机允许的振荡晶体 M 可在 1.2～24MHz 之间选择，典型值有 6MHz、11.0592MHz、12MHz。电容 C_1、C_2 起稳定振荡频率、快速起振的作用，它们的取值对振荡频率输出的稳定性、大小及振荡电路的起振速度有一定的影响，可在 20～100pF 之间选择，典型值为 30pF。

图 2-3 采用内部时钟方式的电路

晶体振荡频率越高，则系统的时钟频率也越高，单片机运行速度就快。但运行速度越快，存储器的速度要求就越高，对印制电路板的工艺要求也高（线间寄生电容要小）。随着技术的发展，单片机的时钟频率也在提高，现在 8 位的高速单片机芯片的使用频率已达 40MHz。

应该指出，振荡电路产生的振荡脉冲并不直接为系统所用，而是经过二分频后才作为系统时钟信号（状态周期）。6 个状态周期构成 51 系列单片机的另一个时序周期——机器周期。

（3）RST/VPD（9 脚）

RST 即为 RESET，VPD 为备用电源。该引脚为单片机的上电复位或掉电保护端。当单片机振荡器工作时，该引脚上出现持续两个机器周期的高电平，可实现复位操作，使单片机恢复到初始状态。复位后应使此引脚电平为小于等于 0.5V 的低电平，以保证单片机正常工作。上电时，考虑到振荡器有一定的起振时间，该引脚上高电平必须持续 10ms 以上才能保证有效复位。

计算机在启动运行时都需要复位，这就使 CPU 和系统中的其他部件都处于一个确定的初始状态，并从这个状态开始工作。

单片机的复位一般都靠外部电路实现。51 系列单片机有一个复位引脚 RST，高电平有效。它是施密特触发输入（对于 CMOS 单片机，RST 引脚的内部有一个拉低电阻），当振荡器起振后，该引脚上出现两个机器周期（即 24 个时钟周期）以上的高电平，使器件复位。只要 RST 保持高电平，51 系列单片机便保持复位状态。此时 ALE、$\overline{RSEN}$、P0、P1、P2、P3 口都输出高电平。RST 变为低电平，退出复位状态，CPU 从初始状态开始工作。复位操作不影响片内 RAM 的内容，复位以后内部寄存器的初始状态如表 2-1 所示。

表 2-1 复位后的内部寄存器状态

寄 存 器	复位状态	寄 存 器	复位状态
PC	0000H	TMOD	00H
ACC	00H	TCON	00H
B	00H	TH0	00H
PSW	00H	TL0	00H
SP	07H	TH1	00H
DPTR	0000H	TL1	00H
P0～P3	0FFH	SCON	00H
IP	(×××00000)	SBUF	(××××××××)
IE	(0××00000)	PCON	(0×××0000)

51 系列单片机通常采用上电自动复位和按钮复位两种方式。最简单的上电自动复位电路如图 2-4 所示。对于 CMOS 型单片机，因 RST 引脚的内部有一个拉低电阻，故电阻 R 可以不接。单片机在上电瞬间，RC 电路充电，RST 引脚端出现正脉冲，只要 RST 端保持两个机器周期以上的高电平（因为振荡器从起振到稳定需要大约 10ms 的时间，故通常定为大于 10ms），就能使单片机有效复位。当晶

体振荡频率为 12MHz 时，RC 的典型值为 $C=10\mu F$，$R=8.2k\Omega$。简单复位电路中，干扰信号易串入复位端，可能会引起内部某些寄存器错误复位，这时可在 RST 引脚上接一个去耦电容。

通常，因为系统运行等的需要，常常需要人工按钮复位，如图 2-5 所示，只需将一个常开按钮并联于上电复位电路中，按下开关一定时间后就能使 RST 引脚端为高电平，从而使单片机复位。

在考虑单片机复位电路的同时，也要考虑系统的复位问题。

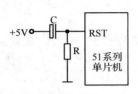

图 2-4　上电自动复位电路

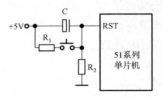

图 2-5　上电与手动复位电路

（4）输入/输出引脚 P0～P3

输入/输出引脚 P0～P3 除具有基本的输入/输出功能外，P0、P2、P3 还具有第二功能。

P0～P3 口当用作基本的输入/输出口时，分别用 P0、P1、P2 和 P3 来表示。

P0 口当用作第二功能时，是作为地址总线低 8 位及数据总线分时复用口，一般作为扩展时地址/数据总线口使用。

P2 口当用作第二功能时，用作高 8 位地址总线，一般作为扩展时地址总线的高 8 位使用。

P3 口当用作第二功能时，其定义如表 2-2 所示。

表 2-2　P3 口的第二功能定义

引　　脚		第　二　功　能
P3.0	RXD	串行口输入端
P3.1	TXD	串行口输出端
P3.2	$\overline{INT0}$	外部中断 0 请求输入端，低电平有效
P3.3	$\overline{INT1}$	外部中断 1 请求输入端，低电平有效
P3.4	T0	定时器/计数器 0 计数脉冲输入端
P3.5	T1	定时器/计数器 1 计数脉冲输入端
P3.6	$\overline{WR}$	外部数据存储器及 I/O 口写选通信号输出端，低电平有效
P3.7	$\overline{RD}$	外部数据存储器及 I/O 口读选通信号输出端，低电平有效

当不用作第二功能使用时，P0～P3 口可以作为基本的输入/输出口使用；当 P3 口部分位线用作第二功能时，其余的位线还可以作为基本的输入/输出位线使用。

（5）ALE/$\overline{PROG}$（30 脚）

地址锁存有效输出端。ALE 在每个机器周期内输出两个脉冲。在访问外部存储器时，ALE 输出脉冲的下降沿用于锁存 16 位地址的低 8 位。即使不访问外部存储器，ALE 端仍有周期性正脉冲输出，其频率为振荡频率的 1/6。但是，每当访问外部数据存储器时，在两个机器周期中 ALE 只出现一次，即丢失一个 ALE 脉冲。ALE 端可以驱动 8 个 TTL 负载。

对于片内具有 EPROM 的单片机 8751，在 EPROM 编程期间，此引脚用于输入编程脉冲 $\overline{PROG}$。

（6）$\overline{PSEN}$（29 脚）、$\overline{EA}$（31 脚）

$\overline{PSEN}$ 为片外程序存储器读选通信号输出端，低电平有效。$\overline{EA}$ 为片外程序存储器选用端，当 $\overline{EA}$ 端为高电平时，选择片内 ROM，否则为片外 ROM。

这两个引脚都和片外程序存储器有关，现在的单片机存储器系统中一般不需要扩展片外程序存储器了，所以这两个引脚信号就没有什么意义了，只要将 $\overline{EA}$ 接高电平就可以了。

对于片内有 EPROM 的单片机 8751，在 EPROM 编程期间，此引脚用于施加编程电源 VPP。

综上所述，51 系列单片机的引脚可归纳为以下两点：

① 单片机功能多，引脚数少，因而许多引脚都具有第二功能。

② 单片机对外呈现总线形式，由 P2、P0 口组成 16 位地址总线；由 P0 口分时复用为数据总线；由 $\overline{PSEN}$ 与 P3 口中的 $\overline{WR}$、$\overline{RD}$ 构成对外部存储器及 I/O 的读/写控制，由 P3 口的其他引脚构成串行口、外部中断输入、计数器的计数脉冲输入。51 系列单片机的总线结构如图 2-6 所示。

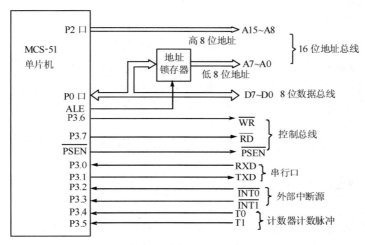

图 2-6　51 系列单片机的总线结构图

强调：掌握单片机的外部引脚和外部总线结构图，可以在单片机的外围电路设计时选择合适的引脚完成合适的功能。

▶▶ 2.1.3　CPU 的时序周期

计算机在执行指令时，会将一条指令分解为若干基本的微操作。这些微操作所对应的脉冲信号在时间上的先后次序称为计算机的时序。因此，微型计算机中的 CPU 实质上就是一个复杂的同步时序电路，这个时序电路是在时钟脉冲推动下工作的。

CPU 发出的时序信号有两类：一类用于片内各功能部件的控制，这类信号很多，但用户知道它是没有什么意义的，故通常不进行专门介绍；另一类用于片外存储器或 I/O 接口的控制，需要通过器件的控制引脚送到片外，这部分时序对分析硬件电路原理至关重要，也是用户普遍关心的问题。

51 系列单片机的时序由下面 4 种周期构成。

（1）振荡周期

振荡周期是指为单片机提供定时信号的振荡源的周期。

（2）状态周期

两个振荡周期为一个状态周期，用 S 表示。两个振荡周期作为两个节拍分别称为节拍 P1 和节拍 P2。在状态周期的前半周期 P1 有效时，通常完成算术逻辑运算；在后半周期 P2 有效时，一般进行内部寄存器之间的传输。

（3）机器周期

CPU 执行一条指令的过程可以划分为若干阶段，每一阶段完成某一项基本操作，如取指令、存储器读/写等。通常把完成一个基本操作所需要的时间称为机器周期。

51 系列单片机的一个机器周期包含 6 个状态周期，用 S1, S2, …, S6 表示；共 12 个节拍，依次可表示为 S1P1, S1P2, S2P1, S2P2, …, S6P1, S6P2，其时序单元如图 2-7 所示。

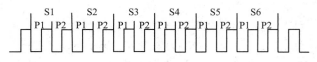

图 2-7　51 系列单片机时序单元

（4）指令周期

指令周期是指执行一条指令所占用的全部时间，它以机器周期为单位。51 系列单片机除乘法、除法指令是 4 机器周期指令外，其余都是单周期指令和双周期指令。若用 12MHz 晶体振荡器（晶振），则单周期指令和双周期指令的指令周期时间分别是 1μs 和 2μs，乘法和除法指令为 4μs。

通过上面的分析，我们可以看出，外部晶振的二分频是 51 系列单片机的内部时钟周期，6 个时钟周期构成了单片机的机器周期。如果单片机的外部晶振是 12MHz，则其内部的机器周期是 1μs，指令周期为 1～4μs。

强调：掌握单片机的时序周期，可以分析单片机有关信号的时序关系、单片机执行程序的时间长短。

2.2　51 单片机的存储器

51 系列单片机存储器从物理结构上可分为片内、片外程序存储器（8031 和 8032 无片内程序存储器）与片内、片外数据存储器等 4 部分；从功能上可分为 64KB 程序存储器空间、128B 片内数据存储器空间、128B 内部特殊功能寄存器空间、位地址空间和 64KB 片外数据存储器等 5 部分；其寻址空间可划分为：程序存储器、片内数据存储器和片外数据存储器 3 个独立的地址空间。

51 系列单片机的程序存储器（ROM）和数据存储器（RAM），在使用上是严格区分的，不得混用。程序存储器通常存放程序指令、常数及表格等，系统在运行过程中不能修改其中的数据；数据存储器则存放缓冲数据，系统在运行过程中可修改其中的数据。

▶▶ 2.2.1　程序存储器

1. 编址与访问

计算机的工作是按照事先编制好的程序命令序列逐条顺序执行的，程序存储器用来存放这些已编制好的程序和表格常数，它由只读存储器 ROM 或 EPROM 组成。计算机为了有序地工作，设置了一个专用寄存器——程序计数器 PC。每取出指令的 1 字节后，其内容自动加 1，指向下一字节，使计算机依次从程序存储器中取指令予以执行，完成某种操作。由于 51 系列单片机的程序计数器为 16 位，因此可寻址的地址空间为 64KB。

51 系列单片机从物理配置上可有片内、片外程序存储器，在现代 51 系列单片机应用系统设计中，一般都选择片内带足够大程序存储器的单片机，所以不需要扩展片外的程序存储器，这样就可以直接将 $\overline{EA}$ 接高电平。

2. 程序存储器中的 6 个特殊地址

程序地址空间原则上可由用户任意安排，但复位和 5 个中断源的程序入口地址在 51 系列单片机中是固定的，用户不能更改，这些入口地址如表 2-3 所示。

表 2-3 中 6 个入口地址互相离得很近，只隔 3 个或 8 个单元，容纳不下稍长的程序段。所以其中实际存放的往往是一条无条件转移指令，使程序分别跳转到用户程序真正的起始地址，或跳转到所对应的中断服务程序的真正入口地址。

在 C51 语言程序设计时，设计者可以不需要关注这 6 个地址，C51 编译系统自动将相应的主函数、中断服务函数地址分配给的主函数、相应的中断服务函数。

表 2-3　51 系列单片机复位、中断入口地址

操　作	入口地址
复位	0000H
外部中断 0	0003H
定时器/计数器 0 溢出中断	000BH
外部中断 1	0013H
定时器/计数器 1 溢出中断	001BH
串行口中断	0023H

注：定时器/计数器 2 溢出或 T2EX 端负跳变（52 子系列）中断源的程序入口地址为 002BH。

强调：程序存储器是用来存放程序编译成的目标程序的。根据程序设计的"大小"选择满足要求的单片机片内程序存储器的空间即可，如需要 4KB、8KB、16KB 等。

▶▶ 2.2.2　数据存储器

1. 编址与访问

51 系列单片机片内、外数据存储器是两个独立的地址空间，应分别单独编址。片内数据存储器除 RAM 块外，还有特殊功能寄存器（SFR）块。对于 51 子系列，前者有 128B，其编址为 00H～7FH；后者有 128B，其编址为 80H～0FFH；二者连续但不重叠。对 52 子系列，前者有 256B，其编址为 00H～0FFH；后者有 128B，其编址为 80H～0FFH。后者与前者高 128B 的编址是重叠的。由于访问它们所用的指令不同，并不会引起混乱。片外数据存储器一般是 16 位编址。数据存储器的编址如图 2-8 所示。

说明：

① 51 系列单片机的 51 子系列的内部数据存储器为 128B，地址空间为 00H～7FH，52 子系列的内部数据存储器为 256B，地址空间为 00H～0FFH，特殊功能寄存器地址空间为 80H～0FFH。显然，内部数据存储器区的 80H～0FFH 空间与特殊功能寄存器的地址重叠，但是通过指令中采取不同的寻址方式可解决这个重叠问题，即特殊功能寄存器只能用"直接寻址"方式，内部数据存储器 80H～0FFH 单元只能用"寄存器间接寻址"方式，也就是说，地址重叠不会造成混乱，只是在软件编程时应注意。

② 如果只扩展少量片外数据存储器，容量不超过 256B，也可按 8 位编址，自 00H 开始，最大可至 0FFH。这种情况下，地址空间与片内数据存储器重叠，但访问片内、外用不同的指令，也不会引起混乱。

③ 片外数据存储器按 16 位编址，其地址空间与程序存储器重叠，但不会引起混乱，访问程序存储器是用 $\overline{PSEN}$ 信号控制的，而访问片外数据存储器时，由 $\overline{RD}$ 信号（读）和 $\overline{WR}$ 信号（写）控制。

(a) 51 子系列　　　　　　　　　　　　(b) 52 子系列

图 2-8　数据存储器的编址图

2．片内数据存储器

51 系列单片机片内 RAM 共有 128 字节，字节范围为 00H～7FH。图 2-9 所示为 51 子系列单片机片内 RAM 的配置图。由图 2-9 可见，片内数据存储器分为工作寄存器区、位寻址区、数据缓冲区共 3 个区域。

00H～07H	0 区							工作寄存器区
08H～0FH	1 区							
10H～17H	2 区							
18H～1FH	3 区							
20H	07H	06H	05H	04H	03H	02H	01H	00H	位寻址区
21H	0FH	0EH	0DH	0CH	0BH	0AH	09H	08H	
22H	17H	16H	15H	14H	13H	12H	11H	10H	
23H	1FH	1EH	1DH	1CH	1BH	1AH	19H	18H	
24H	27H	26H	25H	24H	23H	22H	21H	20H	
25H	2FH	2EH	2DH	2CH	2BH	2AH	29H	28H	
26H	37H	36H	35H	34H	33H	32H	31H	30H	
27H	3FH	3EH	3DH	3CH	3BH	3AH	39H	38H	
28H	47H	46H	45H	44H	43H	42H	41H	40H	
29H	4FH	4EH	4DH	4CH	4BH	4AH	49H	48H	
2AH	57H	56H	55H	54H	53H	52H	51H	50H	
2BH	5FH	5EH	5DH	5CH	5BH	5AH	59H	58H	
2CH	67H	66H	65H	64H	63H	62H	61H	60H	
2DH	6FH	6EH	6DH	6CH	6BH	6AH	69H	68H	
2EH	77H	76H	75H	74H	73H	72H	71H	70H	
2FH	7FH	7EH	7DH	7CH	7BH	7AH	79H	78H	
30H～7FH								数据缓冲区

图 2-9　51 子系列单片机片内 RAM 配置图

（1）工作寄存器区

00H～1FH 单元为工作寄存器区。工作寄存器也称通用寄存器，用于临时寄存 8 位信息。工作寄存器分成 4 个区，每个区都是 8 个寄存器，用 R0～R7 来表示。程序中每次只用一个区，其余各区不工作。使用哪一区寄存器工作，由程序状态字 PSW（关于 PSW 的含义在特殊功能寄存器中介绍）中的 PSW.3(RS0) 和 PSW.4(RS1) 两位来选择，其对应关系如表 2-4 所示。

表 2-4　工作寄存器区

PSW.4(RS1)	PSW.3(RS0)	当前使用的工作寄存器组 R0～R7
0	0	0 区（00H～07H）
0	1	1 区（08H～0FH）
1	0	2 区（10H～17H）
1	1	3 区（18H～1FH）

通过软件设置 RS0 和 RS1 两位的状态，就可任意选一区寄存器工作。这个特点使 51 单片机具有快速现场保护的功能，对于提高程序效率和响应中断的速度是很有利的。

该区域当不被用作工作寄存器时，可以作为一般的 RAM 区使用。

（2）位寻址区

20H～2FH 单元是位寻址区。这 16 个单元（共计 16×8=128 位）的每一位都赋予了一个位地址，位地址范围为 00H～7FH。位地址区的每一位都可当作软件触发器，由程序直接进行位处理。通常可以把各种程序状态标志、位控制变量存入位寻址区内。

该区域当不被用作位寻址时，可以作为一般的 RAM 区使用。

在这里要注意，位地址 7FH 和字节地址 7FH 是两个完全不同的概念。

（3）数据缓冲区

30H～7FH 是数据缓冲区，即用户 RAM，共 80 个单元。

由于工作寄存器区、位寻址区、数据缓冲区统一编址，使用同样的指令访问，这 3 个区的单元既有自己独特的功能，又可统一调度使用。因此，前两个区未使用的单元也可作为用户 RAM 单元使用，使容量较小的片内 RAM 得以充分利用。

52 子系列单片机片内 RAM 有 256 个单元，前两个区的单元数与地址都与 51 子系列的一致，用户 RAM 区却为 30H～0FFH，有 208 个单元。对于片内 RAM 区的字节地址 80H～0FFH 的区域，只能采用间接寻址方式进行访问。

（4）堆栈和堆栈指针

堆栈是按先进后出的原则进行读/写的特殊 RAM 区域。51 单片机的堆栈区是不固定的，原则上可以在内部 RAM 的任何区域内。实际应用中要根据对片内 RAM 各功能区的使用情况灵活设置，但应避开工作寄存器区、位寻址区和用户实际使用的数据区。

系统复位后，SP 初始化为 07H，所以第一个压入堆栈的数据存放在 08H 单元中，即堆栈区是从 07H 单元开始的一部分连续存储单元。

3．片外数据存储器

51 单片机片外数据存储器属于片外扩展的范畴，根据扩展的规模，可以在 0000H～0FFFFH 地址范围内。但 51 单片机片外数据存储器和片外 I/O 口属于统一编址方式，因此 51 单片机的片外数据存储器，实际上应该是"片外数据存储器及 I/O 口"，即这 64KB 范围包括片外数据存储器及 I/O 口的地址。

现代的 51 单片机片内数据存储器已不局限于 128B，可以达到 1KB、2KB 等，所以现在的 51 单片机应用系统设计时基本上不需要考虑片外数据存储器的扩展，只需要考虑 I/O 口的扩展即可。

强调：在 C51 简单程序设计时，设计者不必关心片内数据存储器的具体地址，C51 编译器可以自动对有关地址进行分配；对于片外地址，由于是由设计者扩展完成的，所以该部分必须通过地址总线形成确定的地址。

▶▶ 2.2.3　特殊功能寄存器

特殊功能寄存器（SFR，Special Function Registers），又称为专用寄存器，专用于控制、管理片内算术逻辑部件、并行 I/O 口、串行 I/O 口、定时器/计数器、中断系统等功能模块的工作。用户在编程时可以置数设置，却不能自由移作它用。各专用寄存器（PC 例外）与片内 RAM 统一编址，且可作为直接寻址字节直接寻址。除 PC 外，51 子系列单片机共有 18 个专用寄存器，其中 3 个为双字节寄存器，共占用 21B；52 子系列有 21 个专用寄存器，其中 5 个为双字节寄存器，共占用 26B。按地址排列的各特殊功能寄存器名称、符号、地址如表 2-5 所示。其中有 12 个专用寄存器可以位寻址，它们字节地址的低半字节为 0H 或 8H（即可位寻址的特殊功能寄存器字节地址具有能被 8 整除的特征）。在表 2-5 所示的特殊功能寄存器名称、符号、地址一览表中也示出了这些位的位地址与位名称。

注意：在 SFR 块地址空间 80H～0FFH 中，仅有 21B（51 子系列）或 26B（52 子系列）作为特殊功能寄存器离散分布在这 128B 范围内，其余字节无意义，用户不能对这些字节进行读/写操作。若对其进行访问，将得到一个不确定的随机数，因而是没有意义的。

用户在使用特殊功能寄存器时，不需要记住特殊功能寄存器及其位的地址，只要记住特殊功能寄存器及位的名称就可以了，操作时对其名字进行操作。

表 2-5　特殊功能寄存器名称、符号、地址一览表

专用寄存器名称	符号	地址	位地址与位名称							
			D7	D6	D5	D4	D3	D2	D1	D0
P0 口	P0	80H	87	86	85	84	83	82	81	80
堆栈指针	SP	81H								
数据指针低字节	DPL	82H								
数据指针高字节	DPH	83H								
定时器/计数器控制	TCON	88H	TF1 8F	TR1 8E	TF0 8D	TR0 8C	IE1 8B	IT1 8A	IE0 89	IT0 88
定时器/计数器方式控制	TMOD	89H	GATE	C/$\overline{T}$	M1	M0	GATE	C/T	M1	M0
定时器/计数器 0 低字节	TL0	8AH								
定时器/计数器 1 低字节	TL1	8BH								
定时器/计数器 0 高字节	TH0	8CH								
定时器/计数器 1 高字节	TH1	8DH								
P1 口	P1	90H	97	96	95	94	93	92	91	90
电源控制	PCON	97H	SMOD	—	—	—	GF1	GF0	PD	IDL
串行控制	SCON	98H	SM0 9F	SM1 9E	SM2 9D	REN 9C	TB8 9B	RB8 9A	TI 99	RI 98
串行数据缓冲器	SBUF	99H								
P2 口	P2	A0H	A7	A6	A5	A4	A3	A2	A1	A0
中断允许控制	IE	A8H	EA AF	—	ET2 AD	ES AC	ET1 AB	EX1 AA	ET0 A9	EX0 A8
P3 口	P3	B0H	B7	B6	B5	B4	B3	B2	B1	B0
中断优先级控制	IP	B8H	—	—	PT2 BD	PS BC	PT1 BB	PX1 BA	PT0 B9	PX0 B8
定时器/计数器 2 控制	T2CON*	C8H	TF2 CF	EXF2 CE	RCLK CD	TCLK CC	EXEN2 CB	TR2 CA	C/T2 C9	CP/RL2 C8
定时器/计数器 2 自动重装 低字节	RLDL*	CAH								
定时器/计数器 2 自动重装 高字节	RLDH*	CBH								
定时器/计数器 2 低字节	TL2*	CCH								
定时器/计数器 2 高字节	TH2*	CDH								
程序状态字	PSW	D0H	C D7	AC D6	F0 D5	RS1 D4	RS0 D3	OV D2	— D1	P D0
累加器	A	E0H	E7	E6	E5	E4	E3	E2	E1	E0
B 寄存器	B	F0H	F7	F6	F5	F4	F3	F2	F1	F0

注：表中带*的寄存器与定时器/计数器 2 有关，只在 52 子系列芯片中存在，RLDH、RLDL 也可写为 RCAP2H、RCAP2L，分别称为定时器/计数器 2 捕捉高字节、低字节寄存器。

51 单片机的特殊功能寄存器可分为两大类：与内部功能部件有关的、与 CPU 有关的。与内部功能部件有关的特殊功能寄存器将在介绍各功能部件的同时介绍，现在只介绍和 CPU 有关的特殊功能寄存器。与 CPU 有关的特殊功能寄存器主要有以下几个。

1. 累加器 A 和寄存器 B

累加器 A 又称为 ACC，是一个具有特殊用途的 8 位的寄存器，它是 CPU 中使用最频繁的寄存器。进入 ALU 进行算术和逻辑运算的操作数大多来自 A，运算结果也常送至 A 保存。累加器 A 相当于数据的中转站。由于数据传送大都要通过累加器完成，因此累加器容易产生"堵塞"现象，即累加器具有"瓶颈"现象。

寄存器 B 是为 ALU 进行乘除法运算而设置的，若不做乘除法运算，则可作为通用寄存器使用。

2. 程序状态字 PSW

程序状态字 PSW 是一个 8 位的寄存器，它保存指令执行结果的特征信息，为下一条指令或以后的指令的执行提供状态条件。PSW 中的各位一般是在指令执行过程中形成的，但也可以根据需要采用传送指令加以改变。其各位定义如下：

PSW.7	PSW.6	PSW.5	PSW.4	PSW.3	PSW.2	PSW.1	PSW.0
C	AC	F0	RS1	RS0	OV	--	P

（1）进位标志 C（PSW.7）

在执行某些算术运算类、逻辑运算类指令时，可被硬件或软件置位或清 0。它表示运算结果是否有进位或借位。如果在最高位有进位（加法时）或借位（减法时），则 C=1，否则 C=0。

（2）辅助进位（或称半进位）标志位 AC（PSW.6）

它表示两个 8 位数运算，低 4 位有无进（借）位的状况。当低 4 位相加（或相减）时，若 D3 位向 D4 位有进位（或借位），则 AC=1，否则 AC=0。在 BCD 码运算的十进制调整中要用到该标志。

（3）用户自定义标志位 F0（PSW.5）

用户可根据自己的需要对 F0 赋予一定的含义，通过软件置位或清 0，并根据 F0=1 或 0 来决定程序的执行方式，或系统某一种工作状态。

（4）工作寄存器组选择位 RS1、RS0（PSW.4、PSW.3）

可用软件置位或清 0，用于选定当前使用的 4 个工作寄存器组中的某一组。关于寄存器组的选择在后面进行说明。

（5）溢出标志位 OV（PSW.2）

做加法或减法时由硬件置位或清 0，以指示运算结果是否溢出。在带符号数加减运算中，OV=1 表示加减运算超出了累加器所能表示的数值范围（−128～+127），即产生了溢出，因此运算结果是错误的。OV=0 表示运算正确，即无溢出产生。

执行乘法指令 MUL AB 也会影响 OV 标志，积大于 255 时，OV=1，否则 OV=0；执行除法指令 DIV AB 也会影响 OV 标志，如 B 中所存放的除数为 0，则 OV=1，否则 OV=0。

（6）奇偶标志位 P（PSW.0）

在执行指令后，单片机根据累加器 A 中 1 的个数的奇偶自动将该标志置位或清 0。若 A 中 1 的个数为奇数，则 P=1，否则 P=0。该标志对串行通信的数据传输非常有用，通过奇偶校验可检验传输的可靠性。

需要说明的是，尽管 PSW 中未设定"0"标志位和"符号"标志位，但 51 系列单片机指令系统中有两条指令（JZ、JNZ）可直接对累加器 A 的内容是否为"0"进行判断。此外，由于 51 系列单片机可以进行位寻址，直接对 8 位二进制数的符号位进行位操作（如 JB、JNB、JBC 指令），所以使用相应的条件转移指令对上述特征状态进行判断也是很方便的。

3．布尔处理机

布尔处理机（即位处理器）是 51 单片机 ALU 所具有的一种功能。单片机指令系统中的位处理指令集（17 条位操作类指令）、存储器中的位地址空间以及借用程序状态寄存器 PSW 中的进位标志 C 作为位操作"累加器"，构成了 51 系列单片机的布尔处理机，它可对直接寻址的位（bit）变量进行位操作，如置位、清 0、取反、测试转移以及逻辑"与""或"等位操作，使用户在编程时可以利用指令完成原来单凭复杂的硬件逻辑所完成的功能，并可方便地设置标志等。

4．堆栈指针 SP

51 单片机的堆栈是在片内 RAM 中开辟的一个专用区。堆栈指针 SP 是一个 8 位的专用寄存器，用来存放栈顶的地址。进栈时，SP 自动加 1，将数据压入 SP 所指定的地址单元；出栈时，将 SP 所指示的地址单元中数据弹出，然后 SP 自动减 1。因此 SP 总是指向栈顶。

系统复位后，SP 的初始化为 07H，因此堆栈实际上由 08H 单元开始。08H~1FH 单元分别属于工作寄存器区 1~3，若在程序设计中要用到这些区，则最好把 SP 值用软件改设为 1FH 或更大值。通常设堆栈区在 30H~7FH 区间。由于堆栈区在程序中没有标志，因此程序设计人员在进行程序设计时应主动给可能的堆栈区空出若干单元，这些单元是禁止用传送指令来存放数据的，只能由 PUSH 和 POP 指令访问它们。

5．数据指针 DPTR

数据指针 DPTR 是一个 16 位的专用地址指针寄存器，主要用来存放 16 位地址，作为间址寄存器使用。DPTR 也可以分为两个 8 位的寄存器，即 DPH（高 8 位字节）和 DPL（低 8 位字节）。

强调：在 C51 简单程序设计时，设计者不必关注和 CPU 有关的特殊功能寄存器，但必须关注和功能部件有关的特殊功能寄存器，单片机功能部件的应用就是对有关特殊功能寄存器的应用。

 ## 2.3　C51 语言的数据

C51 和标准 C 语言基本相同，可对常量数据和变量数据进行处理。因此，对使用的数据要明白该数据是常量还是变量、变量的数据类型、变量存放在存储器的区域、变量的作用范围。本节介绍 C51 的数据有关问题。

▶▶ 2.3.1　常量

C51 语言中的常量是不接受程序修改的固定值，常量可以是任意数据类型。C51 中的常量有整型常量、实型常量、字符型常量、字符串常量、符号常量等。

1．整型常量

整型常量即整常数。它可以是十进制数字、八进制数字、十六进制数字表示的整数值。通常情况下，C51 程序设计时常采用十进制数和十六进制数。整型常量的表示如表 2-6 所示。

表 2-6　整型常量的表示

整型常量类型	表示形式	示例
十进制数	以非 0 开始的整数表示	6、89、722
八进制数	以 0 开始的数表示	023、0721
十六进制数	以 0X 或 0x 开始的数表示	0X12、0x45AB

说明：

① 在整型常量后加一个字母"L"或"1"，表示该数为长整型。例如 23L、0Xfd4l 等。

② 整型常量在不加特别说明时总是正值。如果需要的是负值，则必须将负号"–"放置于常量表达式的最前面，例如–0x56、–9 等。

2．实型常量

实型常量又称浮点常量，是一个十进制数表示的符号实数。实型常量的值包括整数部分、尾数部分和指数部分。实型常量的形式如下：

```
[digits][.digits][E[+/-]digits]
```

说明：

① 这里 digits 是 1 位或多位十进制数字（从 0~9）。E（也可以用 e）是指数符号。

② 小数点之前是整数部分，小数点之后是尾数部分，可以省略。小数点在没有尾数时可以省略。

③ 指数部分用 E 或 e 开头，幂指数可以为负，当没有符号时视正指数的基数为 10，如 1.575E10 表示为 1.575×10^{10}。

④ 在实型常量中不得出现任何空白符号。

⑤ 在不加说明的情况下，实型常量为正值。如果表示负数，需要在常量前使用负号。

⑥ 所有实型常量均视为双精度类型。

⑦ 字母 E 或 e 之前必须有数字，且 E 或 e 后面必须为整数。例如 e3、2.11e3.5 等都是不合法的指数形式。

一些实型常量的示例如下：15.75、1.575E1、1575E–3、0.0025、2.5e3、25E–4。

3．字符型常量

字符型常量是指用一对单引号括起来的一个字符，如'a'、'9'、'!'等。字符常量中的单引号只起定界作用，并不表示字符本身。

在 C51 语言中，字符是按其对应的 ASCII 码值来存储的，1 个字符占 1 字节。ASCII 码参见附录 A。

注意字符'9'和数字 9 的区别，前者是字符常量，后者是整型常量，它们的含义和在单片机中的存储方式都是不同的。

4．字符串常量

字符串常量是指用一对双引号括起来的一串字符，双引号只起定界作用，如"China"、"123456"等。

C51 语言中，字符串常量在内存中存储时，系统自动在字符串的末尾加一个串结束标志，即 ASCII 码值为 0 的字符 NULL，常用\0 表示。因此在程序中，长度为 n 字节的字符串常量，在内存中占 $n+1$ 字节的存储空间。

要特别注意字符常量与字符串常量的区别。除了表示形式不同，其存储性质也不同，字符'A'只占用 1 字节，而字符串常量"A"占 2 字节。

5．符号常量

C51 语言中允许将程序中的常量定义为一个标识符，称为符号常量。符号常量一般使用大写英文字母表示，以区别于一般用小写字母表示的变量。符号常量在使用前必须先定义，定义的形式是：

```
#define  标识符  常量
```

例如：

```
#define  PI  3.1415926
#define  TURE  1
```

#define 是 C51 语言的预处理命令，它表示经定义的符号常量在程序运行前将由其对应的常量替换。定义符号常量的目的是为了提高程序的可读性，便于程序的调试与修改。因此在定义符号常量时，应使其尽可能表达所代表的常量的含义。此外，若要对一个程序中多次使用的符号常量的值进行修改，只需对预处理命令中定义的常量进行修改即可。

强调：在简单的 C51 程序设计时，一般使用整型常量比较多，并且以十六进制数表示为主。

▶▶ 2.3.2　变量

在 C51 中，其值可以改变的量称为变量。一个变量应该有一个名字（标识符），在内存中占据一定的存储单元，在该存储单元中存放变量的值。

1. 变量的定义

每个变量在使用之前必须定义其数据类型，这称为变量定义。定义变量的一般形式为：

　　数据类型　变量名；

这里的"数据类型"必须是有效的 C51 语言数据类型，变量名可以由一个或多个由逗号分隔的标识符名构成。

一个变量定义的例子如下：

```
int  i, j, k;
unsigned  char  si;
unsigned  int  ui;
double  balance, profit,loss;
```

2. 数据类型

C51 语言中的数据类型分为基本数据类型和聚合型数据类型，这里首先介绍基本数据类型。C51 语言编译器支持的数据类型、长度和值域如表 2-7 所示。

表 2-7　C51 语言的数据类型

数 据 类 型		长度/bit	长度/Byte	值 域
位型	bit	1		0,1
无符号字符型	unsigned char	8	1	0～255
有符号字符型	signed char	8	1	−128～127
无符号整型	unsigned int	16	2	0～65 535
有符号整型	signed int	16	2	−32 768～32 767
无符号长整型	unsigned long	32	4	0～4 294 967 295
有符号长整型	signed long	32	4	−2 147 483 648～2 147 483 647
浮点型	float	32	4	±1.176E+38～±3.40E+38（6 位数字）
双精度浮点型	double	64	8	±1.176E+38～±3.40E+38（10 位数字）
指针型	一般指针	24	3	存储空间 0～65 535

（1）整型变量（int）

整型变量长度为 16 位。C51 语言将 int 型变量的高位存放在低字节。有符号整型变量（signed int）

也使用高位作为符号位，并使用二进制的补码表示数值。整型变量值 0x1234 以图 2-10 的方式保存在内存中。

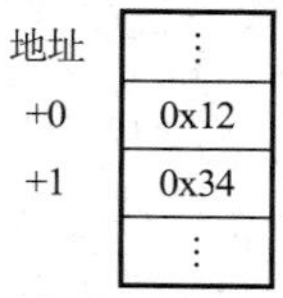

图 2-10　整型变量存储方式

（2）长整型变量（long int）

长整型变量长度是 32 位，占用 4 字节（Byte），其他方面和整型变量（int）相似。

（3）实型变量

实型变量分为单精度（float）型和双精度（double）型。其定义形式为：

```
float  x, y;            //指定 x, y 为单精度实数
double  z;             //指定 z 为双精度实数
```

在一般系统中，一个 float 型数据在内存中占 4 字节（32 位），一个 double 型数据占 8 字节（64 位）。单精度实数提供 7 位有效数字，双精度实数提供 15～16 位有效数字。

许多复杂的数学表达式都采用浮点变量数据类型。它用符号位表示数的符号，用阶码和尾数表示数的大小。用它们进行任何数学计算都需要使用由编译器决定的各种不同效率等级的库函数。Keil C51 语言的浮点数变量具有 24 位精度，尾数的高位始终为 1，因而不保存。

位的分布为符号位是最高位，尾数为最低的 23 位，在内存中按字节存储形式如表 2-8 所示。

表 2-8　位在内存中按字节存储形式

地址	+0	+1	+2	+3
内容	SEEEEEEE	EMMMMMMM	MMMMMMMM	MMMMMMMM

表 2-8 中，S 为符号位，1 表示负，0 表示正；E 为阶码（在两字节中）偏移为 127；M 为 23 位尾数，最高位为"1"。

浮点数 12.5 的十六进制数为 0xC1480000，按图 2-11 所示的方式保存在内存中。

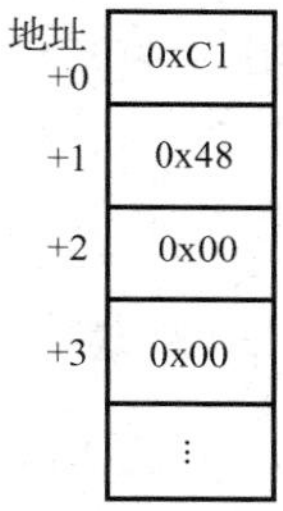

（4）字符变量 char

字符变量用来存放字符常量。注意只能存放 1 个字符。

字符变量的定义形式如下：

```
char  变量名;
```

例如：

图 2-11　浮点变量方式

```
char  c1, c2;
```

它表示 c1 和 c2 为字符变量，各存放 1 个字符。可以用下面的语句对 c1、c2 赋值：

```
c1='a';  c2='b';
```

字符变量的长度是 1 字节（Byte）即 8 位。这很适合于 51 单片机，因为 51 单片机每次可以处理 8 位数据。

（5）位变量（bit）

变量的类型是位，位变量的值可以是 1（true）或 0（false）。与 51 单片机硬件特性操作有关的位变量必须定位在 51 单片机片内存储区（RAM）的可位寻址空间中。

```
bit  direction_bit;                    //将 direction_bit 定义为位变量
```

3．存储类型

在讨论 C51 语言的变量的数据类型时，必须同时提及它的存储类型，以及它与 51 单片机存储器结构的关系，因为 C51 语言是面向 51 系列单片机及其硬件控制系统的应用程序，它定义的任何数据类型必须以一定的方式定位在 51 系列单片机的某一存储区中，否则便没有任何实际意义。

在前面章节中详细地讨论了 51 系列单片机存储器结构的特点。51 单片机存储区可分为内部数据存储区、外部数据存储区及程序存储区。

每个变量可以明确地分配到指定的存储空间，对内部数据存储器的访问比对外部数据存储器的访问快许多，因此应当将频繁使用的变量放在内部存储器中，而把较少使用的变量放在外部存储器中。各存储区的简单描述如表 2-9 所示。

表 2-9　C51 语言的存储类型与 51 系列单片机存储区的对应关系

存储区	描述
data	片内 RAM 的低 128 字节，可在一个周期内直接寻址
bdata	片内 RAM 的位寻址区，16 字节
idata	片内 RAM 的 256 字节，必须采用间接寻址
xdata	外部数据存储区，使用 DPTR 间接寻址
pdata	外部存储区的 256 字节，通过 P0 口的地址对其寻址。使用 MOVX @Ri，需要 2 个指令周期
code	程序存储区，使用 DPTR 寻址

（1）data 区、idata 区、bdata 区

data 区、idata 区、bdata 区属于内部数据存储器。51 系列单片机内部数据存储器包括特殊功能寄存器和数据寄存器，对于二者必须使用不同的寻址方式才能区分出是操作特殊功能寄存器还是数据存储器。当然对于汇编语言而言，可以采用不同的指令来区分直接寻址与间接寻址。不过，Keil C 并没有直接与间接寻址的语句，但可以以不同的存储器形式来区分操作的对象，因此就有了 **data**、**idata** 及 **bdata** 三种存储器形式。其中 data 存储器形式可直接存取 0x00～0x7f 数据存储器，例如指定 x 为字符型变量：

```
char  data  x;
```

idata 存储器形式可间接寻址方式存取 0x80～0xff 数据存储器，其声明方式如下：

```
char  idata  x;
```

bdata 存储器形式可位寻址方式存取 0x20～0x2f 数据存储器，其声明方式如下：

```
bit  bdata  x;
```

（2）pdata 区和 xdata 区

pdata 区和 xdata 区属于外部存储区，外部数据区是可读可写的存储区，最多可以有 64KB，当然这些地址不是必须用作存储区的，访问外部数据存储区比访问内部数据存储区慢，因为外部数据存储区是通过数据指针加载地址来间接访问的。

在这两个区，变量的声明与在其他区的语法是一样的，但 pdata 区只有 256 字节，而 xdata 区可达 65 536 字节。对 pdata 和 xdata 的操作是相似的。对 pdata 区的寻址比对 xdata 区要快，因为对 pdata 区寻址只需要装入 8 位地址，而对 xdata 区寻址需装入 16 位地址，所以要尽量把外部数据存储在 pdata 段中。

pdata 和 xdata 区声明中的存储类型标识符分别为 pdata 和 xdata。xdata 存储类型标识符可以指定外部数据区 64KB 内的任何地址，而 pdata 存储类型标识符仅指定 1 页或 256 字节的外部数据区。

声明举例如下：

```
unsigned char xdata system_status=0;
unsigned int pdata unit_id[2] ;
char xdata inp_string[16] ;
float pdata out_value;
```

对 pdata 和 xdata 寻址要使用汇编指令 movx，需要两个处理周期。

外部地址段中除了包含存储器地址，还包含 I/O 器件的地址。对外部器件寻址可以通过指针或 C51 提供的宏，使用宏对外部器件 I/O 口进行寻址更具可读性。

关于对外部 RAM 及 I/O 口的寻址在下面的绝对地址寻址中将详细讨论。

（3）程序存储区 code

程序存储区是用来存放程序代码的存储器，是一种只能读取不能写入的只读存储器，除了用来存放程序代码，也可存放固定的数据，例如七段数码显示器的显示代码等，如下所示就是以数组的方式（稍后介绍）存储表格：

```
unsigned char code LEDTAB[ ]={ 0x3F, 0x06, 0x5B, 0x4F, 0x66, 0x6D, 0x7D,
                               0x07, 0x7F, 0XC0 };
```

单片机访问片内 RAM 比访问片外 RAM 相对快一些，所以应当将使用频繁的变量置于片内数据存储器，即采用 data、bdata 或 idata 存储类型，而将容量较大的或使用不怎么频繁的那些变量置于片外 RAM，即采用 pdata 或 xdata 存储类型。常量只能采用 code 存储类型。

强调：变量的属性包括类型属性、存储属性，其类型属性是必须的，但存储属性在简单 C51 程序设计时是可以省略的；在简单 C51 程序设计中，数据类型 bit、unsigned char 用得较多，存储类型 data、bdata、xdata、code 用得较多。

 ## 2.4 C51 语言对单片机主要资源的控制

C51 语言对单片机应用系统主要资源的控制包括特殊功能寄存器的定义、片内 RAM 的使用、片外 RAM 及 I/O 口的使用。片内 RAM、片外 RAM 及 I/O 的使用又称为绝对地址的访问。

▶▶ 2.4.1 特殊功能寄存器的 C51 语言定义

51 单片机通过其特殊功能寄存器（SFR）实现对其内部主要资源的控制。51 单片机有 21 个 SFR，有的单片机还有更多的 SFR，它们分布在片内 RAM 的高 128 字节中，其地址能够被 8 整除的 SFR 一般可以进行位寻址。关于 51 单片机的特殊功能寄存器参见表 2-5。对 SFR 只能用直接寻址方式访问。C51 语言允许通过使用关键字 sfr、直接引用编译器提供的头文件来实现对 SFR 的访问。

1. 使用关键字 sfr 定义

为了能直接访问特殊功能寄存器 SFR，C51 语言提供了一种自主形式的定义方法。这种定义方法与标准 C 语言不兼容，只适用于 C51 编程。这种定义的方法是引入关键字 sfr，语法如下：

```
sfr  特殊功能寄存器名字 = 特殊功能寄存器地址;
```

例如：

```
sfr  SCON=0x98;          /*串口控制寄存器地址 98H*/
sfr  TMOD=0X89;          /*定时器/计数器方式控制寄存器地址 89H*/
```

注意：sfr 后面必须跟一个特殊功能寄存器名，"="后面的地址必须是常数，不允许是带有运算符的表达式。这个常数值的范围必须在特殊功能寄存器地址范围内，位于 0x80～0xFF 之间。

在 51 系列单片机产品中，SFR 在功能上经常组合为 16 位值。当 SFR 的高端地址直接位于其低端地址之后时，对 SFR16 位值可以进行直接访问。例如，8052 单片机的定时器 2 就是这种情况。为了有效访问这类 SFR，可使用关键字 sfr16。

16 位 SFR 定义的语法与 8 位 SFR 相同，16 位 SFR 的低端地址必须作为"sfr16"的定义地址。例如：

```
sfr16  T2=0xCC;          /*定时器 2：T2 低 8 位地址=0CCH,高 8 位地址 0CDH*/
sfr16  DPTR=0x82;        /*数据指针 DPTR：DPTR 低 8 位地址=82H,高 8 位地址 83H*/
```

定义中名字后面不是赋值语句，而是一个 SFR 地址，高字节必须位于低字节之后。

2．通过头文件访问 SFR

51 系列单片机的寄存器数量与类型是极不相同的，因此对单片机特殊功能寄存器的访问可以通过对头文件的访问来进行。

为了用户处理方便，C51 语言编译器把 51 单片机的常用的特殊功能寄存器和特殊位进行了定义，放在一个 reg51.h 或 reg52.h 的头文件中。当用户要使用时，只需要在使用之前用一条预处理命令#include <reg51.h>把这个头文件包含到程序中，就可以使用特殊功能寄存器名和特殊位名称了。用户可以通过文本编辑器对头文件内容进行增减。

【例 2-1】 头文件引用示例。

```
#include <reg51.h>          //使用的单片机为 51 单片机
void main(void)
{   TL0=0xb0;               //访问定时器 0，设置时间常数
    TH0=0x3c;
    TR0=1;                  //启动定时器 0
    ...
}
```

3．SFR 中位定义

在 51 系列单片机的应用时，经常需要单独访问 SFR 中的位，C51 语言的扩充功能使之成为可能，使用关键字 sbit 可以访问位寻址对象。特殊位的定义像 SFR 一样，不与标准 C 语言兼容。

与 SFR 定义一样，用关键字 sbit 定义某些特殊位，并接受任何符号名，"="后将绝对地址赋给变量名。这种地址分配有 3 种方法。

（1）第 1 种方法

```
sbit  位名=特殊功能寄存器名^位置;
```

当特殊功能寄存器的地址为字节（8 位）时，可以使用这种方法。特殊功能寄存器名必须是已定义的 SFR 的名字。"^"后的"位置"语句定义了基地址上的特殊位的位置。该位置必须是 0～7 的数。例如：

```
sfr   PSW=0xD0;           /*定义 PSW 寄存器地址位 0xD0*/
sbit  OV=PSW^2;           /*定义 OV 位为 PSW.2，地址为 0xD2 */
sbit  CY=PSW^7;           /*定义 CY 位为 PSW.7，地址为 0xD7 */
```

（2）第 2 种方法

```
sbit  位名=字节地址^位置;
```

这种方法是以一个整常数为基地址，该值必须在 0x80～0xFF 之间，并能被 8 整除，确定位置的方法同上。例如：

```
sbit  OV=0xD0^2;          /*OV 位地址为 0xD2 */
sbit  CY=0xD0^7;          /*CY 位地址为 0xD7 */
```

（3）第 3 种方法

```
sbit  位名=位地址;
```

这种方法将位的绝对地址赋给变量，地址必须在 0x80～0xFF 之间。例如：

```
sbit  OV=0xD2;
sbit  CY=0xD7;
```

特殊功能位代表了一个独立的定义类，不能与其他位定义和位域互换。

强调：在 C51 程序设计时，用到特殊功能寄存器，常使用头文件引用 "#include <reg51.h>;" 在需要对特殊功能寄存器进行位定义时，常使用 sbit　位名=字节地址^位置;。

▶▶ 2.4.2　绝对地址的访问

绝对地址的访问包括片内 RAM、片外 RAM 及 I/O 的访问。C51 语言提供了两种比较常用的访问绝对地址的方法。

1. 绝对宏

C51 语言编译器提供了一组宏定义来对 51 系列单片机的 code、data、pdata 和 xdata 空间进行绝对寻址。在程序中，用#include<absacc.h>即可使用其中声明的宏来访问绝对地址，包括 CBYTE、XBYTE、PWORD、DBYTE、CWORD、XWORD、PBYTE、DWORD，具体使用方法参考 absacc.h 头文件。其中：

- CBYTE 以字节形式对 code 区寻址；
- CWORD 以字形式对 code 区寻址；
- DBYTE 以字节形式对 data 区寻址；
- DWORD 以字形式对 data 区寻址；
- XBYTE 以字节形式对 xdata 区寻址；
- XWORD 以字形式对 xdata 区寻址；
- PBYTE 以字节形式对 pdata 区寻址；
- PWORD 以字形式对 pdata 区寻址。

例如：

```
#include<absacc.h>
#define  PORTA  XBYTE[0xFFC0]/*PORTA 定义为外部器件，地址为 0xFFC0，长度为 8 位*/
#define  NRAM DBYTE[0x40]    /*将 NRAM 定义为片内 RAM，地址为 40H，长度为 8 位*/
```

【例 2-2】　片内 RAM、片外 RAM 及 I/O 的定义示例。

程序如下：

```
#include <absacc.h>          //绝对地址访问
#define  PA  XBYTE[0xffec]   //将 PA 定义为外部 I/O 口，地址为 0xffec
#define  NRAM  DBYTE[0x40]   /*将 NRAM 定义为片内 RAM，地址为 40H，长度为 8 位*/
void  main(void)
```

```
{   PA=0x3A;                      //将数据 3AH 写入地址为 0xffec 的外部 I/O 端口
    NRAM=0x01;                    //将数据 01H 写入片内 RAM40H 单元
}
```

2. at_关键字

可以使用关键字 _at_ 对指定的存储器空间的绝对地址进行访问，一般格式如下：

　　　[存储器类型]　数据类型说明符　变量名　_at_　地址常数；

其中，存储器类型为 C51 语言能识别的数据类型，如省略则按存储器模式规定的默认存储器类型确定变量的存储器区域；数据类型为 C51 语言支持的数据类型；地址常数用于指定变量的绝对地址，必须位于有效的存储器空间之内；使用 _at_ 定义的变量必须为全局变量。

【例 2-3】　通过 _at_ 实现绝对地址的访问示例。

程序如下：

```
data  unsigned  char  x1 _at_  0x40;   /*在 data 区定义字节变量 x1,它的地址为 40H*/
xdata unsigned  int   x2 _at_  0x2000; /*在 xdata 区定义字节变量 x2,它的地址为 2000H*/
void  main(void)
{   x1=0xff;
    x2=0x1234;
    ...
    while(1);
}
```

强调：C51 程序设计时，要进行绝对地址的操作，两种方式都比较常用。

2.5　C51 语言的基本运算与流程控制语句

▶▶ 2.5.1　基本运算

C51 的运算是通过运算符来完成的。运算符是表示特定的算术或逻辑操作的符号，也称为操作符。在 C51 语言中，需要进行运算的各量通过运算符连接起来便构成一个表达式。

C51 语言的基本运算类似于 C 语言，主要包括算术运算、关系运算、逻辑运算、位运算和赋值运算等。

1. 算术运算

+（加法运算符）、−（减法运算符）、*（乘法运算符）、/（除法运算符）、%（模运算或取余运算符）、++（自增运算符）、−−（自减运算符）。

除法运算符两侧的操作数可为整数或浮点数。取余运算符两侧的操作数均为整型数据，所得结果的符号与左侧操作数的符号相同。

++和−−运算符只能用于变量，不能用于常量和表达。++j 表示先加 1，再取值；j++表示先取值，再加 1。自减运算也是如此。

在大多数的编译环境中，采用自增和自减操作所生成的程序代码比等价的赋值语句所生成的代码执行起来要快得多，因此推荐采用自增和自减运算符。

2. 关系运算

关系运算又称为比较运算，主要用于比较操作数的大小关系。C51 语言提供了以下 6 种关系运算符：

<（小于）、<=（小于等于）、>（大于）、>=（大于等于）、==（等于）、!=（不等于）

其中，<、<=、>、>=这 4 种运算符的优先级相同，处于高优先级；==和!=这两种运算符的优先级相同，处于低优先级。此外，关系运算符的优先级低于算术运算符的优先级，而高于赋值运算符的优先级。关系表达式的值为逻辑值，其结果只能取真和假两种值。

3. 逻辑运算

逻辑运算是对变量进行逻辑与运算、逻辑或运算及逻辑非运算。C51 语言提供如下 3 种逻辑运算符：

&&　（逻辑与）、‖　（逻辑或）、!　（逻辑非）

其中，非运算的优先级最高，而且高于算术运算符；或运算的优先级最低，低于关系运算符，但高于赋值运算符。逻辑表达式的值也是逻辑量，即真或假。

4. 赋值运算与复合赋值运算

赋值符号 "=" 完成的操作即为赋值运算，它是右结合性的，且优先级最低。

赋值符号前加上其他运算符构成复合运算符。C51 语言提供以下 10 种复合运算符：

+=、=、*=、/ =、%=、& =、| =、^=、<<=、>>=

5. 位运算

位运算是对字节或字中的二进制位（bit）进行逐位逻辑处理或移位的运算。C51 语言提供以下 6 种位运算：

&（按位与）、|（按位或）、^（按位异或）、~（按位取反）、<<（位左移）、>>（位右移）

位运算的操作对象只能是整型和字符型数据，不能是实型数据。

这些位运算和汇编语言中的位操作指令十分类似。位操作指令是 51 系列单片机的重要特点，所以位运算在 C51 语言控制类程序设计中的应用比较普遍。

对于二进制数来说，左移 1 位相当于该数乘 2，而右移 1 位相当于该数除 2。

在控制系统中，位操作方式比算术方式使用更频繁。以 51 单片机片外 I/O 口为例，这种 I/O 口的字长为 1 字节（8 位）。在实际控制应用中，人们常常想要改变 I/O 口中某一位的值而不影响其他位。当这个口的其他位正在点亮报警灯，或命令 A/D 转换器开始转换时，用这一位可以开动或关闭一部电动机。正像前面已经提过的那样，有些 I/O 口是可以位寻址的（例如片内 I/O 口），但大多数片外附加 I/O 口只能对整个的字节做出响应，因此要想在这些地方实现单独位控制（或线控制）就要采用位操作。例如：

```
#define <absacc.h>
#define  PORTA  XBYTE[0xffc0]
void  main()
{   ...
    PORTA=(PORTA & 0xbf) | 0x04;
    ...
}
```

在此程序片段中，第一行定义了一个片外 I/O 口变量 PORTA，其地址在片外数据存储区的 0xffc0 上。在 main() 函数中，"PORTA=(PORTA & 0xbf)|0x04" 作用是先用&运算符将 PORTA.6 位置成低

电平，然后用"| 0x04"运算将 PORTA.2 位置成高电平。

强调：C51 程序设计时，更要注意位运算符的应用。关系运算常和判断语句一起使用。

▶▶ 2.5.2　分支判断——if、switch 语句

分支判断语句可分为 if 语句和 switch 语句。

1. if 语句

if 语句是 C51 语言的一个基本条件选择语句，它是用来判定所给定的条件是否满足，根据判定结果决定执行给出的两种操作之一。

if 语句的基本结构如下：

```
if(表达式){语句;}
```

括号中的表达式成立时，程序执行花括号内的语句，否则程序跳过花括号中的语句部分而直接执行下面其他语句。

C51 语言提供 3 种形式的 if 语句。

（1）形式一

```
if(表达式){语句;}
```

形式一的流程图如图 2-12 所示。例如：

```
if(x>y){max=x;min=y;}
```

相当于双分支选择结构中仅有一个分支可执行的语句，另一个分支为空。

（2）形式二

```
if(表达式){语句1;} else {语句2;}
```

形式二的流程图如图 2-13 所示。例如：

```
if(x>y)
{max=x;}
else {min=y;}
```

相当于双分支选择结构。

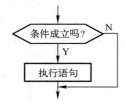

图 2-12　if 语句形式一流程图

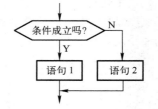

图 2-13　if 语句形式二流程图

（3）形式三

```
if(表达式1){语句1;}
else  if(表达式2){语句2;}
else  if(表达式3){语句3;}
...
else  if(表达式m){语句m;}
```

```
else {语句 n;}
```

形式三的流程图如图 2-14 所示。

例如：

```
if(x>1000){y=1;}
else  if(x>500){y=2;}
else  if(x>300){y=3;}
else  if(x>100){y=4;}
else  {y=5;}
```

相当于串行多分支选择结构。

在 if 语句中又含有一个或多个 if 语句，这种情况称为 if 语句的嵌套。在 if 语句嵌套中应注意 if 与 else 的对应关系，else 总是与它前面最近的一个 if 语句相对应。

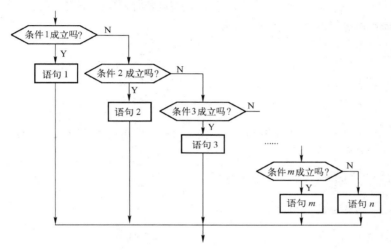

图 2-14　if 语句形式三流程图

2. switch 语句

switch 语句是多分支选择语句。if 语句只有两个分支可供选择，而实际问题中常常需要用到多分支选择，如人口统计分类、足球比赛的分数统计、彩票中奖情况统计等。这些从理论上是可以使用嵌套的 if 语句来完成的，但是如果分支过多，则嵌套的 if 语句层数就过多，程序冗长、可读性降低。为此，C51 语言提供了直接处理多分支选择的 switch/case 语句，用于直接处理并行多分支选择问题。

switch/case 语句的一般形式如下：

```
switch(表达式)
{    case  常量表达式 1:{语句 1;} break;
     case  常量表达式 2:{语句 2;} break;
               ...
     case  常量表达式 n:{语句 n;} break;
     default:{语句 n+1;}
}
```

说明如下：

① switch 括号内的表达式，可以是整型或字符型表达式，也可以是枚举类型的数据。

② switch 括号中的表达式的值与某 case 后面的常量表达式的值相同时，就执行它后面的语句（可以是复合语句），遇到 break 语句则退出 switch 语句。若所有 case 中的常量表达式的值都没有与表达式的值相匹配，就执行 default 后面的语句。

③ 每一个 case 的常量表达式必须是互不相同的，否则将出现混乱局面。

④ 各个 case 和 default 出现的次序，不影响程序的执行结果。

⑤ 如果在 case 语句中遗忘了 break 语句，则程序执行了本行之后，不会按规定退出 switch 语句，而是将执行后续的 case 语句。case 常量表达式只是起一个语句标号作用，并不在该处进行条件判断。在执行 switch/case 语句时，根据表达式的值找到匹配的入口标号，就从该标号开始执行下去，不再进行判断。因此，在执行一个 case 分支后，使流程跳出 switch 结构，即终止 switch 语句的执行，可以用一个 break 语句完成。switch 语句的最后一个分支可以不加 break 语句，结束后直接退出 switch 结构。

⑥ 由于 case 表达式作为一个语句标号，因此在 case 后面虽然包含一条以上的执行语句，但可以不必用花括号括起来，而会自动顺序执行 case 后面所有的执行语句。当然，加上花括号也可以。

⑦ 多个 case 可以公用一组执行语句，例如：

```
...
case  'A';
case  'B';
case  'C';  printf(">60\n") ; break;
...
```

强调：if 语句中的表达式常使用关系表达式，并且对关系表达式是否成立只判断一次；在编程过程中需要对各语句框图熟练掌握。

▶▶ 2.5.3 循环控制——while、for 语句

1. 基于 while 语句构成的循环

while 语句只能用来实现"当型"循环，一般格式如下：

```
while(表达式)
{   语句;                //可以是复合语句
}
```

在这里，表达式是 while 循环能否继续的条件，语句部分则是循环体，是执行重复操作的部分，只要表达式为真，就重复执行循环体内的语句；反之，则终止 while 循环，执行循环之外的下一行语句。

while 循环语句的语法流程图如图 2-15 所示。

while 循环结构的最大特点在于，其循环条件测试处于循环体的开头。要想执行重复操作，首先必须进行循环条件测试，若条件不成立，则循环体内的重复操作一次也不能执行。例如：

```
while((P1&0x10)==0)
{   }
```

这个语句的作用是等待来自于用户或外部硬件的某些信号的变化。该语句对 51 单片机的 P1 口的 P1.4 进行测试。如果 P1.4 电平为低（0），则由于循环体无实际操作语句，故继续测试下去（等待），一旦 P1.4 电平变高，则循环终止。

2. 基于 do-while 语句构成的循环

do-while 语句用来实现"直到型"循环结构，在循环体的结尾处而不是在开始处检测循环结束条

件。其一般格式如下：

```
do
{   语句;                    //可以是复合语句
} while （表达式）;
```

do-while 语句的特点是先执行内嵌的语句，再计算表达式，如果表达式的值为非 0，则继续执行内嵌的语句，直到表达式的值为 0 时结束循环。程序流程图如图 2-16 所示。

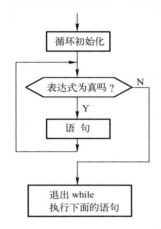

图 2-15　while 循环语句语法流程图

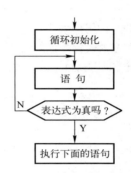

图 2-16　do-while 语句程序流程图

3．基于 for 语句构成的循环

在 C51 语言中，for 语句是使用最灵活的循环控制语句，同时也最复杂。它不仅可用于循环次数已经确定的情况，也可用于循环次数不确定而只给出循环条件的情况，它完全可以代替 while 语句，并有更为强大的功能。for 语句的一般形式为：

```
for(表达式 1;表达式 2;表达式 3)
{   语句;}
```

for 语句除了循环指令体，表达式模块由 3 部分组成：初始化表达式、结束循环测试表达式、尺度增量。

它的执行过程是：首先求解表达式 1，进行初始化；然后求解表达式 2，判断表达式是否满足给定条件，若其值非 0，则执行内嵌语句，否则退出循环；最后求解表达式 3，并回到第 2 步。图 2-17 所示为 for 语句流程图。

【例 2-4】　将片外 RAM 从 6000H 开始的连续的 10 字节单元内容清 0。

程序如下：

```
xdata  unsigned  char Buffer[10] _at_ 0x6000;
void  main(void)
{   unsigned  char index;
    for(index=0;index<10;index++)
    {   Buffer[index]=0;
    }
}
```

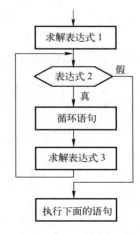

图 2-17　for 语句流程图

如果是片内 RAM 从 60H 单元开始的 10 个单元内容清 0，可以这样：

```
data unsigned char Buffer[10] _at_ 0x60;
void main(void)
{   unsigned char index;
    for(index=0;index<10;index++)
    {   Buffer[index]=0;
    }
}
```

【例 2-5】 时间延迟程序举例。

循环的基本用途之一是用嵌套产生时间延迟，执行的指令消磨一段已知的时间。这种延时方法是依靠一定数量的时钟周期来计时的，所以延时依赖于晶振频率。8051 单片机的数据手册中列出了每一条机器指令所需要的时钟周期数，使用 12MHz 的晶振，12 个振荡周期花费 1μs。

下面是一个延时 1ms 的延时程序。如果给这个程序传递一个 50 的数值，则可产生约 50ms 的延时。

```
void msec(unsigned int x)
{   unsigned char j;
    while(x--)
    {   for(j=0;j<125;j++);
    }
}
```

这个程序可以用整型值产生较长的延时。根据汇编代码进行的分析表明，用 j 进行的内部循环大约延时 8μs，程序编写正确，但不精确。不同的编译器会产生不同的延时，因此 j 的上限值 125 应根据实验进行补偿调整。

也可以通过 for 语句实现：

```
void delayxms(unsigned int xms)
{ unsigned int t1, t2;
  for(t1=xms;t1>0;t1--)
    for(t2=120;t2>0;t2--);
}
```

4．无限循环的实现

无限循环也称为死循环，一般用于单片机监控程序，单片机需要等待一个条件的改变，然后进行无限循环。无限循环可以使用以下几种结构：

```
for(; ;)                while(1)              do
{   ...                 {   ...              {   ...
    代码段；                代码段；              代码段；
}                       }                     } while(1);
```

▶▶ 2.5.4　break、continue、return 和 goto 语句

在循环语句执行过程中，如果需要在满足循环判定条件的情况下跳出代码段，可以使用 break 或 continue 语句；如果要从任意地方跳转到代码的某个地方，可以使用 goto 语句。

1. break 语句

break 语句用于从循环代码中退出，然后执行循环语句之后的语句，不再进入循环。

【例 2-6】　无符号 char 型数据 sdata 内存放一个随机数，这个数据每秒产生一次，要求计算这些数据的和，当和超过 4000 时不再计算，并且计算花费的时间。

```
void main(void)
{   unsigned char sdata;
    int time;                          //存放花费的秒数
    double sum;                        //和
    sum=0; time=0; sdata=0;
    for(; ;)
    {   time++;                        //计算秒数
        sum=sum+sdata;                 //计算和
        if(sum>4000)
        {   break;                     //退出整个循环
        }
    }
}
```

由于不知道什么时候和能够超过 4000，所以使用一个"无限循环"，每次计算和之后判断当前 sum 的值，当 sum 超过 4000 时使用 break 退出整个循环，不再执行。

2. continue 语句

continue 语句用于退出当前循环，不再执行本轮循环，程序代码从下一轮循环开始执行，直到判断条件不满足为止。

【例 2-7】　输出 100～200 之间不能被 3 整除的数。

```
for( i=100; i<=200; i++)
{   if( i%3==0)
    continue;
    printf("d", i);
}
```

在程序中，当 i 能被 3 整除时，执行 continue 语句，结束本次循环，跳过 printf()函数，只有不能被 3 整除时才执行 printf 函数。

continue 语句和 break 语句的区别在于：continue 语句只是结束本次循环而不是终止整个循环；break 语句则是结束循环，不再进行条件判断。

3. return 语句

return 语句一般放在函数的最后位置，用于终止函数的执行，并控制程序返回调用该函数时所处的位置。返回时还可以通过 return 语句带回返回值。return 语句格式有两种：

```
return;
return（表达式）;
```

如果 return 语句后面带有表达式，则要计算表达式的值，并将表达式的值作为函数的返回值。若不带表达式，则函数返回时将返回一个表达式的值。通常，用 return 语句把调用函数取得的值返回给主调用函数。

4．goto 语句

goto 语句是一个无条件转移语句。当执行 goto 语句时，将程序指针跳转到 goto 给出的下一条代码，基本格式如下：

```
goto 标号;
```

goto 语句的跳转非常灵活，因为在结构化的程序设计中使用该语句容易导致程序的混乱，在 C 语言中应避免使用该语句。但 goto 语句在 C51 语言中经常用于在监控死循环程序中退出循环程序或跳转去执行某条必须执行的语句。

为了方便阅读，也为了避免跳转时引发错误，在程序设计中应尽量避免使用 goto 语句。

强调：循环控制语句中的条件表达式需要多次判断；while 比 for 语句用的场合多；在编程过程中需要对各语句框图熟练掌握。

2.6　C51 语言的数组、指针、函数

数组是同类型数据的一个有序集合，指针是存放存储器地址的变量，因此数组与指针可以说数据管理的好搭档。

▶▶ 2.6.1　数组

数组用一个名字来标志，称为数组名。数组是一组具有固定数目和相同类型成分分量的有序集合，其成分分量的类型为该数组的基本类型。例如，整型变量的有序集合称为整型数组，字符型变量的有序集合称为字符型数组。这些整型或字符型变量是各自所属数组的成分分量，称为数组元素。

数组中各元素的顺序用下标表示，下标为 n 的元素可以表示为数组名[n]。改变[ ]中的下标就可以访问数组中所有的元素。

数组有一维、二维、三维和多维数组之分。C51 语言中常用的一维、二维数组和字符数组。

1．一维数组

由具有一个下标的数组元素组成的数组称为一维数组，定义一维数组的一般形式如下：

```
类型说明符 数组名[元素个数];
```

其中，数组名是一个标识符，元素个数是一个常量表达式，不能是含有变量的表达式。例如：

```
int demo1[10];
```

定义一个数组名为 demo1 的数组，数组包含 10 个整型元素，在定义数组时可以对数组进行整体初始化，若定义后想对数组赋值，则只能对每个元素分别赋值。例如：

```
int a[5]={1,2,3,4,5};    //给全部元素赋值,a[0]=1,a[1]=2,a[2]=3,a[3]=4,a[4]=5
int b[6]={1,2,6};        //给部分元素赋值,b[0]=1,b[1]=2,b[2]=6,b[3]=b[4]=b[5]=0
```

2．二维数组或多维数组

具有两个或两个以上下标的数组，称为二维数组或多维数组。定义二维数组的一般形式如下：

　　类型说明符　数组名[行数][列数]；

其中，数组名是一个标识符，行数和列数都是常量表达式。例如：

```
float  demo2[3][4];        //demo2 数组有 3 行 4 列共 12 个实型元素
```

二维数组可以在定义时进行整体初始化，也可以在定义后单个地进行赋值。例如：

```
int  a[3][4]={{1,2,3,4},{5,6,7,8},{9,10,11,12}};        //全部初始化
int  b[3][4]={{1,2,3,4},{5,6,7,8},{}};        //部分初始化,未初始化的元素为 0
```

3．字符数组

若一个数组元素是字符型的，则该数组就是一个字符数组。例如：

```
char  a[12]={"Chong Qing"};                //字符数组
char  add[3][6]={"weight","height","width"};        //字符串数组
```

4．查表

数组的一个非常有用的功能是查表。

我们都希望单片机、控制器能对提出的公式进行高精度的数学运算。但对大多数实际应用来说，这是不可能的，也是不必要的。在许多嵌入式控制系统应用中，人们更愿意采用表格而不是数学公式计算。特别是对于传感器的非线性转换需要进行补偿的场合（如水泵流量传感器的非线性补偿），使用查表法（如有必要再加上线性插值法）将比采用复杂的曲线拟合所需要的数学方法有效得多，因为表格查找执行起来速度更快，所用代码较少。表可以事先计算好后装入 EPROM 中，使用内插法可以增加查表值的精度，减少表的长度。数组的使用非常适合于这类查表方法。

【例 2-8】 将摄氏温度转换成华氏温度。

程序如下：

```
#define uchar unsigned char
uchar  code· tempt[]={32,34,36,37,39,41};
                                /*数组,设置在 EPROM 中,长度为实际输入的数值数*/
uchar ftoc(uchar degc)
{   return tempt[degc];        /*返回华氏温度值*/
}
void main()
{   uchar x;
x=ftoc(5);                        /*得到与 5℃对应的华氏温度值*/
}
```

在程序的开始处，“uchar　code　tempt[ ]={32,34,36,37,39,41};”定义了一个无符号字符型数组 tempt[ ]，并对其进行了初始化，将摄氏温度 0、1、2、3、4、5 对应的华氏温度 32、34、36、37、39、41 赋予数组 tempt[ ]，类型代码 code 指定编译器将此表定位在 EPROM 中。

在主程序 main( )中调用函数 ftoc(char degc)，从 tempt[ ]数组中查表获得相应的温度转换值。x=ftoc(5)执行后，x 的结果为与 5℃相应的华氏温度 41°F。

给字符数组赋初值对于在程序存储器 ROM 中制作一些常数表格特别有用，例如，可以采用如下

方法在 ROM 中制作一张共阴极 LED 的显示字符段码表。

```
char  code  SEG[11]={0x3f,0x06,0x5b,0x4f,0x66,0x6d,0x7d,0x07,0x7f,0x6f};
```

利用字符数组可以很方便地实现 LED 段码的查表显示。

强调：数组就是一个表格，在简单 C51 程序设计时，一维数组使用得比较多。

▶▶ 2.6.2　指针

指针是用来存放存储器地址的变量，其声明格式如下：

```
数据类型  *变量名称;
```

C51 语言支持基于存储器的指针和一般指针两种指针类型。当定义一个指针变量时，若未给出它所指向的对象的存储类型，则该指针变量被认为是一般指针；反之若给出了它所指对象的存储类型，则该指针被认为是基于存储器的指针。

基于存储器的指针类型由 C51 语言源代码中存储器类型决定。用这种指针可以高效访问对象，且只需 1～2 字节。

一般指针需占用 3 字节：1 字节为存储器类型，2 字节为偏移量。存储器类型决定了对象所用的 8051 存储空间，偏移量指向实际地址。一个一般指针可以访问任何变量而不管它在 8051 存储器空间的位置。这样就允许一般函数如 memcpy( )等，将数据以任意一个地址复制到另一个地址空间。

1. 基于存储器的指针

在定义一个指针时，若给出了它所指对象的存储类型，则该指针是基于存储器的指针。

基于存储器的指针以存储器类型为变量，在编译时才被确定。因此，为地址选择存储器的方法可以省略，以便这些指针的长度可为 1 字节（idata*，data*，pdata*）或 2 字节（code*，xdata*）。在编译时，这类操作一般被"内嵌"编码，而无须进行库调用。

基于存储器的指针定义举例：

```
char  xdata  *px;
```

在 xdata 存储器中定义了一个指向字符类型（char）的指针。指针自身在默认存储区（决定于编译模式），长度为 2 字节（值为 0～0xFFFF）。

```
char  xdata  *data pdx;
```

除了明确定义指针位于 8051 内部存储器（data），其他与上例相同，它与编译模式无关。

```
data  char  xdata  *pdx;
```

本例与上例完全相同。存储器类型定义既可以放在定义的开头，也可以直接放在定义的对象之前。这种形式与早期的 C51 语言编译器版本相兼容。

C51 语言所有的数据类型都和 8051 的存储器类型相关。所有用于一般指针的操作同样可用于基于存储器的指针。

基于存储器的指针定义举例：

```
char  xdata  *px;              // px 指向一个存在片外 RAM 的字符变量
                               // px 本身在默认的存储器中(由编译模式决定)，占用 2 字节
char  xdata  *data py;         // py 指向一个存在片外 RAM 的字符变量
```

```
// py 本身在 RAM 中，与编译模式无关，占用 2 字节
```

2．一般指针

在函数的调用中，函数的指针参数需要用一般指针。一般指针的说明形式如下：

数据类型　*指针变量;

例如：

```
char  *pz;
```

这里没有给出 pz 所指变量的存储类型，pz 处于编译模式默认的存储区，长度为 3 字节。

一般指针包括 3 字节：2 字节偏移和 1 字节存储器类型，如表 2-10 所示。其中，第 1 字节代表了指针的存储器类型，存储器类型编码如表 2-11 所示。

<table>
<tr><td colspan="4">表 2-10　一般指针</td></tr>
<tr><td>地　　址</td><td>+0</td><td>+1</td><td>+2</td></tr>
<tr><td>内　　容</td><td>存储器类型</td><td>偏移量高位</td><td>偏移量低位</td></tr>
</table>

<table>
<tr><td colspan="5">表 2-11　存储器类型编码</td></tr>
<tr><td>存储器类型</td><td>idata/data/bdata</td><td>xdata</td><td>pdata</td><td>code</td></tr>
<tr><td>内　　容</td><td>0x00</td><td>0x01</td><td>0xFE</td><td>0xFF</td></tr>
</table>

注意：使用其他类型值可能会导致不可预测的程序动作。类型值和编译器的版本有关。

例如，以 xdata 类型的 0x1234 地址作为指针可以表示成如表 2-12 所示。

当用常数作为指针时，必须注意正确定义存储器类型和偏移。

例如，将常数值 0x41 写入地址 0x8000 的外部数据存储器：

表 2-12　0x1234 的表示

<table>
<tr><td>地址</td><td>+0</td><td>+1</td><td>+2</td></tr>
<tr><td>内容</td><td>0x01</td><td>0x12</td><td>0x34</td></tr>
</table>

```
#define  XBYTE((char *)0x10000L)
XBYTE[0x8000]=0x41;
```

其中，XBYTE 被定义为（char *）0x10000L，0x10000L 为一般指针，其存储类型为 1，偏移量为 0000。这样，XBYTE 成为指向 xdata 零地址的指针，而 XBYTE[0X8000]则是外部数据存储器 0x8000 绝对地址。

注意：绝对地址被定义为 long 型常量，低 16 位包含偏移量，而高 8 位表明了存储器类型。为了表示这种指针，必须用长整数来定义存储类型。

C51 语言编译器不检查指针常数，用户必须选择有实际意义的值。

▶▶ 2.6.3　函数

函数是 C51 语言的重要组成部分，是从标准 C 语言中继承下来的。下面介绍一般的函数、库函数、中断函数。

1．函数的定义

一般函数可以分为无参函数、有参函数。

（1）无参函数的定义方法

无参函数的定义形式为：

```
返回值类型标识符　函数名()
{    函数体;
}
```

无参函数一般不带返回值，因此函数返回值类型标识符可以省略。

（2）有参函数的定义方法

有参函数的定义形式为：

```
返回值类型标识符   函数名(形式参数列表)
   形式参数说明；
{      函数体；
}
```

（3）函数的返回值

主调用函数在调用有参函数时，将实际参数（如 a 和 b）传递给被调用函数的形式参数（如 u 和 v）。然后，被调用函数使用形式参数 u 和 v 作为输入变量进行运算，所得结果通过返回语句 return(u)返回给主调函数。这个 return(u)中的 u 变量值就是被调用函数的返回值，简称函数的返回值。

函数的返回值是通过函数中的 return 语句获得的。一个函数可以有一个以上的 return 语句，但多于一个的 return 语句必须在选择结构（if 或 do/case）中使用，因为被调用函数一次只能返回一个变量。

函数返回值的类型一般在定义函数时，用返回类型标识符来指定。例如，在 int gcd(u,v)中，在函数名 gcd 之前的 int 指定函数的返回值为整型（int）。

当函数没有返回值时，则使用标识符 void 进行说明。若没有指定函数的返回值类型，默认返回值则为整型类型。

2. 中断函数

C51 语言编译器允许用 C51 语言创建中断服务函数，编程者仅仅需要知道中断号和寄存器组的选择就可以了。编译器自动产生中断向量和程序的入栈及出栈代码。在函数说明时包括 interrupt，将把所声明的函数定义为一个中断函数。另外，可以用 using 定义此中断服务函数所使用的寄存器组。

中断函数是由中断系统自动调用的。用户在主程序或函数中不能调用中断函数，否则容易导致混乱。

中断函数的定义格式为：

```
函数类型  函数名 interrupt  n  using  n
```

其中，interrupt 和 using 为关键字；interrupt 后面的 n 为中断源的编号，即中断号；using 后面的 n 所选择的寄存器组，取值范围为 0～3。

定义中断函数时，using 是一个选项，可以省略不用。如果不用 using 选项，则由编译器选择一个寄存器组作为绝对寄存器组。

51 单片机的中断过程通过使用 interrupt 关键字和中断号（0～31）来实现，中断号告诉编译器中断函数的入口地址。

【例 2-9】 中断函数举例。

程序如下：

```
unsigned int interruptcnt;
unsigned char second;
void timer0(void) interrupt 1 using 2
{   if(++interruptcnt==4000)
    {   second++;
        interruptcnt=0;
    }
}
```

```
void  main()
{
}
```

定义中断函数要注意：

① interrupt 和 using 不能用于外部函数；

② 使用 using 定义寄存器组时，要保证寄存器组切换在所控制的区域内，否则出错。

关于中断函数的其他问题，将在中断系统编程时进一步说明。

3．C51 语言的库函数

C51 语言的强大功能及其高效率的重要体现之一在于其提供了丰富的可直接调用的库函数。使用库函数可以使程序代码简单、结构清晰、易于调试和维护。

每个库函数都在相应的头文件中给出了函数原型声明，在 C51 中使用库函数时，必须在程序的开始处使用预处理命令#include 将相应的头文件包含进来。C51 语言的库函数包括：I/O 函数库、标准函数库、字符函数库、字符串函数库、内部函数库、数学函数库、绝对地址访问函数库、变量参数函数库、全程跳转函数库、偏移量函数库等。下面介绍在 C51 程序设计时常用的函数库。

（1）I/O 函数库

I/O 函数库主要用于数据通过串口的输入和输出等操作，C51 的 I/O 函数库的原型声明包含在头文件 stdio.h 中。由于这些 I/O 函数库使用的是 8051 单片机的串行接口，因此在使用之前需要先进行串口的初始化，然后才可以实现正确的数据通信。

典型的串口初始化需要设置串口模式和波特率，示例如下：

```
SCON=0x50;          //串口模式 1，允许接收
TMOD|=0x20;         //初始化定时器/计数器 T1 为定时方式，模式 1
PCON|=0x80;         //设置 SMOD=1
TL1=0xF4;           //波特率 4800bit/s，初值
TH1=0xF4;
IE|=0x90;           //中断
TR1=1;              //启动定时器
```

I/O 函数库中提供的库函数如表 2-13 所示。

表 2-13　I/O 函数

函　　数	功　　能
_getkey	从串口读入一个字符
_getchar	从串口读入一个字符并输出该字符
gets	从串口读入一个字符串
ungetchar	将读入的字符回送到输入缓冲区
putchar	通过 8051 的串行口输出字符
printf	按照一定的格式输出数据或字符串
sprintf	按照一定的格式将数据或字符串输出到内存缓冲区
puts	将字符串和换行符写入串行口
scanf	将字符串和数据按照一定的格式从串口读入
sscanf	将格式化的字符串和数据送入数据缓冲区
vprintf	将格式化字符串输出到内存数据缓冲区
vsprintf	将格式化字符串和数字输出到由指针所指向的内存数据缓冲区

（2）内部函数库

内部函数库提供了循环移位和延时等操作函数。内部函数的声明包含在头文件 intrins.h 中，内部函数库的函数如表 2-14 所示。

表 2-14　内部函数

函　　数	功　　能
crol	将 char 型变量循环向左移动指定位数后返回
irol	将 int 型变量循环向左移动指定位数后返回
lrol	将 long 型变量循环向左移动指定位数后返回
cror	将 char 型变量循环向右移动指定位数后返回
iror	将 int 型变量循环向右移动指定位数后返回
lror	将 long 型变量循环向右移动指定位数后返回
nop	使单片机产生延时（相当于插入汇编指令 NOP）
testbit	对字节中的 1 位进行测试（相当于 JBC bit）指令

（3）绝对地址访问函数库

绝对地址访问函数库提供了一些宏定义的函数，用于对存储空间的访问。绝对地址访问库的函数包含在头文件 absacc.h 中，各个函数如表 2-15 所示。

表 2-15　绝对地址访问函数

函　　数	功　　能
CBYTE	对 8051 单片机的存储空间进行字节寻址 CODE 区
DBYTE	对 8051 单片机的存储空间进行字节寻址 IDATA 区
PBYTE	对 8051 单片机的存储空间进行字节寻址 PDATA 区
XBYTE	对 8051 单片机的存储空间进行字节寻址 XDATA 区
CWORD	对 8051 单片机的存储空间进行字寻址 CODE 区
DWORD	对 8051 单片机的存储空间进行字寻址 IDATA 区
PWORD	对 8051 单片机的存储空间进行字寻址 PDATA 区
XWORD	对 8051 单片机的存储空间进行字寻址 XDATA 区

强调：C 语言程序设计就是函数的设计；要注意中断函数和普通函数的区别；掌握重要的函数库对 C51 程序设计有很大的帮助。

2.7　C51 语言的预处理命令及汇编语句的嵌入

C51 语言中提供了各种预处理命令，其作用类似于汇编程序中的伪指令。一般来说，在对 C51 程序进行编译前，编译器需要首先对程序中的预处理命令进行处理，然后将预处理的结果和源代码一并进行编译，最后产生目标代码。预处理命令通常只进行一些符号的处理，并不执行具体的硬件操作。

▶▶ 2.7.1　文件包含、宏定义、条件编译

C51 的预处理命令包括文件包含命令、宏定义指令、条件编译指令。预处理命令前要加一个"#"。

1. 文件包含

文件包含指令，即#include 命令。文件包含是指一个程序文件将另一个指定的文件的全部内容包含进去。例如#include<stdio.h>就是将 C51 语言编译器提供的输入/输出库函数的说明文件 stdio.h 包含

到自己的程序中。文件包含的一般格式为：

```
#include<文件名> 或 #include "文件名"
```

进行较大规模程序设计时，文件包含命令是十分有用的。为了适应模块化编程的需要，可以将组成 C 语言程序的各个功能模块函数分散到多个程序文件中，分别由若干人员完成编程，最后再由 #include 命令嵌入到一个总的程序文件中去。在使用#include 命令时，应注意以下几点：

- #include 命令出现在程序中的位置，决定了被包含的文件就从此处引入源文件。一般来说，被包含的文件要放在包含文件的前面，否则会出现内容尚未定义的错误。
- 一个#include 命令只能指定一个被包含文件，如果程序中需要包含多个文件则需要使用多个包含命令。
- 采用<文件名>格式时，在头文件目录中查找指定文件，采用"文件名"格式时，在当前目录中查找指定文件。

2．宏定义指令

宏定义指令是指用一些标识符作为宏名，来代替其他一些符号或者常量的预处理命令。使用宏定义指令，可以减少程序中字符串输入的工作量，而且可以提高程序的可移植性。宏定义分为简单的宏定义和带参数的宏定义。

简单的宏定义的格式为：

```
#define  宏替换名  宏替换体
```

#define 是宏定义指令的关键词，宏替换名一般使用大写字母来表示，而宏替换体可以是数值常数、算术表达式、字符和字符串等。宏定义可以出现在程序的任何地方，在编译时可由编译器将宏替换名由宏替换体替换。

带参数的宏定义的格式为：

```
#define  宏替换名（形参）    带形参的宏替换体
```

同简单的宏定义一样，#define 是宏定义的关键词，宏替换名一般使用大写字母来表示，而宏替换体可以是数值常数、算术表达式、字符和字符串等。带参数的宏定义也可以出现在程序的任何地方，在编译时由编译器将宏替换名由宏替换体替换，其中的形参用实际参数代替。由于可以带参数，这就增强了宏定义的应用。

注意：带参数的宏定义形参一定要带括号，因为实参可能是任何表达式，不加括号很可能导致意想不到的错误。

3．条件编译

C51 语言中的条件编译预处理指令可以通过 C51 语言编译器根据编译选项有条件地编译代码。使用条件编译的好处是可以使程序中某些功能模块根据需要有选择地加入到项目中，或使同一个程序方便移植到不同的硬件平台上。条件编译有几种指令，最基本的格式有 3 种。

（1）#if 型

格式如下：

```
#if 常量表达式
    代码 1;
#else
```

```
    代码2;
#endif
```

如果常量表达式为非 0，则代码 1 参加编译，否则代码 2 参加编译。

（2）#ifdef 型

格式如下：

```
#ifdef  标识符
    代码1;
#else
    代码2;
#endif
```

如果标识符已被#define 过，则代码 1 参加编译，否则代码 2 参加编译。

（3）#ifndef 型

格式如下：

```
#ifndef  标识符
    代码1;
#else
    代码2;
#endif
```

同#ifdef 相反，如果标识符没被#define 过，则代码 1 参加编译，否则代码 2 参加编译。

以上 3 种基本格式中的#else 分支又可以带自己的编译选项，#else 也可以没有或多于两个。

条件编译在程序调试过程非常有用。例如，一个数据采集系统要支持多种方式中的某一种或几种与 PC 通信，如串口、并口、USB、CAN 总线等，这时就可以根据条件编译使得所有模块都加到程序中，调试、测试或使用中只要打开或关闭相应的编译选项就可以打开或关闭相应的设备了。

强调：在简单的 C51 程序设计时，常用到文件包含#include 和宏定义#define 预处理命令。

▶▶ 2.7.2　C51 中汇编语句的嵌入

在 C51 程序中调用汇编程序有两种方式：一种是嵌入式汇编，即在 C51 语言程序中嵌入一段汇编语言程序；另一种是汇编语言程序部分和 C51 程序部分分别为不同的模块或不同的文件，通常由 C 程序模块调用汇编程序模块。

对 C51 语言的函数，是在函数的内部，通过编译命令控制 asm/endasm，在 C51 程序中插入汇编语言模块，具体结构如下：

```
#pragma  asm
汇编语句
#pragma  endasm
```

在项目（Project）窗口中包含汇编代码的 C 文件上右击鼠标，选择"Options for"选项，并选择"Gengrate Assemble SCR File"和"Assemble SCR File"，使它们变成黑色（有效）状态。

根据选择的编译模式，把相应的库文件（如 Small 模式时，是 Keil\C51\Lib\C51S.Lib）加入工程中，该文件必须作为工程的最后文件。

最后进行编译，即可生成目标代码。例如：

```
#include<reg51.h>
void main( )
{   P1=0X00;
{   #pragma  asm
    NOP
    SETB     P1.7
    SETB     P1.6
    MOV      30H, #55H
    MOV      P1, 30H
    #pragma  endasm
}
while(1);
}
```

最后执行结果，P1 口的内容变成 55H。

2.8 C51 程序

▶▶ 2.8.1 C51 的程序结构

单片机 C51 语言继承了 C 语言的特点，其程序结构与一般 C 语言结构没有差别。C51 程序文件扩展名为 ".c"，如 test.c、function.c 等。每个 C51 程序包含一个名为 "main( )" 的主函数，C51 程序的执行总是从 main( ) 函数开始的。当主函数所有语句执行完毕，则程序执行结束。例 2-10 和例 2-11 是两个典型的 C51 程序的例子。例 2-10 是通过串口窗口 Srial#1 输出结果，例 2-11 是通过硬件电路输出结果。

【例 2-10】 C51 程序参考示例。

```
#include<reg52.h>              //预处理命令，reg52.h 是一个库文件
#include<stdio.h>              // stdio.h 是一个库文件
void Function1(void);          //自定义函数 Function1 声明
unsigned int ch;               //全局变量声明
void main(void)                //主函数
{   SCON=0x50;                 //SCON:模式 1,8bit 异步串口通信
    TMOD=0x20;                 //TMOD:定时器 1 为模式 2,8bit 自动装载方式
    TH1=221;                   //TH1:1200bit/s 的装载值,16MHz
    TR1=1;                     //TR1:定时器 1 运行
    TI=1;                      //TI:设置为 1,以发送第一字节
                               //以上 5 条语句是为串口调试设置的
    while(ch<=5)
    {   Function1( );          //调用自定义函数
        printf("char=%d\n",ch); //程序语句
    }
    while(1);
```

```
    }
    void Function1(void)                    //自定义函数 Function1
    {   unsigned char ps;                   //自定义函数内部变量声明
        ps=1;
        ch=ch+ps;
    }
```

调试结果：

在串口窗口 Srial#1 中，输出结果：

```
    char=1
    char=2
    char=3
    char=4
    char=5
    char=6
```

【例 2-11】 电路如图 2-18 所示，发光二极管 D1 经限流电阻接至 P1.0，编程使 LED 灯以一定的时间间隔闪烁。

```
/***************************
  ; 说明：这是一个学习 C51 的例程
  ; 功能：使 P1.0 口的 LED 灯按照设置的时间间隔闪烁
  ; 设计者：***
  ; 设计日期：2012 年 9 月 27 日
  ; 修改日期：2019 年 11 月 20 日
  ; 版本序号：V2.0.0
  ; ***************************/
  #include<reg51.h>                       //寄存器定义
  sbit LED=P1^0;                          //LED 灯连接在 P1.0 上
 /*********延时函数***************/
void  msec(unsigned  int  x)
{   unsigned  char  j;
    while(x--)
    {   for(j=0;j<125;j++);
    }
}
  /*********主程序开始***************/
  void  main(void)
  { while(1)
    {  LED=0;                             //LED 灯点亮
       msec(500);                         //延时
       LED=1;                             //LED 灯熄灭
       msec(500);                         //延时
     }
   }
```

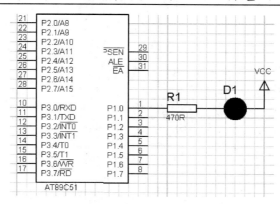

图 2-18　例 2-11 电路原理图

一个典型的 C51 程序包含预处理命令、自定义函数声明、主函数 main( ) 和自定义函数。这几部分与 C 语言的程序结构完全类似，各部分的功能如下。

① 预处理命令部分常用 #include 命令来包含一些程序中用到的头文件。这些头文件中包含了一些库函数，以及其他函数的声明与定义。

② 自定义函数声明部分用来声明程序中自定义的函数。

③ 主函数 main( ) 是整个 C51 程序的入口。不论 main( ) 函数位于程序代码中的哪个位置，C51 程序总是从 main( ) 函数开始执行的。

▶▶ 2.8.2　C51 编程规范及注意事项

在学习任何一种编程语言的时候，按照一定的规范培养良好的编程习惯很重要。良好的编程规范可以帮助开发人员理清思路、方便整理代码，同时也便于他人阅读、理解，以促进代码的交流。在进行 C51 语言程序设计时，应该注意以下几方面的编程规范。

1. 注释

任何编程语言都支持注释语句。注释语句只对代码起到功能描述的作用，在实际的编程链接过程中不起作用。在 C51 语言中可以通过两种方式表示注释内容。

（1）用 "//" 开头来注释一行

如 "//变量声明"。本方法简明、方便，"//" 符号可以在一行的开始，这样整行都表示注释内容；"//" 也可以在某行的执行语句后面，"//" 符号后面的内容是对该语句的注释内容。

（2）用 "/*" 符号开头，并以 "*/" 符号结束

如用 "/*声明整型变量 ch*/"。本方法灵活多变，可以注释多行，例如：

```
/**************************************************/
/*      Function.c：使用 C51 编译器的自定义功能函数库      */
/**************************************************/
```

用户也可以在程序语句的内部进行注释，示例如下：

```
printf("ch=%d\n",/*整型变量 ch*/ch);
```

一个好的 C51 程序应该添加必要的注释内容。这样可以增加程序的可读性，方便日后修改或者与他人的代码交流。注释内容一般包括程序的功能、实现方式、自定义函数的功能描述、语句的功能等。

2. 命名

在进行程序设计时，经常需要自定义一些函数或变量。一般来说，只要符合 C51 命名规范即可通过编译。但是为了便于程序的理解和交流，在进行命名时应注意以下几点：

① 自定义函数或者变量的名称最好能反映该函数或变量的功能、用途。因此，需要选用有意义的单词或者字母组合来表示。例如 MAX 表示最大值、MIN 表示最小值等。

② 变量名通常加上表示数据类型的前缀，例如"ucSendData"的前缀"uc"表示 unsigned char。

③ 在命名时不要和系统保留的标识符以及关键字产生冲突或者歧义。

3. 格式

为了程序阅读方便，在进行 C51 程序设计时，在程序结构以及语句书写格式方面应注意以下几点：

① 虽然 C51 语言对 main( )函数放置位置没有限定，但为了程序阅读的方便，最好把它放置在所有自定义函数的前面，即依次为头文件声明、自定义函数以及全局变量声明、main( )函数、自定义函数。

② C51 语句可以写在一行上也可以写在多行上。为了程序理解的方便，最好将每个语句单独写在一行，并加以注释。有时某几个相连的语句或者共同执行某个功能则可以放置在一行。

③ 对于程序文件不同结构部分之间要留有空行。例如，头文件声明、自定义函数声明、main( )函数以及自定义函数之间均要空一行，来明显区分不同结构。

④ 对于 if、while 等块结构语句中的"{"和"}"要配对对齐，以便于程序阅读时能够理解该结构的起始和结束。

⑤ 源代码编排时可以通过适当的空格以及 Tab 键来实现代码对齐。

以上是一些常用的编程规范，读者可以参考借鉴。

▶▶ 2.8.3　C51 的标识符与关键字

标识符和关键字是一种编程语言最基本的组成部分，C51 语言同样支持自定义的标识符及系统保留的关键字。在进行 C51 程序设计时，需要了解标识符和关键字的使用规则。

1. 标识符

标识符常用来声明某个对象的名称，如变量和常量的声明、数组和结构的声明、自定义函数的声明，以及数据类型的声明等。示例如下：

```
int count;
void Function1();
```

在上面的例子中，count 为整型变量的标识符，Function1 为自定义函数的标识符。

在 C51 语言中，标识符可以由字母、数字（0～9）或者下画线"_"组成，最多可支持 32 个字符。C51 标识符的第一个字符必须是字母或者下画线"_"，例如 unt、ch_1 等都是正确的标识符，而 5count 则是错误的标识符。另外，C51 的标识符区分大小写，例如 count 和 COUNT 代表两个不同的标识符。使用标识符时应注意以下几点。

① 在命名 C51 标识符时，需要能够清楚地表达其功能含义，这样有助于阅读和理解程序。

② C51 的标识符原则上可以使用下画线开头，但有些编译系统的专用标识符或者预定义项是以下画线开头的。为了程序的兼容性和可移植性，建议一般不使用下画线开头来命名标识符。

③ 尽量不要使用过长的标识符，以便于使用和程序理解方便。

④ 自定义的 C51 标识符不能使用 C51 语言保留的关键字，也不能和用户已使用的函数名或 C51 库函数同名。例如 char 是关键字，所以不能作为标识符使用。

2．关键字

关键字是 C51 语言的重要组成部分，是 C51 编译器已定义保留的专用特殊标识符，有时也称为保留字。这些关键字通常有固定的名称和功能，如 int、if、for、do、while、case 等。C51 语言中常用的关键字如表 2-16 所示。

表 2-16　C51 语言中常用的关键字

类　别	关　键　字	类　型	用　途　说　明
ANSI C 标准关键字	auto	存储种类说明	常用于声明局部变量，默认值为此类型
	break	程序语句	无条件退出循环程序最内层循环
	case	程序语句	switch 选择语句中的选择项
	char	数据类型说明	单字节整型数据或字符型数据
	const	存储类型说明	定义不可更改的常量值
	continue	程序语句	中断本次循环，并转向下一次循环
	default	程序语句	switch 选择语句中的默认选择项
	do	程序语句	用以构成 do…while 循环
	double	数据类型说明	声明双精度浮点型数据
	else	程序语句	用以构成 if…else 选择结构
	enum	数据类型说明	枚举
	extern	存储种类说明	在其他程序模块中说明了的全局变量
	float	数据类型说明	定义单精度浮点型数据
	for	程序语句	构成 for 循环语句
	goto	程序语句	构成 goto 转移语句
	if	程序语句	用以构成 if…else 选择结构
	int	数据类型说明	声明基本整型数据
	long	数据类型说明	声明长整型数据
	register	存储种类说明	CPU 内部寄存的变量
	return	程序语句	用于返回函数的返回值
	short	数据类型说明	声明短整型数据
	signed	数据类型说明	声明有符号数，二进制表示的最高位为符号位
	sizeof	运算符	计算表达式或数据类型的占有字节数
	static	存储种类说明	声明静态变量
	shruct	数据类型说明	声明结构类型数据
	switch	程序语句	构成 switch 选择语句
	typedef	数据类型说明	重新定义数据类型
	union	数据类型说明	声明联合数据类型
	unsigned	数据类型说明	声明无符号数据
	void	数据类型说明	声明无类型数据
	volatile	数据类型说明	该变量在程序执行中可被隐含地改变
	while	程序语句	用以构成 do…while 或 while 循环结构

续表

类　别	关　键　字	类　型	用　途　说　明
C51 扩展关键字	bit	位变量声明	声明一个位变量以及位类型的函数
	sbit	位变量声明	声明一个可位寻址的变量
	sfr	特殊功能寄存器声明	声明一个 8 位的特殊功能寄存器
	shr16	特殊功能寄存器声明	声明一个 16 位的特殊功能寄存器
	data	存储器类型说明	直接寻址的单片机片内数据存储器
	bdata	存储器类型说明	可位寻址的单片机片内数据存储器
	idata	存储器类型说明	间接寻址的单片机片内数据存储器
	pdata	存储器类型说明	分页寻址的单片机片内数据存储器
	xdata	存储器类型说明	单片机片外数据存储器
	code	存储器类型说明	单片机程序存储器
	interrupt	中断函数说明	定义一个中断服务函数
	reentrant	再入函数说明	定义一个再入函数
	using	寄存器组定义	定义单片机的工作寄存器

　　从表 2-16 中可以看出，单片机 C51 程序语言不仅继承了 ANSI C 定义的 32 个关键字，还根据 C51 语言及单片机硬件的特点扩展了相应的关键字。在 C51 语言程序设计中，用户自定义的标识符不能和这些关键字冲突，否则就无法正确通过编译。

　　强调：C51 程序和标准的 C 语言程序结构是相同的，在掌握标准 C 语言的基础上要能够区分两者的差异应用。

 ## 本章小结

　　本章主要介绍 51 单片机的硬件结构基础及软件编程语言 C51 基础，共包括两部分内容。

　　（1）51 单片机硬件基础

　　单片机的 C 语言是与单片机的硬件紧密联系的，要编写单片机的 C 语言，必须掌握单片机的硬件结构。本部分主要介绍 51 单片机的硬件基础，结构、内部功能部件、总线、机器周期、存储器结构，目的是让读者对 51 单片机的硬件有一个初步的了解，以便更好地掌握单片机的 C 语言的编写。

　　（2）单片机的 C 语言编程基础

　　要完成单片机的 C 语言编程，必须掌握 C 语言的基本编程基础。本部分主要介绍单片机 C 语言在编程过程中用到的基本内容，包括 C51 的数据、对单片机主要资源的控制、基本的运算、流程控制、数组、指针、函数、预处理等，目的是让读者能掌握单片机 C 语言的基本内容，为编写简单的单片机 C 语言打下基础。

　　本章属于单片机应用的基础。如果读者已经掌握了单片机的硬件结构、C 语言，本节可以作为简单复习内容。

 ## 习题

　　1．51 系列单片机内部有哪些主要的逻辑部件？

　　2．51 单片机设有 4 个 8 位并行端口，实际应用中 8 位数据信息由哪个端口传送？16 位地址线怎样形成？P3 口有何功能？

3．51 单片机位地址 7FH 与字节地址 7FH 有何区别？位地址 7FH 具体在内存中的什么位置？

4．51 单片机复位的作用是什么？复位后单片机的状态如何？

5．什么是时钟周期、机器周期和指令周期？当 51 单片机外部的振荡频率是 8MHz 时，其机器周期为多少？

6．51 单片机的 4 个 I/O 接口的作用是什么？三总线是如何分配的？为什么说能作为 I/O 使用的一般只有 P1 口？

7．C51 语言中的中断函数和一般的函数有什么不同？

8．按照给定的数据类型和存储类型，写出下列变量的说明形式。

① 在 data 区定义字符变量 val1。

② 在 idata 区定义整型变量 val2。

③ 在 xdata 区定义无符号字符型数组 val3[4]。

④ 在 xdata 区定义一个指向 char 类型的指针 px。

⑤ 定义可位寻址变量 flag。

⑥ 定义特殊功能寄存器变量 P3。

9．51 单片机片内 30H 开始存放 10 个单字节无符号数，编程去掉一个最大值和一个最小值，求其余 8 个值的平均值。

第 3 章　P0～P3 口输入/输出的 C51 编程

通过第 2 章内容的介绍，我们知道 51 系列单片机内部有 4 个并行的 I/O 口，分别为 P0(P0.7～P0.0)、P1(P1.7～P1.0)、P2(P2.7～P2.0)、P3(P3.7～P3.0)。这 4 个并行的 I/O 口除具有基本的输入/输出功能外，还具有和中断系统、定时器/计数器、串行口及外部扩展时的地址总线、数据总线、控制总线等有关的第二功能。关于第二功能的内容在后续相应的章节中讨论，本章主要介绍 51 单片机片内并行口的原理及输入/输出操作。

 ## 3.1　51 单片机的 P0～P3 口基础知识

在介绍 51 单片机的 P0～P3 口之前，先看两个概念。

双向口：单片机的 I/O 口是 CPU 与片外设备进行信息交换的通道，是为提高接口的驱动能力，具有由场效应管组成的输出驱动器。当驱动器场效应管的漏极具有开路状态时，该口就具有高电平、低电平和高阻抗 3 种状态，称为双向口。

准双向口：单片机 I/O 口的输出场效应管的漏极接有上拉电阻，该口具有高电平、低电平两种状态，称为准双向口。

▶▶ 3.1.1　P0～P3 口结构

在 51 单片机内部包含 4 个并行的 I/O 接口，分别称为 P0 口、P1 口、P2 口和 P3 口，每一个口都是 8 位的，每个口的位都有一个输出锁存器和一个输入缓冲器。输出锁存器用于存放需要输出的数据，每个端口的 8 位输出锁存器构成一个特殊功能寄存器，且冠名与端口相同；输入缓冲器用于对端口引脚上输入的数据进行缓冲，因此各引脚上输入的数据必须一直保持到 CPU 把它读走为止。图 3-1 所示是 P0～P3 口的位结构示意图，其中图 3-1(a) 是 P0 口位结构示意图，图 3-1(b) 是 P1 口位结构示意图，图 3-1(c) 是 P2 口位结构示意图，图 3-1(d) 是 P3 口位结构示意图。

P0、P1、P2 和 P3 端口的电路形式不同，其功能也不同，但作为基本的输入/输出口，其操作大同小异，现在主要以 P1 为例进行说明。

在图 3-1(b) 中，锁存器起输出作用，场效应管 VT1 与上拉电阻组成输出驱动器，以增大负载能力。三态门 1 是输入缓冲器，三态门 2 在端口操作时使用。

P1 口作为通用的 I/O 接口使用，具有输出、读引脚、读锁存器三种工作方式。

1. 输出方式

P1 口工作于输出方式，此时数据经内部总线送入锁存器存储。如果某位的数据为 1，则该位锁存器输出端 Q = 1，$\overline{Q}$ = 0 使 VT1 截止，从而在引脚 P1.X 上出现高电平；反之，如果数据为 0，则 Q = 0，$\overline{Q}$ = 1 使 VT1 导通，在引脚 P1.X 上出现低电平。

2. 读引脚方式

读引脚时，控制器打开三态门 1，引脚 P1.X 上的数据经三态门 1 进入芯片的内部总线，并送到累加器 A。输入时无锁存功能。

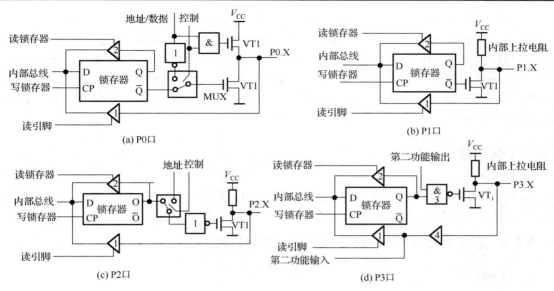

图 3-1　P0～P3 口位结构示意图

在单片机执行读引脚操作时，如果锁存器原来寄存的数据 Q = 0，那么由于 $\overline{Q}$ = 1，将使 VT1 导通，引脚被始终钳位在低电平上，不可能输入高电平。为此，使用读引脚指令前，必须先用输出指令置 Q = 1，使 VT1 截止。这就是 P1 被称为准双向口的原因。"准双向"的含义为输出直接操作，输入前需先置 1，再输入。

3. 读锁存器方式

51 系列单片机有很多指令可以直接进行端口操作，这些指令的执行过程分成"读—修改—写"三步，即先将端口的数据读入 CPU，在 ALU 中进行运算，运算结果再送回端口。执行"读—修改—写"类指令时，CPU 实际是通过三态门 2 读回锁存器 Q 端的数据的。

这种读锁存器的方式是为了避免可能出现的错误。例如，用一根口线去驱动端口外的一个晶体管基极，当向口线写"1"时，该晶体管导通，导通后的 PN 结会把端口引脚的高电平拉低，这样直接读引脚就会把本来的"1"误读为"0"。但若从锁存器 Q 端读，就能避免这样的错误，得到正确的数据。也就是说，如果某位输出为 1，有外接器件拉低电平，就能有区别了，读锁存器状态是 1，读引脚状态是 0，锁存器状态取决于单片机企图输出什么电平。引脚状态则是引脚的实际电平。

是读引脚还是读锁存器，其过程 CPU 内部会自动处理，读者不必在意。但应注意，当作为读引脚方式使用时，应先对该口写"1"，使场效应管截止，再进行读操作，以防止场效应管处于导通状态，使引脚为"0"，从而引起误读。

▶▶ **3.1.2　P0～P3 口特点总结**

① 若要执行输入操作，P0～P3 口都必须先输出高电平，才能读取该端口所连接的外部设备的数据。

② P0 口 8 位皆为漏极开路输出，每个引脚可以驱动 8 个 LS 型 TTL 负载（通常把 100μA 的电流定义为 1 个 LSTTL 负载的电流）；P1～P3 口的 8 位类似于漏极开路输出，但已接上拉电阻，每个引脚可驱动 4 个 LS 型 TTL 负载。

③ P0 口内部无上拉电阻，执行输出功能时，外部必须接上拉电阻（一般 10kΩ 即可）；P1～P3

口内部具有约 30kΩ 的上拉电阻，执行输出操作时，无须连接外部上拉电阻。

④ 若系统连接外部存储器或 I/O 口芯片，P0 口作为地址总线（A7～A0）及数据总线（D7～D0）的复用引脚，P2 可作为地址总线（A15～A8）引脚；P3 口的 8 个引脚各具有其他功能，如表 2-2 所示。

强调：输出操作时，在相应的口线输出高、低电平，低电平时的电流（灌电流）比高电平时的电流（拉电流）大；输入操作就是读入相应引脚的高、低电平，在读入引脚高、低电平之前必须先将相应引脚进行置 1 操作。

 ## 3.2　输出操作

51 单片机的 P0～P3 口可以作为基本的输出口使用（注意：P0 口与 P1～P3 口不同），其输出的高、低电平可以控制外部设备。在输出控制时可以采用字节操作，也可以采用位操作。

▶▶ 3.2.1　基本输出操作举例——字节输出与位输出

1. 字节输出

在字节输出时，只要通过赋值操作符对相应的口线输出高、低电平即可。例如：

```
P1=0X0F;              //P1 口高 4 位输出低电平，低 4 位输出低电平
```

在输出操作时，灌电流（输出低电平时）要比拉电流（输出高电平时）大。

【例 3-1】 电路如图 3-2 所示，P1 口接 8 个发光二极管作为输出指示，编程实现使 8 个发光二极管按一定的频率亮、灭闪烁。

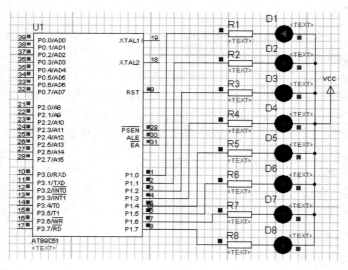

图 3-2　例 3-1 电路图

分析：P1 口输出"高电平"时灯灭，输出"低电平"时灯亮；亮、灭闪烁可以通过一个软件延时程序实现。

```
#include<reg51.h>                    //特殊功能寄存器声明
void msec(unsigned int x)            //延时函数
{   unsigned char j;
```

```
    while(x--)
    {    for(j=0;j<125;j++);
    }
}
void  main( )                          //主函数
{ while(1)
    { P1=0x00;      delay(500);        //亮
      P1=0xff;      delay(500);        //灭
    }
}
```

本例说明：

① delay(500)是定性地延时 500 毫秒，准确时间不定。

② while(1)是无限循环。

2．位输出

位输出操作需要对使用的位进行"位定义"。位定义采用 sbit。

【例 3-2】 电路如图 3-2 所示，编程实现 P1.3 所接的发光二极管亮、灭闪烁。

```
    #include<reg51.h>
    sbit  LED3=P1^3;                   //对 P1.3 进行位定义
    void  delayxms(unsigned  int  xms)  //延时函数
    { unsigned  int  t1, t2;
      for(t1=xms;t1>0;t1--)
      for(t2=120;t2>0;t2--);
    }
    void  main( )
    { while(1)
        { LED3=0;   delayxms (500);
          LED3=1;   delayxms (500);
        }
    }
```

修改：

① P1.1、P1.3、P1.5 对应的灯亮、灭闪烁。

② P1.0 对应的灯亮时，P1.7 对应的灯灭；P1.0 对应的灯灭时，P1.7 对应的灯亮。

③ P1.0 对应的灯以 1 秒周期、P1.1 对应的灯以 500 毫秒周期亮、灭闪烁。

强调：例 3-1 和例 3-2 都以 P1 口为输出口，实际应用时也可以采用 P0、P2、P3 口，但采用 P0 口时要外接上拉电阻。

▶▶ 3.2.2 扩展输出操作举例——流水灯与霹雳灯

流水灯和霹雳灯是指一定数量的灯按一定的规律进行亮、灭闪烁。

【例 3-3】流水灯示例。电路如图 3-2 所示，编程实现 8 个灯从低到高流水灯的显示闪烁。

分析：流水灯闪烁规律：11111110B—11111101B—11111011B—…—01111111B，从初值循环左移 1 位就可以。

```
#include<reg51.h>
#include<intrins.h>                    //内部函数库，请参看第 2 章函数部分的介绍
void delay( unsigned int d )           //延时函数
{ while(--d>0);  }
void main( )
{ unsigned char sel;
  sel=0xfe;                            //初值为 P1.0 为 0
  while(1)
  { P1=sel; delay(50000);
    sel=_crol_(sel,1);                 //循环左移 1 位
  }
}
```

说明：

① intrins.h 称为内部函数库，提供循环左移、循环右移等函数。

② sel=_crol_(del,1)是将变量 sel 循环向左移 1 位。

也可以这样编程：

```
#include<reg51.h>
void delay(unsigned int d)
{ while(--d>0);  }
void main( )
{ unsigned char i, sel, a;
  while(1)
  { sel=0xfe;
    for( i=0; i<8; i++)
    { P1=sel; delay(50000);
      a=sel<<1; sel=a|0x01;            //"<<"为左移 1 位，空出的位补"0"
    }
  }
}
```

修改：

① 两个灯左流水。

② 从左到右，一个一个亮保持到全亮，然后再重复。

【例 3-4】 霹雳灯示例。电路如图 3-2 所示，由 P1 口驱动 8 个 LED 灯，编程实现霹雳灯闪烁。

分析：所谓的霹雳灯是指一排 LED 里，任何一个时间只有一个 LED 亮，而亮灯的顺序为由左而右再由右到左，感觉就像一个 LED 由左跑到右再由右跑到左。霹雳灯规律：

11111110B — 11111101B — … — 01111111B — 10111111B — 11011111—…— 11111110—…。在程序设计上，有很多方法可以达到这个目的，例如采用计数循环方式，首先左移 7 次，再右移 7 次，如此循环不停。

程序框图如图 3-3 所示。

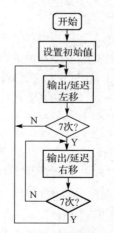

图 3-3 霹雳灯程序框图

C51 程序：

```
//==声明区===================================
#include<reg51.h>
#define LED P1                           //定义 LED 接至 P1
void delayxms(int);                      //声明延迟函数
//==主函数===================================
main()
{   unsigned char i;                     //无符号字符型变量 i
    LED=0xfe;                            //初值=1111 1110,只有最右 1 灯亮
    while(1)
    {   for( i=0; i<7; i++)              //左移 7 次
        {   delayxms(500);              //延迟 100×5ms=0.5s
            LED=(LED<<1)|0x01;          //左移 1 位,并设定最低位为 1
        }                               //左移结束,只有最左 1 灯亮
        for( i=0; i<7; i++)             //右移 7 次
        {   delayxms(500);              //延迟 100×5ms=0.5s
            LED=(LED>>1)|0x80;          //右移 1 位,并设定最高位为 1
        }                               //结束右移,只有最右 1 灯亮
    }
}
/*延迟函数,延迟约 xms 毫秒*/
void delayxms(unsigned int xms)          //延迟函数开始
{   unsigned int t1,t2;                  //声明整数变量 t1,t2
    for( t1=0; t1<xms; t1++)             //计数 xms 次,延迟 xms 毫秒
    for( t2=0; t2<110; t2++);
}
```

修改：

① 实现双灯的霹雳灯功能。

② 花样流水灯的实现——8 个灯的亮、灭情况没有规律可循，不像例 3-3 和例 3-4。

▶▶ 3.2.3　扩展输出操作举例——8 段 LED 数码显示器

对于 51 单片机的 P0～P3 口，可以输出控制 8 段 LED 数码显示器。

1. 认识 8 段 LED 数码显示器

（1）结构与原理

通常的七段 LED 数码显示器中有 8 个发光二极管，引脚如图 3-4(a)所示。a、b、c、d、e、f、g、dp 称为 LED 的段，公共端 com 称为 LED 的位。从引脚 a～dp 输入不同的 8 位二进制数，可显示不同的数字或字符。根据公共端的连接情况有共阴极和共阳极两种，如图 3-4(b)和(c)所示。对共阴极 LED 显示器的发光二极管的公共端 com 接地，当某发光二极管的阳极为高电平时，相应的发光二极管点亮；共阳极 LED 显示器则相反。

（2）显示器的驱动问题

显示器中的每个段是一个发光二极管，要其正常发光必须提供足够的电流。不同的 LED 显示器具有不同的正常发光电流范围，因此在设计硬件电路时要为显示器提供驱动电路，以保证其正常工作。

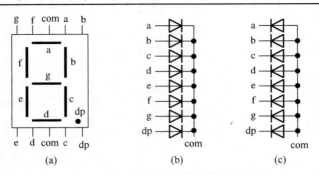

图 3-4　七段 LED 数码显示器引脚与结构图

2. 显示函数的编写问题

硬件电路设计好之后，编写显示函数对显示进行管理非常关键。显示函数的功能是将显示缓冲区中的内容查表送到相应的显示器上完成显示。在对显示进行软件管理的过程中，要注意以下几点。

（1）根据硬件电路的结构建立一个显示的代码表

建立代码表的目的是解决好显示内容和显示代码转换问题。

显示的内容就是在显示器上要显示出来的内容，如 1、4、A 等。如要显示 1，对共阴极显示器来说，需要 b、c 段亮，其余的段不亮。在单片机中，段是由数据线上的内容来控制的，如果数据线 D7、D6、D5、D4、D3、D2、D1、D0 对应着 LED 的段 dp、g、f、e、d、c、b、a，要在显示器上显示 1，则在数据线需要输出 00000110B（06H），这个 06H 就称为 1 的显示代码。如果硬件电路确定了，每一个要显示的内容都有一个固定的显示代码和它对应。在显示过程中，实际上是把要显示的内容的代码送到数据线，由数据线将显示的代码送到显示器的段上，这样在显示器上就显示出相应的内容了。

表 3-1 列出了 LED 显示器的七段码，展示了数据线 D7、D6、D5、D4、D3、D2、D1、D0 对应 LED 的段 dp、g、f、e、d、c、b、a 的硬件连接时的显示内容和显示代码之间的关系。如果硬件连接发生变化，对应关系将发生变化。

表 3-1　LED 显示器的七段码

显示字符	共阴极七段码	共阳极七段码	显示字符	共阴极七段码	共阳极七段码
0	3FH	C0H	9	6FH	90H
1	06H	F9H	A	77H	88H
2	5BH	A4H	B	7CH	83H
3	4FH	B0H	C	39H	C6H
4	66H	99H	D	5EH	A1H
5	6DH	92H	E	79H	86H
6	7DH	82H	F	71H	8EH
7	07H	F8H	P	73H	8CH
8	7FH	80H	-	40H	BFH

在 code 区域中，将所有要显示的内容（提前是已知的）的显示代码按照一定的顺序建立一个表格，这个表格称为显示的代码表，例如：

```
unsigned char code table[18]={0x3f,0x06,0x5b,0x4f,0x66,0x6d,0x7d,0x07,
0x7f,0x6f,0x77,0x7c,0x39,0x5e,0x79,0x71,0x73,0x40};        //显示的代码表
```

（2）开辟显示缓冲区

在片内 RAM 中开辟出一块特殊区域—显示缓冲器。显示缓冲区中存放要显示的内容所对应的代码在代码表中的相对位置。显示缓冲区的位数和硬件电路中显示器的位数相同，每个显示缓冲器对应着一位显示器。例如 6 位显示器，显示缓冲区可如下：

```
unsigned char data dis_buf[6];                //显示缓冲区
```

（3）查表并操作相应的显示器

根据显示缓冲区中的内容（相应的显示器要显示的内容所对应的显示代码在代码表中的相对位置），在代码表中得到相应的显示代码，送到相应的显示器上进行显示。

（4）显示函数的调用

在主函数中对显示缓冲区送相应的数据，然后调用显示函数就可以了。在主函数中，显示缓冲区的内容变化了，显示的内容就随着变化了。对显示函数的调用因不同的显示方式而不同。对于静态显示，只要显示缓冲区的内容发生变化就可以调用显示函数；对于动态显示方式，可以分为随机调用和定时调用两种方式。下面通过例题加深理解。

3．8 段 LED 静态显示技术

所谓静态显示，就是当显示器显示某一个字符时，相应的发光二极管恒定地导通或截止。例如七段数码显示器的 f、e、d、c、b、a 导通，dp、g 截止，则显示 0。这种显示方式中，每一位显示器都需要一个 8 位输出口控制，所以占用硬件多，一般用于显示器位数较少的场合。

【例 3-5】　利用 51 单片机的并行口作为静态显示的控制口的示例。

电路如图 3-5 所示，通过 AT89C51 单片机的 P1 口、P3 口作为两位共阳极数码管静态显示的控制口。编程实现显示"Ab"的程序。

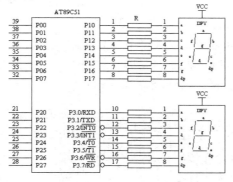

图 3-5　例 3-5 的电路原理图

说明：共阳极显示器、两位静态显示；本程序只能显示 A、b，不能显示别的内容。

C51 程序如下：

```
#include<reg51.h>
#define uchar unsigned char
#define uint unsigned int
uchar data dis_buf[2];                //显示缓冲区
uchar code table[ ]={0x88,0x83};      //显示的代码表A、b
void display(void)                    //显示函数
```

```
{   uchar segcode;
    segcode=dis_buf[0];                    //P1 口显示
    segcode=table[segcode];
    P1=segcode;
    segcode=dis_buf[1];                    //P3 口显示
    segcode=table[segcode];
    P3=segcode;
}
void main(void)                            //主函数
{   dis_buf[0]=0;   dis_buf[1]=1;          //显示缓冲器赋值
    display( );                            //调用显示函数
    while(1);
}
```

示例中的显示函数 display( )可以再简单一些，如下面程序段：

```
void display(void)
{   P1=table[dis_buf[0]];                  //P1 口显示
    P3=table[dis_buf[1]];                  //P3 口显示
}
```

修改：

① 显示"12"。

② 静态轮流显示"12""--"和"Ab"。延时时间采用软件延时。

③ 秒表：从 00 显示开始，1 秒显示器加 1。

4．8 段 LED 动态显示技术

LED 动态显示是将所有显示器的相同的段连接在一起，接在一个 I/O 口上，称为段口，共阴极端或共阳极端分别由相应的 I/O 口线控制，称为位口。图 3-6 所示为一个 8 段 LED 动态显示器电路图（具体电路在设计时需要考虑 LED 段口和位口的输出驱动问题）。

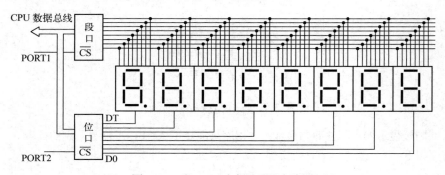

图 3-6　8 段 LED 动态显示器电路图

动态显示就是一位一位地轮流点亮各位显示器（扫描方式），对每一位显示器每隔一定时间点亮一次。即从段口上按位次分别送所要显示字符的段码，在位控制口上也按相应的次序分别选通相应的显示位码（共阴极送低电平，共阳极送高电平），选通的位就显示相应字符，并保持几毫秒的延时，未选通位不显示字符（保持熄灭）。这样，对各位显示就是一个循环过程。从计算机的工作过程来看，在

一个瞬时只有一位显示字符，而其他位都是熄灭的，但因为人的"视觉滞留"和显示器的"余辉"，这种动态变化是觉察不到的。从效果上看，各位显示器都能连续而稳定地显示不同的字符，这就是动态显示。

　　动态接口技术的硬件连接比较简单，但显示函数相对麻烦。显示函数是对相应的段口、位口进行输出操作，编程框图如图 3-7 所示。

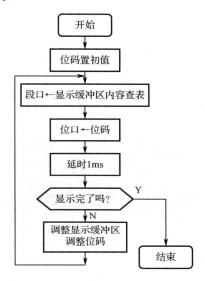

图 3-7　动态显示函数框图

【例 3-6】　利用 51 单片机的并行口作为动态显示的段口与位口的示例。

　　电路如图 3-8 所示，通过 51 单片机的 P1 口作为段口，P3 口作为位口构成 6 位 LED 动态显示的硬件电路。

　　说明：74LS245 是段驱动，7407 是位驱动。

　　6 位数码管动态显示"123456"的 C51 程序如下。

```
#include<reg51.h>
#define uchar unsigned char
uchar data dis_buf[6];                    //显示缓冲区
uchar code table[18]={0x06,0x5b,0x4f,0x66,0x6d,0x7d,};
                                          //代码表 1、2、3、4、5、6
void dl_ms()                              //延时 1ms 函数
{   unsigned int j;
    for( j=0; j<150; j++)   ;
}
void display(void)                        //显示函数
{   uchar segcode, bitcode, i;
    bitcode=0xfe;                         //位码赋初值
    for( i=0; i<6; i++)
    {   segcode=dis_buf[i];               //显示缓冲器内容查表
        P1=table[segcode];                //端口输出操作
        P3=bitcode;                       //位口输出操作
        dl_ms( );                         //延时 1 毫秒
```

```
        P3=0xff;                      //关闭显示
        bitcode=bitcode<<1;           //调整位码
        bitcode=bitcode|0x01;
    }
}
void  main(void)
{   dis_buf[0]=0; dis_buf[1]=1;       //显示缓冲区赋初值
    dis_buf[2]=2; dis_buf[3]=3;
    dis_buf[4]=4;dis_buf[5]=5;
    while(1)
    {   display( );                   //调用显示
    }
}
```

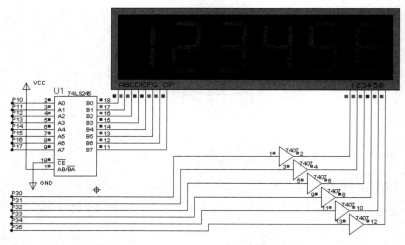

图 3-8　例 3-6 的电路原理图

对于显示函数的调用可以有两种方式：随机调用、定时调用。

随机调用是在主函数中，当显示缓冲区的内容发生变化后，就需要对显示函数进行调用，两次调用之间的时间间隔不能太长，间隔时间太长将发生显示的闪烁现象。上面的程序是随机调用。关于定时调用将在介绍定时器/计数器一节后讨论。

修改：

① 显示 "ABCDEF"。

② 静态轮流显示 "123456" 和 "ABCDEF"。延时时间采用软件延时。

③ 时钟：从 00 时 00 分 00 秒开始，1 秒显示器加 1。

强调：理解显示代码表的关键是 "顺序问题"；理解显示缓冲区的关键是，显示缓冲器中存放的是要显示的内容所对应的代码在显示代码表中的相对位置。

 ## 3.3　输入操作

51 单片机的 P0～P3 口可以作为基本的输入口使用，其输入信号是由外部电路决定的，可以分为两大类：电平信号、脉冲信号。这两类信号可以通过闸刀开关、按钮开关两类开关来模拟。如图 3-9

所示。图 3-9(a)是闸刀型开关示意图；图 3-9(b)是按钮型开关示意图；图 3-9(c)是闸刀型开关输入电路示意图；图 3-9(d)是按钮型开关输入电路示意图。

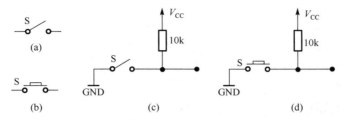

图 3-9　闸刀型与按钮型开关示意图

▶▶ 3.3.1　闸刀型开关输入信号

闸刀型开关输入信号具有残留功能，也就是不会主动恢复（弹回）。当我们按一下开关（或切换开关）时，其中的接点接通（或断开），若要恢复接点状态，则需再按一下开关（或切换）。常见的闸刀型开关如拨码开关、自锁按钮开关、面板用数字式拨码开关、电路板用数字式拨码开关等。

【例 3-7】　闸刀型开关输入信号例子。电路如图 3-10 所示，编程实现相应的开关闭合时，相应的灯亮。

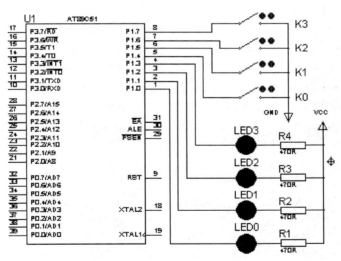

图 3-10　例 3-7 电路原理图

分析：P1 口高 4 位接开关，低 4 位接指示灯，因此 P1 口高 4 位为输入口，低 4 位为输出口；对于输入部分，键按下时输入口为低电平，抬起时输入口为高电平；对于输出部分，输出高电平灯灭，输出低电平灯亮；所以只要将相应的键的状态送到相应的输出位置就可以了。

```
#include<reg51.h>
sbit  LED0=P1^0;                              //输出灯位定义
sbit  LED1=P1^1;
sbit  LED2=P1^2;
sbit  LED3=P1^3;
sbit  K0=P1^4;                                //输入按键位定义
sbit  K1=P1^5;
```

```
sbit  K2=P1^6;
sbit  K3=P1^7;
void  main( )
{ K0=1;  K1=1;  K2=1;  K3=1;                    //读之前先置 1
   while(1)
   { LED0=K0;  LED1=K1;  LED2=K2;  LED3=K3;
   }
}
```

思考：为什么在读键状态之前要先置 1？

修改：

① 开关闭合时灯灭。

② K0 控制 LED3，K1 控制 LED2，K2 控制 LED1，K3 控制 LED0。

③ K0 打开时，灯全亮；K0 闭合时，灯按一定频率亮、灭闪烁。

强调：闸刀型开关一般用在需要两种状态的选择上，其状态要么是断开，要么是闭合。

▶▶3.3.2　单个按钮型开关输入信号

按钮型开关输入信号具有自动恢复（弹回）功能，当我们按下按钮，其中的接点接通，放开按钮后，接点恢复为断开。

开关在动作时并不是理想的状态，将可发生许多非预想状态，这种非预想状态称为抖动，如图 3-11 所示。

开关抖动的处理可以分为硬件去抖动和软件去抖动。硬件去抖动增加硬件投入，在单片机应用电路中，一般采用软件去抖动。

软件去抖动就是执行一段软件延时程序（8ms 左右）。这样，开关的处理程序框图如图 3-12 所示。在图 3-12 中，关注两个问题：去抖动、判断按键是否抬起。

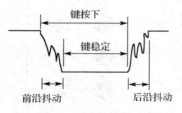

图 3-11　开关的抖动

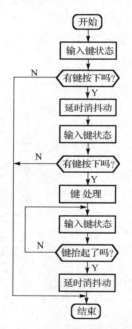

图 3-12　开关的处理程序框图

【例 3-8】　按钮开关模拟输入。电路如图 3-13 所示，开始高 4 位的灯亮，低 4 位的灯灭，编程实现 S1 按钮按一下，4 个灯一组亮、灭交替。

分析：按键按下时为低电平，抬起时为高电平；按键的消抖动需延时 8ms；P1 口作为输出口控制灯，初值为 0FH，亮、灭交替取反即可。

```
#include<reg51.h>
#define  uchar  unsigned  char
#define  uint  unsigned  int
sbit  S1=P3^2;                                 //按键位定义
void  dlxms( uint  xms)                        //延时 xms 毫秒
```

```
{ uint  t1, t2;
   for( t1=0;  t1<xms; t1++)
   for( t2=0;  t2<110; t2++);
}
void  main( )
{   P1=0x0f;                              //P1 口赋初值
    while(1)
    {   S1=1;                             //读之前先置 1
        if( S1==0)                        //如果按键按下
        {   dlxms(10);                    //延时，去抖动
            if( S1==0)                    //键继续按下吗？
            {   dlxms(10);                //去抖动
                P1=~P1;
                while( S1==0);            //按键没抬起，等待
                dlxms(10);                //抬起，延时
            }
        }
    }
}
```

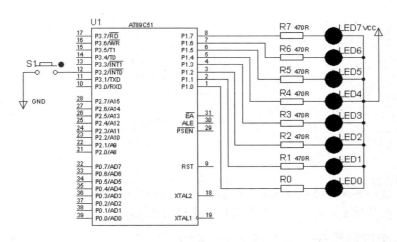

图 3-13　例 3-8 电路原理图

说明：开关接在 P3.2 上是为以后介绍中断的时间准备的；本例题是属于查询方式，第 4 章介绍中断时可以模拟外部中断输入。

【例 3-9】　电路如图 3-13 所示，开始是所有的灯都亮，按一下 S1，灯变为 500ms 闪烁，再按一下，变为全亮。（相当于 S1 为一个控制开关，控制着灯的亮、灭闪烁。）

分析：注意和例题 3-8 的不同。定义一个位单元，按键每动作一次，该位单元取反；该单元为 0 时，灯全亮；该单元为 1 时，灯闪烁。

```
#include<reg51.h>
#define  uchar  unsigned char
#define  uint  unsigned int
sbit  S1=P3^2;
```

```
bit   key=0;                        //定义一个位，存储按键的动作（偶、奇）
void dlxms( uint  xms)              //延时函数
{ uint  t1, t2;
   for( t1=0; t1<xms; t1++)
   for( t2=0; t2<110; t2++);
}
void  keyscan()                     //键扫描函数
{  S1=1;                            //先置 1
   if( S1==0)                       //键按下吗？
   { dlxms(10);                     //延时消抖动
     if( S1==0)
     { key=~key;                    //取反
       while( S1==0);               //键抬起了吗？
     }
   }
}
void  main( )
{   P1=0x00;                        //灯全亮
    while(1)
    {   keyscan();                  //调用键扫描函数
        if(key==0)
        { P1=0x00;
        }
        else
        {   dlxms(500);
            P1=~P1;
        }
    }
}
```

强调：对按键的处理关键是两件事——去抖动、按键动作一次只能处理一次。在处理过程中，一般采用例 3-9 的处理方式，对按键单独设计一键扫描函数。

▶▶ 3.3.3   多个按钮型开关输入信号——键盘

键盘是由多个按钮开关组成的，单个按钮开关的处理（去抖动、键识别及抬起）在键盘中都是适用的，但在软件上也有其不同的地方。

1. 键号、键值、键值表

（1）键号

用户在设计键盘程序时，为每一个按键定义了一个号码，称为键号。如 0 号键、1 号键等，找到了某个键的键号，就确定了该键的功能。

（2）键值

用户在设计键盘程序时，每一个按键根据某种算法，可以得到和其他按键不一样的值，该值称为该按键的键值。

（3）键值表

用户在设计键盘程序时，将所有按键的键值，按照一定的顺序，在 code 区建立一个表格，该表格称为键值表。

2. 独立式键盘接口技术

当按键的数量比较少（≤8）时，可采用独立式按键的硬件结构。独立式按键是指直接用一根 I/O 口线构成的单个按键电路。每个独立式按键单独占有一根 I/O 口线，每根 I/O 口线上的按键的工作状态不会影响其他 I/O 口线的工作状态。独立式按键电路如图 3-14 所示。

图 3-14(a)所示为采用中断方式的独立式按键接口电路，图 3-14(b)所示为采用查询方式的独立式按键接口电路。通常按键输入都采用低电平有效，上拉电阻保证了按键断开时，I/O 口线上有确定的高电平。

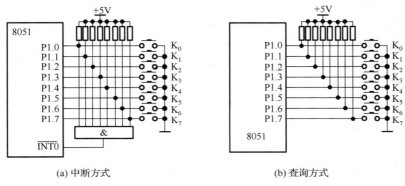

图 3-14　独立式按键的接口示意图

【例 3-10】　独立式按键示例。

电路如图 3-15 所示，P1 口作为并行接口按键的输入口，用 P3 口接一共阳极 LED 显示器，编程显示按键的键号 0～7，开始时显示 8。

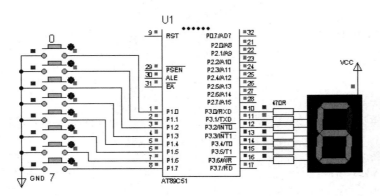

图 3-15　例 3-10 的电路原理图

说明：1 位共阳极静态显示；0 号键按下时，P1 口的内容为 11111110B；……；7 号键按下时，P1 口的内容为 01111111B。

C51 程序代码如下：

```
#include<reg51.h>
#define  uchar  unsigned  char
```

```c
#define uint unsigned int
uchar data keycode=8;                              //键值的初值设为 8
uchar data dir_buf;                                //显示缓冲区
code uchar dirtab[]={0xc0,0xf9,0xa4,0xb0,0x99,0x92,0x82,0xf8,0xbf};
                                                   //显示的代码表
code uchar keytab[8]={0xfe,0xfd,0xfb,0xf7,0xef,0xdf,0xbf,0x7f};
                                                   //键值表
void dl_xms(uint xms)                              //延时 xms 毫秒
{ uint t1,t2;
    for(t1=xms;t1>0;t1--)
    for(t2=110;t2>0;t2--);
}
void dir()                                         //显示函数
{ P3=dirtab[dir_buf];
}
void keyscan( )                                    //键盘扫描函数
{ uchar key1;
  P1=0xff; key1=P1;                                //读键盘的值
  if(key1!=0xff)                                   //如果有键按下
  { dl_xms(8);                                     //延时消抖动
    P1=0xff; key1=P1;                              //再读键盘的值
    if(key1!=0xff)                                 //继续按下
    { keycode=0;
      while(key1!=keytab[keycode])                 //查表得键号
      { keycode=keycode+1;
        if(keycode==8)
        break;
      }
      while(P1!=0xff);                             //等待键抬起
    }
  }
}
void main( )
{ dir_buf=8;                                       //缓冲区送 8，显示-
  dir( );
  while(1)
  { keyscan( );                                    //调用键扫描函数
    dir_buf=keycode;                               //键号送显示缓冲区
    dir( );
  }
}
```

修改：电路如图 3-15 所示：两个输入按键（如 P1.6、P1.7）一个为"+1"键，一个为"−1"键，开始显示器显示"5"，然后根据按键显示后面的内容。

3．矩阵键盘接口

当按键的数量比较多时，必须采用行列式键盘。行列式键盘又称为矩阵式键盘。

（1）行列式键盘的硬件结构

行列式键盘的硬件结构比较简单，由行输出口和列输入口构成行列式键盘，按键设置在行、列的交点上。如图 3-16 所示为一个 4×4 的行列式键盘的硬件结构。

（2）行列式键盘的软件管理

对行列式键盘的软件管理分三步：

① 判断整个键盘是否有键按下。

采用粗扫描的办法。让所有的行为 0，读列的数值。如果读得的列值为全 1，说明无键按下，否则说明有键按下。

② 判断被按键的具体位置。

采用细扫描的办法。逐行输出 0，读列的数值。如果读得的列值为全 1，说明被按键不在该行上，再让下一行为 0；否则说明被按键在该行上。

③ 计算被按键的键值，以确定要完成的功能。

采用某种算法，将行和列的信息合并为一个信息，该信息称为该键的键值，并按一定的顺序形成一个键值表。

在计算键值时应注意所有按键的键值应采用同一种算法并且计算出来的键值应该各不相同。

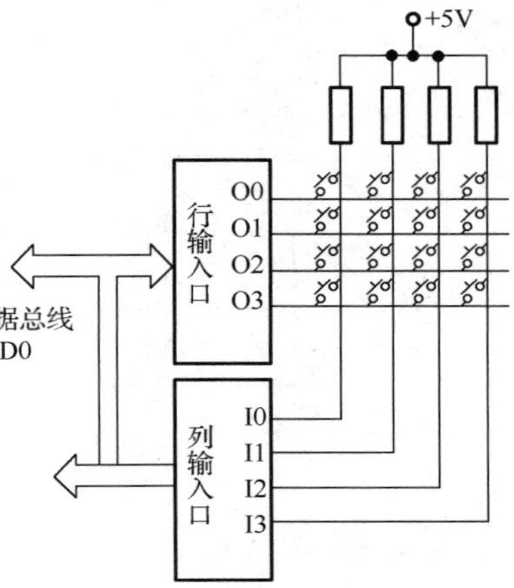

行列式键盘软件管理流程图如图 3-17 所示。

图 3-16　4×4 的行列式键盘的硬件连接

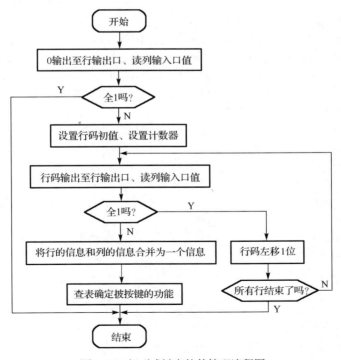

图 3-17　行列式键盘软件管理流程图

【例 3-11】 4×4 矩阵键盘示例。

电路如图 3-18 所示，P1.4～P1.7 为列输入线，P1.0～P1.3 为行输出线。P2 口接一个共阳极 LED 显示器，编程显示按键的号码为 0～F。

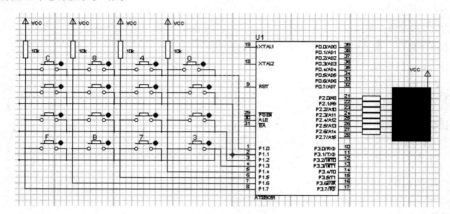

图 3-18　例 3-11 的电路原理图

C51 程序代码如下：

```c
#include<reg51.h>
#define uchar unsigned char
#define uint unsigned int
uchar data dir_buf;                    //显示缓冲区
uchar key;                             //计算所得键值
uchar i2;                              //键号
code uchar dirtab[]={0xc0,0xf9,0xa4,0xb0,0x99,0x92,0x82,0xf8,
        0x80,0x90,0x88,0x83,0xc6,0xa1,0x86,0x8e,0xbf};   //显示的代码表
code uchar keytab[]={0xee,0xed,0xeb,0xe7,0xde,0xdd,0xdb,0xd7,
          0xbe,0xbd,0xbb,0xb7,0x7e,0x7d,0x7b,0x77};  //键值表
void delay(uint) ;                     //延时函数
void keyscan( ) ;                      //键盘扫描函数
void dir( ) ;                          //显示函数
void main( )
{   i2=16;
    dir_buf=16;                        //调用显示-
    while(1)
    {   keyscan( );                    //调用键扫描函数
        dir_buf=i2;                    //显示-
        dir( ) ;
    }
}
void dir( )                            //显示函数
{   P2=dirtab[dir_buf] ;
}
void delay(uint xms)                   //延时 xms
```

```
{    uint  t1, t2;
     for( t1=xms; t1>0; t1--)
     for( t2=110; t2>0; t2--) ;
}
void  keyscan( )                          //键扫描
{   uchar  code_h, code_l, i1;            //code_h 为行输出值，code_l 为列输入值
    P1=0xf0;                              //所有的行输出 0
    code_l=P1;                            //读列值
    code_l=code_l&0xf0;                   //屏蔽掉低 4 位
    if(code_l!=0xf0)                      //如果有键按下
    {   delay(6);                         //延时，消抖动，再读
        code_l=P1;
        code_l=code_l&0xf0;               //屏蔽掉低 4 位
        if(code_l!=0xf0)                  //有键按下吗？
        {   code_h=0xfe;
            for(i1=0; i1<4; i1++)
            {   P1=code_h;
                code_l=P1;
                code_l=code_l&0xf0;
                if(code_l==0xf0)
                {   code_h=(code_h<<1)|0x01;
                }
                else  break;
            }
            P1=0xff;                      //等待键抬起
            while(P1!=0XFF);
            code_h=code_h&0x0f;           //行的信息屏蔽掉高 4 位
            key=code_h+code_l;   //得到计算键值（列值在高 4 位上，行值在低 4 位上）
            for(i2=0; i2<16; i2++)        //i2 是键号
            {   if(key==keytab[i2])
                {   break;
                }
            }
        }
    }
}
```

　　在键盘的软件管理过程中，比较关键的是采用某种算法来计算键值。当键盘的结构在行和列的数量之和小于等于 8 时，算法比较简单：把行的信息放在高位（或低位），列的信息放在低位（或高位），二者组成 1 字节就可以了。当按键的数量比较多时，一种通用的算法是：将行的信息转变为行号（在 0000～1111 之间），将列的信息转变为列号（在 0000～1111 之间），这样就可以将行号作为高 4 位（或低 4 位），列号作为低 4 位（或高 4 位），二者组成 1 字节。这种方法管理的键盘结构可达到 16×16，具体的程序读者可自行编写。

　　强调：在按键的数量不超过 8 个时，采用并行接口按键结构，当超过 8 个时，一般采用矩阵键盘结构形式。

3.4　实验与设计

▶▶ **实验 1　闸刀型开关输入/8 段 LED 静态显示输出**

【实验目的】掌握 51 单片机片内并行 I/O 口的输入/输出的基本操作；掌握闸刀型开关输入信号的程序管理；掌握 8 段 LED 显示器的程序管理。

【实验电路与内容】电路如图 3-19 所示，P1.0 接一闸刀型开关 K0，P3 口接一共阳极显示器，编程实现 K0 闭合时显示"H"，K0 断开时显示"F"。

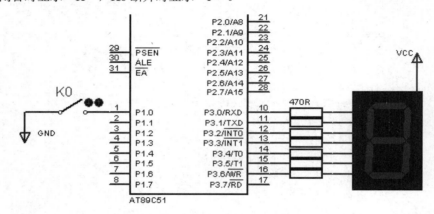

图 3-19　P0～P3 口输入/输出实验 1 电路

【参考程序】

```
#include<reg51.h>
sbit K0=P1^0;                          //定义 K0
unsigned char data dir_buf;            //显示缓冲区
code unsigned char dirtab[]={0x8E,0x89}; //F 与 H 的显示代码
void dir()                             //显示函数
{   P3=dirtab[dir_buf];
}
void main( )
{   while(1)
    {   K0=1;
        if(K0==0)  dir_buf=1;          //K0 闭合
        else  dir_buf=0;
        dir();
    }
}
```

▶▶ **实验 2　按钮型开关输入/8 段 LED 静态显示输出**

【实验目的】掌握 51 单片机片内并行 I/O 口的输入/输出的基本操作；掌握按钮型开关输入信号的程序管理；掌握 8 段 LED 显示器的程序管理。

【实验电路与内容】电路如图 3-20 所示，P3.2 和 P3.3 接两个按钮开关 K0、K1，P1 口、P2 口接了两个共阴极 LED 显示器，编程实现：开始实现数字 50，定义 K0 和 K1 分别为+1 和−1 键，按 K0 显示的数字是+1；按 K1 显示的数字是−1。K0 和 K1 的管理采用查询的方式。

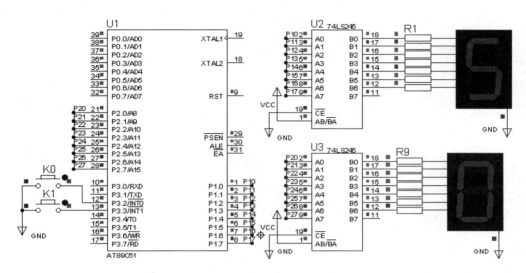

图 3-20　P0～P3 口输入/输出实验 2 电路

【参考程序】

```c
#include<reg51.h>
#define uchar unsigned char
#define uint unsigned int
sbit K0=P3^2;
sbit K1=P3^3;
uchar data i;                                    //定义一个 RAM 单元
uchar data dir_buf[2];                           //显示缓冲区
uchar code dirtable[18]={0x3f,0x06,0x5b,0x4f,0x66,0x6d,0x7d,0x07,0x7f,0x6f};
                                                 //显示的代码表
void delay(uint xms)                             //延时 xms 毫秒
{   uint t1,t2;
    for(t1=0;t1<xms;t1++)
    for(t2=0;t2<120;t2++);
}
void display( )                                  //显示函数
{   P1=dirtable[dir_buf[0]];                      //P1 口显示
    P2=dirtable[dir_buf[1]];                      //P2 口显示
}
void key()                                       //按键管理函数
{   uchar key1;
    K0=1;K1=1;                                    //读按键
    key1=P3;
    key1=key1&0x0c;                               //屏蔽掉无用位
    while(key1!=0x0c)                             //有键按下吗？
```

```
    {   delay(6);                          //消抖动
        key1=P3;                           //再读
        key1=key1&0x0c;
        while(key1!=0x0c)
        {   if(K0==0)    i=i+1;            //加 1 键吗？
            else i=i-1;
            K0=1;K1=1;                     //判断键是否抬起
            key1=P3;
            key1=key1&0x0c;
            while(key1!=0x0c)
            {   key1=P3;
                key1=key1&0x0c;
            }
        }
    }
}
void main()
{   i=50;
    while(1)
    {   key();                             //调用键管理函数
        dir_buf[0]=i/10;                   //十位
        dir_buf[1]=i%10;                   //个位
        display();
    }
}
```

▶▶ 设计 1：计时秒表的设计

① 两位 LED 显示，可以显示 00～99 秒。

② 两个按键，分别为启动/停止键、清 0 键。

要求：功能描述、硬件电路设计、软件程序设计（时间由软件延时）、总结等。

▶▶ 设计 2：模拟交通信号灯控制装置的设计

① 6 个发光二极管模拟交通灯。

南北：黄、红、绿；东西：黄、红、绿。

② 两个应急开关：南北绿东西红或东西绿南北红。

要求：功能描述、硬件电路设计、软件程序设计（延时由软件形成）、总结等。

📖 本章小结

51 单片机有 4 个并行的 I/O 口 P0～P3 口，P0、P2、P3 口除具有基本的输入/输出功能外，还具有第二功能。本章主要介绍其作为输入/输出口的基本应用。共包含了以下 4 部分内容。

（1）51 单片机 P0～P3 口的基本知识

主要从应用的角度介绍 P0～P3 口的基本结构、基本操作、特点，目的是使读者对其结构与特点有个基本的了解，为后续的应用打下基础。

（2）输出操作

在输出操作过程中，就是在相应的引脚输出高、低电平。目的是通过相应的例子使读者掌握字节输出、位输出的基本操作。

（3）输入操作

在输入操作时，就是在相应的引脚输入高、低电平，该高、低信号可以由两种开关来模拟：闸刀型开关输入、按钮型开关输入。目的是通过相应的例子，使读者掌握闸刀型输入信号和按钮型输入信号的"读"操作。应该注意是在读输入信号时，一定要先将相应的引脚置高电平，然后再读该引脚的状态。

（4）实验与设计题

通过两个实验操作和两个设计题使读者对 P0～P3 口的基本操作有一个更好的掌握。实验 1 的目的是练习闸刀型开关输入的操作；实验 2 的目的是练习按钮型开关输入的操作；设计 1 考核的目标是并行口的输入及输出设计及软件查表程序的设计；设计 2 的考核目标是并行口的输入及输出设计、位操作等知识。

本章主要是 P0～P3 口的输入/输出操作，要求在了解其基本结构的基础上掌握其输入/输出操作。

 习题

1．P0～P3 除具有一般输入/输出端口的功能外，P0、P2、P3 引脚还有什么其他功能？

2．在 51 系列单片机的输入/输出端口中，哪个输入/输出端口执行输出功能时没有内部上拉电阻？

3．在 51 系列单片机中，若输入/输出端口执行输入操作时，为何要先送"1"到该输入端口？

4．试编写一个延迟 1s 的延迟函数。

5．开关抖动现象如何处理？

6．简述 51 单片机的 P0～P3 口各有什么特点，以 P1 口为例说明准双向 I/O 端口的意义。

第 4 章　中断系统的 C51 编程

51 系列单片机中，不同型号的单片机的中断源数量不同。51 单片机的 51 子系列有 5 个中断源，有两个中断优先级，通过 4 个专用中断控制寄存器（IE、IP、TCON、SCON）进行中断管理。本章在介绍 51 单片机中断系统的基础上，重点讨论 51 单片机的外部中断源的应用基础，其余中断源的应用放在后续章节中介绍。

4.1　中断系统结构与中断控制

51 单片机有 5 个中断源、2 个中断优先级，通过 4 个专用中断控制寄存器（IE、IP、TCON、SCON）进行中断管理。在用 C51 语言编程时，有专门的 C51 中断函数结构形式。

▶▶ 4.1.1　中断系统结构

51 单片机的中断系统包括中断源和中断控制等，其结构原理如图 4-1 所示。

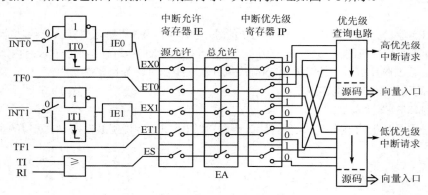

图 4-1　51 单片机中断系统结构图

51 单片机的 5 个中断源分为两种类型：一类是外部中断源，包括 $\overline{\text{INT0}}$ 和 $\overline{\text{INT1}}$；另一类是内部中断源，包括两个定时器/计数器（T0 和 T1）的溢出中断（TF0 和 TF1）和串行口的发送/接收中断(TI/RI)。

（1）外部中断源

51 单片机提供了两个外部中断请求 $\overline{\text{INT0}}$ 和 $\overline{\text{INT1}}$，它们的中断请求信号有效方式分为电平触发和脉冲触发两种。电平方式是低电平触发有效，脉冲方式为负跳变触发有效。

（2）内部中断源

除外部中断源外，51 单片机内部还有 TF0、TF1、TI、RI，分别为定时器/计数器溢出中断和串行口的发送/接收中断的中断源。

当中断源有中断请求时，相应的中断源的中断请求标志置位。外部中断 0、外部中断 1、定时器/计数器 0 溢出中断、定时器/计数器 1 溢出中断和串行口的发送/接收中断的中断请求标志分别为 IE0、IE1、TF0、TF1、TI 或 RI。IE0、IE1、TF0、TF1 在特殊功能寄存器 TCON 中，TI 或 RI 在特殊功能寄存器 SCON 中。

▶▶ 4.1.2　特殊功能寄存器

51 单片机设置了 4 个专用寄存器用于中断控制，这 4 个寄存器分别为定时器/计数器控制寄存器（TCON）、串行口控制寄存器（SCON）、中断允许控制寄存器（IE）、中断优先级控制寄存器（IP），用户可以通过设置其相应位的状态来管理中断系统。

1．定时器/计数器控制寄存器（TCON）

TCON 寄存器是定时器/计数器控制寄存器，其地址为片内 RAM 88H。TCON 主要用来控制 2 个定时器/计数器的启/停、定时器/计数器溢出标志、2 个外部中断源中断请求标志及外部中断源的中断触发方式选择。TCON 的格式如下：

	D7	D6	D5	D4	D3	D2	D1	D0
TCON (88H)	TF1	TR1	TF0	TR0	TE1	IT1	IE0	IT0

在该寄存器中，TR1、TR0 用于定时器/计数器的启动控制，其余 6 位用于中断控制，其作用如下：

IT0（IT1）为外部中断 0（1）请求信号方式控制位。IT = 1 为脉冲触发方式（负跳变有效）；IT = 0 为电平触发方式（低电平有效）。通过指令可以将 IT0（IT1）置 1 或清 0，例如：

```
IT0=0;     //外部中断 0 的中断请求触发方式为电平方式（IT0 清 0）
IT1=1;     //外部中断 1 的中断请求触发方式为脉冲方式（IT1 置 1）
```

IE0（IE1）为外部中断 0（1）请求标志位。当 CPU 检测到 P3.2（P3.3）端有中断请求信号时，由硬件置位，使 IE = 1 请求中断，中断响应后转向中断服务程序时，根据不同的中断请求触发方式，有不同的清除方式。

TF0（TF1）为定时器/计数器溢出标志位，中断响应后转向中断服务程序时，硬件自动清 0。

TR0（TR1）放在定时器/计数器一节介绍。

2．中断允许控制寄存器（IE）

IE 是中断允许控制寄存器，其地址为片内 RAM A8H，CPU 对中断系统的所有中断及某个中断源的"允许"与"禁止"都是由它来控制的。IE 中断允许寄存器格式如下：

	D7	D6	D5	D4	D3	D2	D1	D0
TE (A8H)	EA	--	--	ES	ET1	EX1	ET0	EX0

寄存器中用于控制中断的共有 6 位，实现中断管理，其作用如下：

EA 为中断允许总控制位。EA = 1 时，CPU 开放中断；EA = 0 时，CPU 屏蔽所有中断请求。

ES、ET1、EX1、ET0、EX0 为对应的串行口中断、定时器/计数器 1 中断、外部中断 1 中断、定时器/计数器 0 中断、外部中断 0 中断的中断允许位。对应位为 1 时，允许其中断，对应位为 0 时，禁止其中断。通过指令可以规定 51 单片机的中断系统及各中断源的开放与屏蔽。例如：

```
EA=0;      //屏蔽了所有中断（EA 清 0）
EX0=0      //屏蔽了外部中断 0 中断（EX0 清 0）
ET1=1      //开放定时器/计数器 1 中断（ET1 置 1）
```

51 单片机中断系统的管理是由中断允许总控制 EA 和各中断源的控制位联合作用实现的，缺一不可。

51 单片机系统复位后，IE 各位均清 0，即禁止所有中断。

3．中断优先级控制寄存器（IP）

IP 是中断优先级控制寄存器，其地址为片内 RAM B8H，中断优先级控制寄存器的格式如下：

	D7	D6	D5	D4	D3	D2	D1	D0
TP (B8H)	--	--	--	PS	PT1	PX1	PT0	PX0

51 单片机规定了两个中断优先级：高级中断和低级中断，用中断优先级寄存器（IP）的 5 位状态管理 5 个中断源的优先级别，即 PS、PT1、PX1、PT0、PX0 分别对应串行口中断、定时器/计数器 1 中断、外部中断 1 中断、定时器/计数器 0 中断、外部中断 0 中断，当相应位为 1 时，设置其为高级中断；相应位为 0 时，设置其为低级中断。通过指令可以规定各中断源的中断优先级，例如：

```
PS=1;          //设置串行口中断为高级中断（PS 置 1）
PX0=0;         //设置外部中断 0 中断为低级中断（PX0 清 0）
```

4．串行口控制寄存器（SCON）

SCON 是串行口控制寄存器，其地址为片内 RAM 98H，SCON 格式如下：

	D7	D6	D5	D4	D3	D2	D1	D0
SCON (98H)	SM0	SM1	SM2	REN	TB8	RB8	TI	RI

SCON 中的高 6 位用于串行口控制，其功能将在串行口部分介绍；低 2 位（RI、TI）用于中断控制，其作用如下：

TI 为串行口发送中断请求标志位，发送完一帧串行数据后，由硬件置 1，其清 0 必须由软件完成。

RI 为串行口接收中断请求标志位，接收完一帧串行数据后，由硬件置 1，其清 0 必须由软件完成。

在 51 单片机串行口中，TI 和 RI 的逻辑"或"作为一个内部中断源，二者之一置位都可以产生串行口中断请求，然后在中断服务程序中测试这两个标志位，以决定是发送中断还是接收中断。

强调：中断系统主要注意几个"开关"：IT0、IT1；EX0、ET0 、EX1、ET1、ES、EA；PX0、PT0、PX1、PT1、PS。

 ## 4.2　中断优先级与中断函数

▶▶ ### 4.2.1　中断优先级

1．中断优先级

51 单片机中断系统具有两级优先级（由 IP 寄存器把各中断源的优先级分为高优先级和低优先级），它们遵循下列两条基本原则：

① 为了实现中断嵌套，高优先级中断请求可以中断低优先级的中断服务；反之，则不允许。

② 同等优先级中断源之间不能中断对方的中断服务过程。

为了实现上述两条原则，中断系统内部包含两个不可寻址的优先级状态触发器。其中一个用来指示某个高优先级的中断源正在得到服务，并阻止所有其他中断的响应；另一个触发器则指出某低优先级的中断正得到服务，所有同级的中断都被阻止，但不阻止高优先级中断源。

当同时收到几个同一优先级的中断时，响应哪一个中断源取决于内部查询顺序。其优先级排列如图 4-2 所示。

2．中断请求的撤除

在中断请求被响应前，中断源发出的中断请求是由 CPU 锁存在特殊功能寄存器 TCON 和 SCON 的相应中断标志位中的。一旦某个中断请求得到响应，CPU 必须把它的相应标志位复位成 0 状态，否则 51 单片机就会因中断未能得到及时撤除而重复响应同一中断请求，这是绝对不允许的。

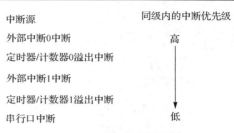

图 4-2　中断优先级排列

中断源	同级内的中断优先级
外部中断0中断	高
定时器/计数器0溢出中断	
外部中断1中断	
定时器/计数器1溢出中断	
串行口中断	低

51 单片机有 5 个中断源，但实际上只分属于三种中断类型。这三种类型是：外部中断、定时器/计数器溢出中断和串行口中断。对于这三种中断类型的中断请求，其撤除方法是不同的。

（1）定时器/计数器溢出中断请求的撤除

TF0 和 TF1 是定时器/计数器溢出中断标志位，它们因定时器/计数器溢出中断请求的输入而置位，因定时器/计数器溢出中断得到响应而自动复位成 0 状态。因此，定时器/计数器溢出中断源的中断请求是自动撤除的，用户根本不必专门为它们撤除。

（2）串行口中断请求的撤除

TI 和 RI 是串行口中断的标志位，中断系统不能自动将它们撤除，这是因为 51 进入串行口中断服务程序后常需要对它们进行检测，以测定串行口发生了接收中断还是发送中断。为了防止 CPU 再次响应这类中断，用户应在中断函数的适当位置处通过指令将它们撤除：

```
TI=0            //撤除发送中断
RI=0            //撤除接收中断
```

（3）外部中断的撤除

外部中断请求有两种触发方式：电平触发和脉冲触发。对于这两种不同的中断触发方式，51 单片机撤除它们的中断请求的方法是不相同的。

在脉冲触发方式下，外部中断标志 IE0 和 IE1 是依靠 CPU 两次检测 $\overline{\text{INT0}}$ 和 $\overline{\text{INT1}}$ 上的触发电平状态而设置的。因此，芯片设计者使 CPU 在响应中断时自动复位 IE0 或 IE1，就可撤除 $\overline{\text{INT0}}$ 或 $\overline{\text{INT1}}$ 上的中断请求，因为外部中断源在中断函数时是不可能再在 $\overline{\text{INT0}}$ 或 $\overline{\text{INT1}}$ 上产生负边沿而使相应的中断标志 IE0 或 IE1 置位的。

在电平触发方式下，外部中断标志 IE0 和 IE1 是依靠 CPU 检测 $\overline{\text{INT0}}$ 和 $\overline{\text{INT1}}$ 上的低电平而置位的。尽管 CPU 响应中断时相应中断标志 IE0 或 IE1，能自动复位成"0"状态，但若外部中断源不能及时撤除它在 $\overline{\text{INT0}}$ 或 $\overline{\text{INT1}}$ 上的低电平，就会再次使已经变"0"的中断标志 IE0 或 IE1 置位，这是绝对不允许的。因此电平触发型外部中断请求的撤除必须使 $\overline{\text{INT0}}$ 或 $\overline{\text{INT1}}$ 上的低电平随着其中断被 CPU 响应而变为高电平。一种可供采用的电平型外部中断的撤除电路如图 4-3 所示。

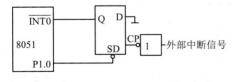

图 4-3　电平型外部中断的撤除电路

由图可见，当外部中断源产生中断请求时，D 触发器复位成"0"状态，Q 端的低电平被送到 $\overline{\text{INT0}}$，该低电平被 51 单片机检测后就使中断标志 IE0 置 1。51 单片机响应 $\overline{\text{INT0}}$ 上的中断请求可转入 $\overline{\text{INT0}}$ 中断服务程序执行，故可以在中断函数开头安排如下程序来使 $\overline{\text{INT0}}$ 上的电平变高：

```
P1_0=1;
P1_0=0;
```

```
    IE0=0;
    ...
```

51 单片机执行上述程序就可在 P1.0 上产生一个宽度为两个机器周期的负脉冲。在该负脉冲作用下，D 触发器被置位成 1 状态，$\overline{INT0}$ 上的电平也因此而变高，从而撤除了其上的中断请求。

▶▶ 4.2.2　中断函数的结构形式

C51 语言编译器支持在 C 语言程序中直接编写 51 单片机的中断函数程序，从而减轻了采用汇编语言编写中断服务程序的烦琐程度。为了能在 C 语言程序中直接编写中断函数，C51 语言编译器对函数的定义有所扩展，增加了一个扩展关键字 interrupt。关键字 interrupt 是函数定义时的一个选项，加上这个选项即可将函数定义成中断服务函数。

定义中断服务函数的一般形式为：

　　　函数类型　函数名（ ） interrupt　*n*　[using　*n*]

interrupt 后面的 *n* 是中断号，*n* 的取值范围为 0～31。编译器从 8*n*+3 处产生中断向量，具体的中断号 *n* 和中断向量取决于不同的 51 系列单片机芯片。对于 51 单片机而言，外部中断 0 中断、定时器/计数器 0 溢出中断、外部中断 1 中断、定时器/计数器 1 溢出中断、串行口发送/接收中断对应的中断号分别为 0、1、2、3、4。using 后面的 *n* 是选择哪个工作寄存器区，分别为 0、1、2、3。

强调：中断函数关键字 interrupt、中断类型号 n。

4.3　外部中断源的 C51 编程

▶▶ 4.3.1　外部中断源初始化

51 单片机提供了 2 个外部中断源 $\overline{INT0}$ 和 $\overline{INT1}$。

$\overline{INT0}$ 中断称为外部中断 0 中断，占用 P3.2 引脚，其中断类型号为 0；$\overline{INT1}$ 中断称为外部中断 1 中断，占用 P3.3 引脚，其中断类型号为 2。

外部中断源的初始化是通过设置相应的特殊功能寄存器的相应位来实现的。和外部中断有关的特殊功能寄存器及相应位包括如下几部分。

（1）TCON 寄存器中的 IT0、IT1 位

TCON 寄存器是定时器/计数器控制寄存器，其中 IT0、IT1 和外部中断源有关。

IT0、IT1 分别为外部中断 0 和外部中断 1 的中断触发方式控制位。IT=1 为脉冲触发方式（负跳变有效），IT=0 为电平方式（低电平有效）。

（2）IE 寄存器中的 EA、EX0、EX1 位

IE 寄存器是中断控制寄存器。

EA 为中断允许总控制位。EA=1 时，CPU 开放所有中断；EA=0 时，CPU 屏蔽所有中断请求。

EX0、EX1 为外部中断 0 中断和外部中断 1 中断的中断允许位。对应位为 1 时，允许其中断，对应位为 0 时，禁止其中断。

（3）IP 寄存器中的 PX0、PX1 位

IP 寄存器是中断优先级控制寄存器，PX0、PX1 分别是外部中断 0 和外部中断 1 的中断优先级的设定。对应位为 1 时，设置为高级中断，对应位为 0 时，设置为低级中断。

▶▶ 4.3.2　编程示例

【例4-1】　电路如图 4-4 所示，按钮 S0 接在 AT89C51 单片机的 P3.3 引脚上，P1 口接了 8 个发光二极管，初始状态时低 4 位的灯亮，高 4 位的灯灭，编程实现按一下 S0，P1 口的发光状态发生反转。

说明：S0 模拟外部中断 1。该电路和第 3 章查询时的电路相似，该例使用的是中断方式，注意与查询的区别。

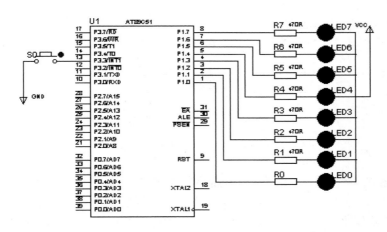

图 4-4　例 4-1 电路原理图

C51 程序如下：

```
#include<reg51.h>
void  main( )
{    P1=0XF0;                          //高 4 位灭、低 4 位亮
     IT1=1;                           //脉冲触发方式
     EA=1;    EX1=1;                  //开放相应的中断
     while(1);                        //等待中断
}
void  wint0(void)  interrupt  2      //中断类型号为 2—外部中断 1
{    P1=~P1;
}
```

① 整个程序包括两个函数：main()、wint0()；

② 程序中没有出现 P3.3 引脚；

③ P3.3 是外部中断 1 的中断信号输入引脚；

④ IT1、EA、EX1 是外部中断的有关控制位。

修改：S0 按 3 下时，灯的状态发生反转。

【例4-2】　电路如图 4-4 所示，利用 S0 按钮控制 P1 口的灯，要求每按一下就点亮一盏灯（其余的灯是灭的）。

说明：内部函数是为移位准备的；设置一个中断位标志，中断发生了该位置 1，执行了中断要完成的工作后清 0。

```
#include<reg51.h>
#include<intrins.h>                        //内部函数
bit  flag;                                 //中断标志，执行了中断后清 0
unsigned  char  ledstatus;                 //灯的中断之前状态
void  wint1( )  interrupt  2               //中断发生，该位置 1
{  flag=1;    }
void  main(void)
{    P1=0xff;  ledstatus=0xfe;
     IT1=1;  EA=1;  EX1=1;
     while(1)
     {    if(flag)
          {    P1=ledstatus;
               ledstatus=_crol_(ledstatus,1);    //右移 1 位
               flag=0;
          }
     }
}
```

修改：电路如图 4-4 所示，利用 S0 按钮控制 P1 口的灯，要求每按一下就点亮一盏灯（前面点亮的保持亮的状态）。

【例 4-3】 电路如图 4-5 所示，当 S0 动作时，P1.0 端口的电平反向，当外 S1 动作，P1.7 端口的电平反向。

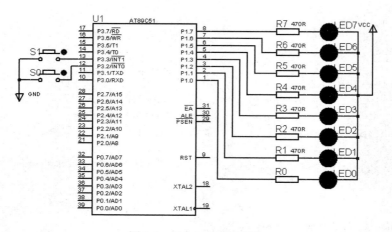

图 4-5　例 4-3 电路原理图

说明：S0、S1 分别模拟外部中断 0 和外部中断 1。

```
#include<reg51.h>
sbit  LED0=P1^0;
sbit  LED7=P1^7;
void  IS0(void)  interrupt  0        //外部中断 0
{  LED0=~LED0;}
void  IS1(void)  interrupt  2        //外部中断 1
{    LED7=~LED7;}
void main( )
```

```
{    P1=0xFF;
     IT0=1;   IT1=1;   EX0=1;   EX1=1;   EA=1;
     while(1);
}
```

修改：

① S0 控制 P1.0—P1.3 的灯，S1 控制 P1.4—P1.7 的灯。

② 按下 S0 后，点亮 8 只 LED；按下 S1 后，变为闪烁状态。

【例 4-4】　电路如图 4-6 所示，P1 口控制的灯按一定的频率闪烁，S0 动作，实现单灯左移，而左移 3 圈结束。

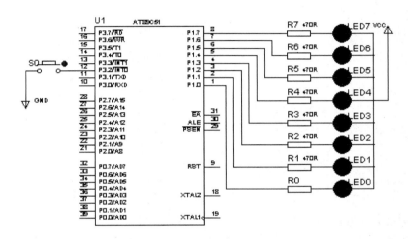

图 4-6　例 4-4 电路原理图

说明：S0 模拟外部中断 0。左移开始时要注意存放左移开始时 LED 灯的值。

```
/*INT0 中断实验*/
//==声明区=================================
#include<reg51.h>                    //定义特殊功能寄存器
#define LED P1                       //定义 LED 接至 P1
void  delay1ms(int);                 //声明延迟函数
void  left(int);                     //声明单灯左移函数
//==主程序=================================
main()                              //主程序开始
{    IE=0x81;                        //允许外部中断 0 中断
     LED=0x00;                       //初值=00000000B,灯全亮
     while(1)                        //无穷循环，程序一直跑
     {    delay1ms(250);             //延迟 250*1m=0.25s
          LED=~LED;                  //LED 反相
     }                               //while 循环结束
}                                   //主程序结束
//==子程序=================================
/*INT 0 的中断子程序 - 单灯左移 3 圈*/
void  my_int0(void)  interrupt  0    //外部中断 0 中断函数
```

```
        {   unsigned  saveLED=LED;              //储存中断前 LED 状态
            left(3);                            //单灯左移 3 圈
            LED=saveLED;                        //写回中断前 LED 状态
        }                                       //结束外部中断子程序
        /*延迟函数,延迟约 x 1ms*/
        void  delay1ms(int  x)                  //延迟函数开始
        {   unsigned int  i, j;                 //声明整数变数 i,j
            for (i=0;i<x;i++)                   //计数 x 次,延迟 x 1ms
            for (j=0;j<120;j++);                //计数 120 次,延迟 1ms
        }                                       //延迟函数结束
        /*单灯左移函数,执行 x 圈*/
        void  left(int x)                       //单灯左移函数开始
        {   int  i, j;                          //声明变数 i,j
            for(i=0;i<x;i++)                    //i 循环,执行 x 圈
            {   LED=0xfe;                        //初始状态=11111110B,最右灯亮
                for(j=0;j<7;j++)                 //j 循环,左移 7 次
                {   delay1ms(250);
                    LED=(LED<<1)|0x01;           //左移 1 位后,LSB 设为 1
                }                                //j 循环结束
                delay1ms(250);
            }                                    //i 循环结束*/
        }                                       //单灯左移结束
```

　　修改：外部中断 1，右移动 3 圈。

　　强调：在以上例题中是用按钮开关模拟外部中断，而外部按钮是有抖动现象的。实际情况中需要通过硬件电路对中断输入信号进行处理。

 ## 4.4　实验与设计

▶▶ 实验 1　按钮型开关模拟外部中断实验

　　【实验目的】掌握外部中断源的基本使用方法；掌握中断与查询的区别；掌握 8 段 LED 静态显示的软件设计。

　　【电路与内容】电路如图 4-7 所示，P3.2 和 P3.3 接两个按钮开关 K0、K1，P1 口、P2 口接了两个共阴极 LED 显示器，编程实现：开始实现数字 50，定义 K0 和 K1 分别为+1 和−1 键，按 K0 显示的数字+1；按 K1 显示的数字−1。K0 和 K1 的管理采用中断的方式。（注意和第 3 章的实验 2 的区别：查询与中断）。

　　【参考程序】

```
#include<reg51.h>
#define uchar unsigned char
#define uint unsigned int
uchar data dir_buf[2];              //显示缓冲区
uchar code dirtable[18]={0x3f,0x06,0x5b,0x4f,0x66,0x6d,0x7d,0x07,0x7f,0x6f};
                                    //显示的代码表
```

```
uchar data i;                    //片内 RAM 定义一计数单元
void display( )                  //显示函数
{   P1=dirtable[dir_buf[0]];    //P2 口显示
    P2=dirtable[dir_buf[1]];  //P3 口显示
}
void  k0int()  interrupt  0      //外部中断 0  +1
{   i=i+1;
}
void  k1int()  interrupt  2      //外部中断 1  -1
{   i=i-1;
}
void  main()
{   i=50;
    IT0=1;   IT1=1;              //外部中断触发方式设定
    EA=1;   EX0=1;   EX1=1;      //中断管理
    while(1)
    { dir_buf[0]=i/10;          //十位
      dir_buf[1]=i%10;          //个位
      display();                //调用显示函数
    }
}
```

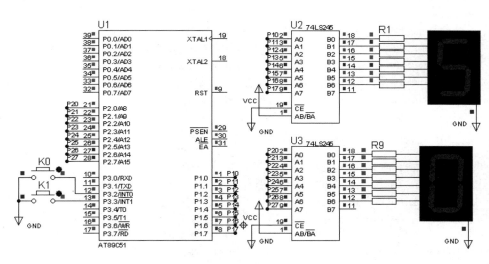

图 4-7　实验 1 电路原理示意图

▶▶ 实验 2　外部中断优先级实验

【实验目的】掌握外部中断源的基本应用；掌握两个中断源的优先级管理。

【电路与内容】电路如图 4-8 所示，P1 口接 8 个发光二极管，P3.2 和 P3.3 接两个按钮开关模拟两个外部中断源。平常 8 个灯亮、灭闪烁，一个按键控制左移 3 圈，一个按键控制右移 3 圈（用中断，左移的中断优先级高于右移）。

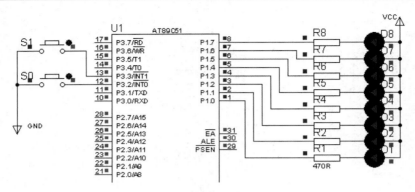

图 4-8　实验 2 电路原理示意图

【参考程序】

```
/*两个外部中断实验*/
//==声明区=================================
#include<reg51.h>
#define LED P1                         //定义 LED 接至 P1
void delay1ms(int);                    //声明延迟函数
void left(int);                        //声明单灯左移函数
void right(int);                       //单灯右移函数开始
//==主函数=================================
main()                                 //主函数开始
{   IE=0x85;                           //允许外部中断 0、1 中断
    IP=0x01;                           //设定外部中断 0 具有最高
    LED=0x00;                          //初值=00000000B,灯全亮
    while(1)                           //无穷循环,程序一直跑
    {   delay1ms(250);                 //延迟 250×1m=0.25s
        LED=~LED;                      //LED 反相
    }                                  //while 循环结束
}                                      //主函数结束
//==子函数=================================
/*外部中断 0 的中断函数 - 单灯左移 3 圈*/
void my_int0(void) interrupt 0         //INT0 中断子程序开始
{   unsigned saveLED=LED;              //储存中断前 LED 状态
    left(3);                           //单灯左移 3 圈
    LED=saveLED;                       //写回中断前 ED 状态
}                                      //结束 INT0 中断函数
/*INT 1 的中断函数 - 单灯右移 3 圈*/
void my_int1(void) interrupt 2         //INT1 中断函数开始
{   unsigned saveLED=LED;              //储存中断前 LED 状态
    right(3);                          //单灯右移 3 圈
    LED=saveLED;                       //写回中断前 LED 状态
}                                      //结束 INT1 中断函数
/*延迟函数,延迟约 x 1ms*/
void delay1ms(int x)                   //延迟函数开始
```

```
{   int i,j;                              //声明整数变量 i,j
    for (i=0;i<x;i++)                     //计数 x 次,延迟 x 1ms
    for (j=0;j<120;j++);                  //计数 120 次,延迟 1ms
}                                         //延迟函数结束
/*单灯左移函数,执行 x 圈*/
void left(int x)                          //单灯左移函数开始
{   int i, j;                             //声明变量 i,j
    for(i=0;i<x;i++)                      //i 循环,执行 x 圈
    {   LED=0xfe;                         //初始状态=11111110B,最右灯亮
        for(j=0;j<7;j++)                  //j 循环,左移 7 次
        {   delay1ms(250);
            LED=(LED<<1)|0x01;            //左移 1 位后,LSB 设为 1
        }                                 //j 循环结束
        delay1ms(250);
    }                                     //i 循环结束*/
}                                         //单灯左移函数结束
/*单灯右移函数,执行 x 圈*/
void right(int x)                         //单灯右移函数开始
{   int i, j;                             //声明变量 i,j
    for(i=0;i<x;i++)                      //i 循环,执行 x 圈
    {   LED=0x7f;                         //初始状态=01111111B
        for(j=0;j<7;j++)                  //j 循环,右移 7 次
        {   delay1ms(250);
            LED=(LED>>1)|0x80;            //右移 1 位,MSB 设为 1
        }                                 //j 循环结束
        delay1ms(250);
    }                                     //i 循环结束*/
}                                         //单灯右移函数结束
```

▶▶ 设计：出租车计价器里程计量装置的设计（中断方式）

① 车轮运转 1 圈产生 2 个负脉冲,轮胎周长为 2m。

② 有启动/停止开关控制。

③ 测量与显示范围 0～999 999m。

要求：功能描述、硬件电路设计、软件程序设计、总结等。（信号通过中断方式取得。）

 本章小结

本章主要介绍 51 单片机的中断系统,包括 4 部分内容。

（1）中断系统结构与中断控制

51 单片机有 5 个中断源、两个中断优先级；5 个中断源分别为外部中断 0 中断、定时器/计数器 0 溢出中断、外部中断 1 中断、定时器/计数器 1 溢出中断、串行口中断。包括 4 个中断控制寄存器,分别为 TCON、SCON、IE、IP。本节主要介绍 51 单片机中断系统的基本知识,目的是为后面的应用打下基础。

（2）中断优先级与中断函数

中断函数的结构：函数类型　函数名（形式参数表）　interrupt　*n*　[using　*n*]

（3）外部中断源的 C51 编程

51 单片机提供了 2 个外部中断源 $\overline{INT0}$ 和 $\overline{INT1}$；$\overline{INT0}$ 中断称为外部中断 0 中断，占用 P3.2 引脚，其中断类型号为 0；$\overline{INT1}$ 中断称为外部中断 1 中断，占用 P3.3 引脚，其中断类型号为 2；触发方式设定——TCON 寄存器中的 IT0、IT1 位；IP 寄存器中的 PX0、PX1 位决定优先级；）IE 寄存器中的 EA、EX0、EX1 位决定中断是否允许。

（4）实验与设计

实验 1 的目的是让学生掌握外部中断的基本应用；实验 2 的目的是在掌握外部中断应用的基础上考虑两个中断优先级的问题；出租车计价器里程计量装置的设计是将一个实际问题与外部中断源相结合，车轮转速信号接外部中断输入引脚，车轮前进 1m 产生一个外部中断。

 习题

1．什么是中断源？51 单片机有哪些中断源？各有什么特点？

2．试编写一段对中断系统初始化的程序，允许外部中断 0、外部中断 1、定时器/计数器 T0 溢出中断、串行口中断，且使定时器/计数器 T0 溢出中断为高优先级中断。

3．在 51 单片机中，外部中断有哪两种触发方式？如何加以区分？

4．51 单片机能提供几个中断优先级？各个中断源优先级如何确定？在同一优先级中各个中断源的优先级如何确定？

5．中断允许寄存器 IE 各位的定义是什么？

第 5 章　定时器/计数器的 C51 编程

定时器是"从此刻开始，定时多长时间做什么"；计数器是"从此刻开始，计几个数之后做什么"。定时是对周期信号的计数。

51 单片机内部有两个 16 位的可编程定时器/计数器，（8052 提供 3 个），分别用 T0 和 T1 表示。它们的计数值都是通过程序设定的，改变计数值就可以改变定时时间，使用时非常灵活方便。本章介绍 51 单片机的定时器/计数器的基本知识及应用示例。

 ## 5.1　51 单片机的定时器/计数器

▶▶ 5.1.1　结构

51 单片机定时器/计数器的结构原理如图 5-1 所示，其核心部件是两个 16 位的加法计数器。每个 16 位的计数器可以分成两个 8 位的计数器（其中 TH1 和 TL1 是 T1 的计数器，TH0 和 TL0 是 T0 的计数器）。

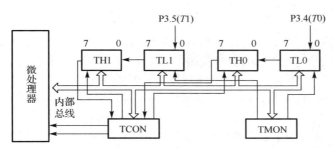

图 5-1　定时器/计数器结构原理图

在工作过程中，51 单片机的定时器/计数器有两种工作方式：定时器方式、计数器方式。

在作定时器使用时，输入的时钟脉冲是由晶体振荡器的输出经 12 分频后得到的，所以定时器也可看作对单片机内部机器周期的计数（因为每个机器周期包含 12 个振荡周期，故每一个机器周期定时器加 1，可以把输入的时钟脉冲看成机器周期信号），故其频率为晶振频率的 1/12。如果晶振频率为 12MHz，则定时器每接收一个输入脉冲的时间为 1μs。

在作计数器使用时，是对外部事件的计数。外部输入信号是通过相应的外部输入引脚 T0（P3.4）或 T1（P3.5）输入的。在这种情况下，当检测到输入引脚上的电平由高跳变到低时，计数器就加 1，加 1 操作发生在检测到这种跳变后的一个机器周期的 S3P1，因此需要两个机器周期来识别一个从 1 到 0 的跳变，故最高计数频率为晶振频率的 1/24。这就要求输入信号的电平在跳变后至少在一个机器周期内保持不变，以保证在给定的电平再次变化前至少被采样一次。

强调：定时器是对内部机器周期（周期信号）的计数，计数器是对外部输入引脚信号（可以是非周期信号）的计数。

▶▶ 5.1.2 特殊功能寄存器

51 单片机的定时器/计数器应用时需要对其有关的特殊功能寄存器进行初始化，和定时器/计数器有关的特殊功能寄存器主要有 TMOD、TCON、THX 和 TLX。

1. 工作方式控制寄存器（TMOD）

TMOD 是一个专用寄存器，用于设定两个定时器/计数器的工作方式和工作模式，但 TMOD 不能位寻址，只能用字节传送指令设置其内容。格式如下：

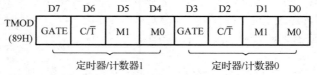

（1）GATE 门控位：决定相应的外部中断是否起作用

GATE=0   由运行控制位 TR 启动定时器/计数器；

GATE=1   由外中断请求信号（$\overline{\text{INT0}}$ 即外部中断 0 和 $\overline{\text{INT1}}$ 即外部中断 1）和 TR 的组合状态启动定时器/计数器。

（2）C/$\overline{\text{T}}$：工作方式选择位

C/$\overline{\text{T}}$ =0   定时器工作方式；

C/$\overline{\text{T}}$ =1   计数器工作方式。

（3）M1M0：工作模式选择位

M1M0=00   模式 0——13 位定时器/计数器工作模式；

M1M0=01   模式 1——16 位定时器/计数器工作模式；

M1M0=10   模式 2——常数自动装入的 8 位定时器/计数器工作模式；

M1M0=11   模式 3——仅适用于 T0，为两个 8 位定时器/计数器工作模式；在模式 3 时 T1 停止计数。

如定时器/计数器 T1 工作于定时器方式、模式 1、门控位不起作用，定时器/计数器 T0 工作于计数器方式、模式 2、门控位不起作用，则可这样设定 TMOD：

```
TMOD=0x16;
```

2. 初值寄存器 THX、TLX

THX、TLX 分别代表 TH0、TL0 和 TH1、TL1，它们是 T0 和 T1 的初值寄存器。

51 单片机的定时器/计数器中的初值计数器是加法计数器。当作为计数器使用时，要计算计数器的初值 X，需要知道两个值：计数器的二进制位数 N、需要计数的值 n；当作为定时器使用时，要计算计数器的初值 X 需要知道 3 个值：计数器的二进制位数 N、定时时间长短 t、定时器的计数周期 T。则：

作为计数器使用时：$X = 2^N - n$

作为定时器使用时：$t = (2^N - X) \times T$

3. 定时器/计数器控制寄存器（TCON）

TCON 的格式如下：

	D7	D6	D5	D4	D3	D2	D1	D0
TCON (88H)	TF1	TR1	TF0	TR0	TE1	IT1	IE0	IT0

TCON 寄存器既参与中断控制又参与定时器/计数器控制。有关中断的控制内容已在前面介绍了，现在只介绍和定时器/计数器有关的控制位。

（1）TF0 和 TF1：加法计数器溢出标志位

当加法计数器计数溢出（计满）时，该位置 1。 使用中断方式时，此位作为中断标志位，在转向中断函数时由硬件自动清 0。使用查询方式时，此位作为状态位供查询，但应注意查询有效后，须用软件方法及时将该位清 0。例如：

```
while(TF0==1)
{    TF0=0;
     ...
}
```

（2）TR0 和 TR1：定时器/计数器运行控制位

TR0（TR1）=0　停止定时器/计数器工作；

TR0（TR1）=1　启动定时器/计数器工作。

该位根据需要以软件方法使其置 1 或清 0。例如：

```
TR0=0;               //停止定时器/计数器 0
TR1=1;               //启动定时器/计数器 1
```

强调：TMOD 是工作方式、工作模式选择寄存器，只能字节操作；TR 是定时器/计数器的启动/停止位，可以通过软件置 1 或清 0，TF 是计数器溢出标志位，可以通过软件进行查询，也可以作为内部中断输入信号；TH、TL 是初值寄存器，应根据要计数的数值大小或定时的时间长短计算。

5.2　定时器/计数器工作模式

51 单片机的定时器/计数器共有 4 种工作模式，现以定时器/计数器 0 为例进行介绍。定时器/计数器 1 与定时器/计数器 0 的工作原理基本相同，但模式 3 下定时器/计数器 1 停止计数。

1．模式 1

定时器/计数器模式 1 是 16 位的定时器/计数器的工作模式，其计数器由 TH0 全部 8 位和 TL0 的低 8 位构成。图 5-2 是定时器/计数器 0 在工作模式 1 时的电路逻辑结构。

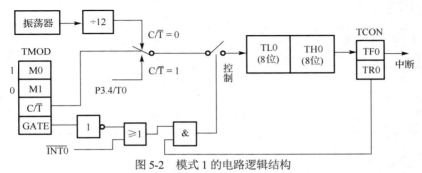

图 5-2　模式 1 的电路逻辑结构

当 $C/\overline{T}$ =0 时，多路开关接通振荡器的 12 分频输出，16 位计数器以此进行计数，这就是所谓的定时器工作方式；当 $C/\overline{T}$ =1 时，多路开关接通计数引脚 P3.4/T0，外部计数脉冲由该引脚输入，当计数脉冲发生负跳变时，计数器加 1，这就是所谓的计数器工作方式。不管是哪种工作方式，当 TL0 的低

8 位计数溢出时，向 TH0 进位，而全部 16 位计数溢出时，则向计数溢出标志位 TF0 进位。

计数器的运行控制是由 GATE、$\overline{\text{INT0}}$、TR0 来组合完成的。

（1）门控位 GATE=0

当设定门控位 GATE=0 时，相应的外部中断不起作用。由以上逻辑结构图可见，此时相应的外部中断 $\overline{\text{INT0}}$ 无论是什么信号，都不会影响计数器的运行，加法计数器的运行是由 TR0 来控制的。TR0=1，启动加法计数器工作；TR0=0，停止加法计数器工作。因此，在单片机的定时或计数应用过程中，要注意 TMOD 的 GATE 位一定要设置为 0。

（2）门控位 GATE=1

当设定门控位 GATE=1 时，相应的外部中断起作用。由以上逻辑结构图可见，此时相应的外部中断 $\overline{\text{INT0}}$ 的信号影响到了加法计数器的运行控制。当 TR0 和 GATE 均为 1 时，启动加法计数器工作；有一个为 0 时，停止加法计数器工作。这种情况可用于测量外部信号的脉冲宽度。

（3）定时和计数范围

在模式 1 下，加法计数器的计数范围是：$1\sim65536$（2^{16}）。则

当为计数器工作方式时，加法计数器的初值范围为：$0\sim2^{16}-1$

当为定时工作方式时，定时时间的计算公式为：

$$定时时间=（2^{16}-计数初值）\times定时周期$$

若晶振频率为 12MHz，其定时周期 1μs，则

最短定时时间为：$T_{\min}=[2^{16}-(2^{16}-1)]\times1\mu s=1\mu s$

最长定时时间为：$T_{\max}=(2^{16}-0)\times1\mu s=65536\mu s$

2．模式 0

模式 0 是 13 位计数结构的工作模式，加法计数器由 TH0 全部 8 位和 TL0 低 5 位构成，TL0 的高 3 位不用。其逻辑电路和工作情况与模式 1 完全相同，所不同的只是组成加法计数器的位数。图 5-3 所示为定时器/计数器 0 在工作模式 0 时的逻辑结构图。

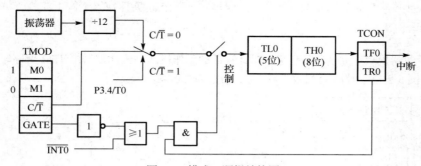

图 5-3　模式 0 逻辑结构图

51 单片机之所以重复设置完全一样的模式 0 和模式 1，是出于与 MCS-48 单片机兼容的考虑，所以对于模式 0 无须多加讨论。在一般情况下不使用模式 0，而多使用模式 1。下面仅将其计数范围和定时范围列出。

在模式 0 下，加法计数器的计数范围是：$1\sim8192$（2^{13}）。则

当为计数器工作方式时，加法计数器的初值范围为：$0\sim2^{13}-1$

当为定时工作方式时，定时时间的计算公式为：

$$定时时间=（2^{13}-计数初值）\times定时周期$$

若晶振频率为 12MHz，其定时周期为 1μs，则

最短定时时间为：$T_{min}=[2^{13}-(2^{13}-1)] \times 1μs =1μs$

最长定时时间为：$T_{max}=(2^{13}-0) \times 1μs =8192μs$

注意：采用模式 0 时，对于初值是取低 5 位送 TL0，剩余的 8 位送 TH0。

3．模式 2

工作模式 0 和工作模式 1 的特点是加法计数器溢出后，计数值回 0，而不能自动重装初值。因此循环定时或循环计数应用时就存在反复设置计数初值的问题，这不但影响定时精度，而且也给程序设计带来麻烦。模式 2 就是针对此问题而设置的，它具有自动重装计数初值的功能。在这种工作模式下，把 16 位计数分为两部分，即以 TL 作为加法计数器，以 TH 作为预置计数器，初始化时把计数初值分别装入 TL 和 TH 中。当加法计数器溢出时，由预置计数器自动给加法计数器 TL 重新装初值。

（1）电路逻辑结构

图 5-4 是定时器/计数器 0 在工作模式 2 的逻辑结构。

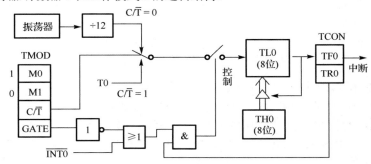

图 5-4　模式 2 逻辑结构图

初始化时，8 位计数初值同时装入 TL0 和 TH0 中。TL0 计数溢出时，置位 TF0，同时把保存在 TH0 中的计数初值自动装入 TL0，然后 TL0 重新计数，如此重复不止。这不但省去了用户在程序中重装指令，而且也有利于提高定时精度。但这种模式是 8 位计数器结构，计数值有限，最大只能到 256。

这种自动重装工作模式非常适合于循环定时或循环计数应用。例如用于产生固定脉宽的脉冲和用作串行数据通信的波特率发生器。

（2）计数与定时范围

在模式 2 下，加法计数器的计数值范围是：1～256（2^8）。则

当为计数器工作方式时，加法计数器的初值范围为：$0～2^8-1$

当为定时工作方式时，定时时间的计算公式为：

$$定时时间=（2^8-计数初值）\times 定时周期$$

若晶振频率为 12MHz，其定时周期 1μs，则

最短定时时间为：$T_{min}=[2^8-(2^8-1)]\times 1μs=1μs$

最长定时时间为：$T_{max}=(2^8-0)\times 1μs=256μs$

4．模式 3

前 3 种工作模式，对两个定时器/计数器 T0 和 T1 的设置和使用是完全相同的，但是在工作模式 3 下，两个定时器/计数器的设置和使用却是不同的，因此要分开介绍。

（1）工作模式 3 下的定时器/计数器 T0

在工作模式 3 下，定时器/计数器 T0 被拆成两个独立的 8 位 TL0 和 TH0。其中 TL0 既可以用作计数器，又可以用作定时器，定时器/计数器 T0 的各控制位和引脚信号全归它使用，其功能和操作与模式 0 和模式 1 完全相同，而且逻辑电路结构也极其类似，如图 5-5(a)所示。

定时器/计数器 T0 的高 8 位 TH0，只能作为简单的定时器使用。由于定时器/计数器 T0 的控制位已被 TL0 占用，因此只好借用定时器/计数器 T1 的控制位 TR1 和 TF1，即以计数溢出置位 TF1，而定时的启动和停止则由 TR1 的状态控制，见图 5-5(b)。

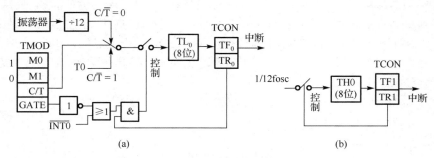

图 5-5　模式 3 逻辑结构图

由于 TL0 既能作定时器使用又能作计数器使用，而 TH0 只能作定时器使用，因此在工作模式 3 下，定时器/计数器 T0 构成两个定时器或一个定时器一个计数器。

（2）在定时器/计数器 T0 设置为工作模式 3 时的定时器/计数器 T1

这里只讨论定时器/计数器 T0 工作于模式 3 时定时器/计数器 T1 的使用情况。因为定时器/计数器 0 工作在模式 3 时已借用了定时器/计数器 T1 的运行控制位 TR1 和计数溢出标志位 TF1，所以定时器/计数器 T1 不能工作于模式 3，只能工作于模式 0、模式 1 或模式 2，且在定时器/计数器 T0 已工作于模式 3 时，定时器/计数器 T1 通常用作串行口的波特率发生器，以确定串行通信的速率。因为已没有计数溢出标志位 TF1 可供使用，因此只能把计数溢出直接送给串行口 T1。

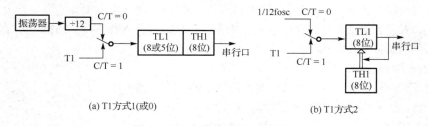

(a) T1方式1(或0)　　　　　　　　　(b) T1方式2

图 5-6　T0 在模式 3 时 T1 的使用

当作为波特率发生器使用时，只需设置好工作模式，便可自动运行。如要停止工作，只需送入一个把它设置为模式 3 的方式控制字就可以了。

强调：模式 0 基本不用（能用模式 0 实现的，用模式 1 一定可以实现）。在基本的定时和计数时，先考虑模式 2 的应用，模式 2 不能实现的再考虑模式 1 的应用，模式 2 的初值可以自动装入。

5.3　定时器/计数器的应用举例

51 单片机的定时器/计数器是可编程的，在编写程序时应主要考虑：正确地设置控制字；计算和设置计数初值；编写相应的程序等。

▶▶ 5.3.1　定时器/计数器的初始化

在使用 51 单片机的定时器/计数器前，应对它进行初始化编程，主要是对 TCON 和 TMOD 寄存器编程，还需要计算和装载定时器/计数器的计数初值。一般应完成以下几个步骤。

（1）TMOD 寄存器的设定

用定时器/计数器 T0 或 T1 还是都用、门控位是否起作用、定时器方式或计数器方式、工作模式。在选择工作模式时，要考虑每种工作模式的最大计数值、最长定时时间。

（2）计数器的计数初值 X

已知需要计的数 n：　　　$X=2^N-n$

模式 1：

$TH=(65536-n)/256$；　　　　$TL=(65536-n)\%256$；

模式 2：

$TH=TL=256-n$；或 $TH=TL=-n$

（3）中断系统的管理

如果是中断方式，要确定响应的中断的服务程序入口地址（中断类型号）；相应的中断位 EA、ET1、ET0 的管理。若不是中断方式的话，该步骤可以省略。

中断类型号：1、3

（4）定时器/计数器启动

对 TR0 或 TR1 进行置 1。

上面 4 个步骤是定时器/计数器的初始化步骤，如果系统采用查询方式的话，启动定时器/计数器之后，要查询响应的标志位 TF1 或 TF0，该标志位为 0 时要等待，为 1 时说明定时时间到或计数值到，此时需要软件将 TF1 或 TF0 清 0。

【例 5-1】　计数器工作方式初始化示例。

定时器/计数器 0 工作于计数方式，且允许中断，计数值 $n=100$，分别令其工作在模式 1 和模式 2，进行初始化编程。

（1）模式 1 初始化编程

① TMOD 的确定。

定时器/计数器 0 工作于计数方式，则 $C/\overline{T}=1$；门控位不起作用，则 GATE=0；模式 1，所以 M1M0=01。计数器 1 不用，TMOD 的高 4 位取 0000，则 TMOD=05H。

② 初值的确定。

计数寄存器是 16 位的，因此计数寄存器初值分别为：

$$TH0 =(65536 -100)/256，TL0 =(65536-100)\%256$$

③ 初始化程序。

```
TMOD=0x05;                      //设置计数器工作方式
TH0=(65536-100)/256;            //计数器高 8 位 TH0 赋初值
TL0=(65536-100)%256;            //计数器低 8 位 TL0 赋初值
TR0=1;                          //启动计数器
```

（2）模式 2 编程

① TMOD 的确定。

定时器/计数器 T0 工作于计数方式，则 $C/\overline{T}=1$；门控位不起作用，则 GATE=0；模式 2，所以

M1M0=10。计数器 1 不用，TMOD 的高 4 位取 0000，则 TMOD=06H。

② 初值的确定。

模式 2 为 8 位初值自动重载方式，计数寄存器初值分别为：

$$TH0=TL0=256-100$$

或者初值分别为：TH0=TL0=-100。

③ 初始化程序。

```
TMOD=0x06;
TH0=156;        TL0=156;
```

其余语句与前面相同。

【例 5-2】 定时器工作方式初始化示例。

单片机外接晶振频率 f_{osc}=12MHz，定时器/计数器 0 工作于定时方式，且允许中断，定时时间为 20ms，令其工作在模式 1，进行初始化编程。

① TMOD 的确定。

定时器/计数器 T0 工作于定时方式，从而 $C/\overline{T}$=0；门控位不起作用，则 GATE=0。定时器 0 工作于模式 1，所以 M1M0=01。定时器 1 不用，TMOD=00000001=01H。

② 初值的确定。

外部晶振频率 f_{osc}=12MHz，则 51 单片机机器周期为 1μs。计数器为 16 位的，因此定时器的计数初值为：X=65536-20000。

加法计数器初值分别为：TH0=(65536-20000)/256，TL0=(65536-20000)%256

③ 初始化程序。

```
TMOD=0x01;                          //设置定时器工作方式
TH0=(65536-20000)/256;              //计数器高 8 位 TH0 赋初值
TL0=(65536-20000)%256;              //计数器低 8 位 TL0 赋初值
TR0=1;                              //启动计数器
ET0=1;                              //开计数器中断
EA=1;
```

▶▶ 5.3.2 应用举例

【例 5-3】 模式 1、2 应用：设系统时钟频率为 12MHz，用定时器/计数器 T0 编程实现从 P1.0 输出周期为 500μs 的方波。

说明：从 P1.0 输出周期为 500μs 的方波，只需 P1.0 每 250μs 取反一次即可。当系统时钟为 12MHz，定时器/计数器 T0 工作于模式 1 时，最长定时时间为 65536μs，工作于模式 2 时，最长定时时间为 256μs，都满足 250μs 的定时要求。下面采用两种模式分别编程，希望读者能进行比较。

模式 1：TMOD 为 00000001B；初值 X：250=(65536-X)×1，X=65286=0FF06H。

模式 2：TMOD 为 00000010B；初值 X：250=(256-X)×1，X=6。

（1）模式 1

采用中断方式的 C51 参考：

```
#include<reg51.h>
sbit  LED=P1^0;
void  main( )
{   TMOD=0x01;                              //初始化
```

```
    TH0=(65536-250)/256;                         //赋初值
    TL0=(65536-250)%256;
    EA=1;    ET0=1;                              //中断管理
    TR0=1;                                       //启动定时器
    while(1);                                    //等待中断
}
void  time0_int(void)  interrupt  1             //中断函数
{   LED=~LED;
    TH0=(65536-250)/256;                         //重载初始值
    TL0=(65536-250)%256;                         //重载初始值
}
```

采用查询方式的 C51 参考：

```
#include<reg51.h>
sbit  LED=P1^0;
void  main(  )
{   TMOD=0x01;                                   //初始化
    TH0=(65536-250)/256;
    TL0=(65536-250)%256;
    TR0=1;
    while（1）
    {   while(TF0==1)                            //定时时间未到，等待
        {   TF0=0;
            TH0=(65536-250)/256;                 //重载初始值
            TL0=(65536-250)%256;                 //重载初始值
            LED=~LED;
        }
    }
}
```

（2）模式 2

采用中断方式的 C51 参考：

```
#include<reg51.h>
sbit  LED=P1^0;
void  main(  )
{   TMOD=0x02;                                   //初始化
    TH0=6;   TL0=6;                              //初值
    EA=1;    ET0=1;                              //中断管理
    TR0=1;                                       //启动定时器
    while(1);                                    //等待中断
}
void  time0_int(void)  interrupt  1             //中断函数
{   LED=~LED;
}
```

采用查询方式的 C51 参考：

```
#include<reg51.h>
sbit  LED=P1^0;
```

```
void  main( )
{    TMOD=0x02;                          //初始化
     TH0=6;    TL0=6;
     TR0=1;
     while(1)
     {    while(TF0==1)
          {    TF0=0;
               LED=~LED;
          }
     }
}
```

【例 5-4】 模式 3 应用：假定 51 单片机外接 6MHz 晶振，通过定时器/计数器 T0 定时，在 P1.0 和 P1.1 分别产生周期为 400μs 和 800μs 的方波。

说明：此时可以通过 TL0 和 TH0 产生 200μs 和 400μs 的定时中断，并在中断函数中对 P1.0 和 P1.1 取反。由于采用了 6MHz 晶振，因此单片机的机器周期为 2μs。根据前面介绍的定时初值的计算，因此可计数 TL0 的初值 X=156=9CH，TH0 的初值 X=56=38H。

C51 程序示例如下：

```
#include <reg51.h>                    //头文件
sbit  Wave1=P1^0;                      //定义位变量
sbit  Wave2=P1^1;
void  T0ISR(void)  interrupt  1        //定时器 T0 中断响应
{    Wave1=~ Wave1;
     TL0=0x9C;                         //重置计数初值
}
void  T1ISR(void)  interrupt  3        //定时器 T1 中断响应
{    Wave2=~ Wave2;
     TH0=0x38;                         //重置计数初值
}
void main(void)                        //主函数
{    Wave2=0;                          //初始化 P1^1=0
     TMOD=0x03;                        //设置定时器 T0 为模式 3
     TL0=0x9C;    TH0=0x38;            //初始化
     TR0=1;    ET0=1;
     TR1=1;    ET1=1;
     EA=1;                             //开中断
     while(1)                          //主循环
     {; }
}
```

【例 5-5】 超过最长定时时间的定时。设系统时钟频率为 12MHz，编程实现从 P1.1 输出周期为 1s 的方波。

说明：由于定时时间较长，一个定时器/计数器不能直接实现（一个定时器/计数器最长定时时间为 65ms 多一点）。常用的方法是利用硬件定时器产生一基准定时，如 10ms、20ms 或者 50ms，再定义一个软件计数器，利用软件计数器对基准定时进行计数。如基准定时为 50ms，50ms 中断一次；设置软件计数器为 10，中断一次软件计数器减 1，减到 0 就实现了 50×10ms 的定时时间。

系统时钟为 12MHz，定时器/计数器 T0 定时 50ms，软件计数值为 10，选模式 1，方式控制字 TMOD 为 00000001B（01H），则初值 X=65536−50000=15536=3CB0H。

C51 程序代码如下：

```
#include<reg51.h>
sbit  P1_1=P1^1;
unsigned  char  i;                      //定义计数变量
void  main( )
{    i=0;                               //初始化
     TMOD=0x01;
     TH0=(65536-50000)/256;
     TL0=(65536-50000)%256;
     EA=1;    ET0=1;
     TR0=1;
     while(1);
}
void  time0_int(void)  interrupt  1     //中断函数
{    TH0=(65536-50000)/256;             //重载初始值
     TL0=(65536-50000)%256;             //重载初始值
     i++;                               //每发生一次中断,计数变量加1
     if(i==10)                          //发生10次中断,定时500ms
     {   P1_1=!P1_1;
         i=0;                           //计数变量清0
     }
}
```

另外，还可以采用两个硬件定时器的方法。设定时器/计数器 T0 为定时器方式，定时 50ms，设定时器/计数器 T1 为计数器方式，计数 10 次，具体电路如图 5-7 所示，参考程序请读者自行编写。

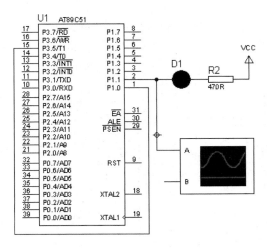

图 5-7　例 5-5 的电路原理图

【例 5-6】　一定占空比信号的输出。设系统时钟频率为 12MHz，编程实现：P1.1 引脚上输出周期为 1s，占空比为 20%的脉冲信号。

说明：根据输出要求，脉冲信号在一个周期内高电平占 0.2s，低电平占 0.8s，超出了定时器的最大定时间隔，因此利用定时器 0 产生一基准定时配合软件计数来实现。取 50ms 作为基准定时，采用工作模式 1，这样整个周期需要 100 个基准定时，其中高电平占 20 个基准定时，低电平占 80 个基准定时。

C51 参考：

```c
#include<reg51.h>
sbit  P1_1=P1^1;
unsigned char  i;                       //定义计数变量
void main( )
{    i=0;                               //初始化
     TMOD=0x01;
     TH0=(65536-50000)/256;
     TL0=(65536-50000)%256;
     EA=1;    ET0=1;
     TR0=1;
     while(1);
}
void time0_int(void) interrupt 1        //中断函数
{    TH0=(65536-50000)/256;             //重载初始值
     TL0=(65536-50000)%256;
     i=i+1;
     if(i==4)  P1_1=0;                  //高电平时间到变低
     else if(i==20)                     //周期时间到变高
     {    P1_1=1;
          i=0;                          //计数变量清 0
     }
}
```

【例 5-7】 计数器应用举例 1。电路如图 5-8 所示，按钮 S1 接在 AT89C51 单片机的 P3.5 引脚上，P1 口接了 8 个发光二极管，初始状态时低 4 位的灯亮，高 4 位的灯灭，编程实现按 3 下 S1，P1 口的发光状态发生反转。

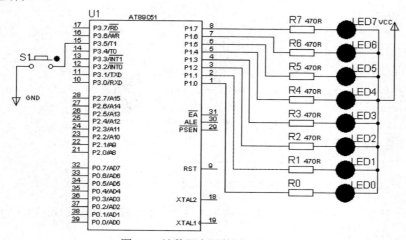

图 5-8   计数器应用举例 1 电路图

分析：计数器应用。P3.5 是 T1 的计数脉冲输入，T1 计数器方式，计数初值 3，可以采用模式 2。
程序如下：

```
#include<reg51.h>
void  main( )
{    P1=0XF0;
     TMOD=0x60;                        //初始化
     TH1=-3;  TL1=-3;                  //初值
     EA=1;    ET1=1;                   //中断管理
     TR0=1;                            //启动计数器
     while(1);                         //等待中断
}
void  counter1_int(void)  interrupt  3       //中断服务程序
{    P1=~P1;
}
```

如果按下 S1，P1 口的内容发生反转，就等效为外部中断了。

【例 5-8】　计数器应用举例 2。用定时器/计数器 T0 监视一生产线，每生产 100 个工件，发出一包装命令，包装成一箱，并记录其箱数。

硬件电路如图 5-9 所示。

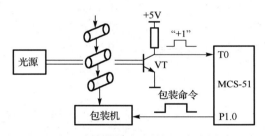

图 5-9　计数器应用举例 2 电路图

说明：用 T0 作计数器，T 为光敏三极管。当有工件通过时，三极管输出高电平，即每通过一个工件，便会产生一个计数脉冲。T0 工作于计数器方式、模式 2，方式控制字 TMOD：00000110B；计数初值 TH0=TL0=256-100=156=9CH；用 P1.0 启动包装机包装命令；用变量 i 作箱数计数器。
程序如下：

```
#include<reg51.h>
#define  uchar  unsigned  char
#define  uint  unsigned  int
sbit  BAOZHUANG=P1^0;
uint  i;
void  delayxms(uint  xms)
{    uint  t1,t2;
     for(t1=xms;t1>0;t1--)
     for(t2=110;t2>0;t2--);
}
void  main()
{    i=0;
```

```
            BAOZHUANG=0;
            TMOD=0x06;
            TH0=-100;          TL0=-100;
            EA=1;    ET0=1;    TR0=1;
            while(1);
        }
void  count()  interrupt  1
{    i=i+1;
            BAOZHUANG=1;
            delayxms(50);
            BAOZHUANG=0;
        }
```

强调：在定时器/计数器应用举例编程时，首先设定 TMOD，计算 TH 和 TL，如果采用中断还需要设定 ET、EA，再通过 TR 启动定时器/计数器。定时器时间到或计数值到通过 TF 来查询或中断。

5.4　实验与设计

▶▶ 实验 1　按钮型开关模拟计数器实验

【实验目的】掌握 51 单片机计数器的基本应用；掌握不同模式下的程序设计。

【电路与内容】电路如图 5-10 所示，P1 口接 8 个发光二极管，P3.4 和 P3.5 接 2 个按钮开关模拟计数器输入。定时器/计数器 0 有一个计数值时，让 P1.0 位取反；当定时器/计数器 1 有 3 个计数值时，P1.7 位取反。

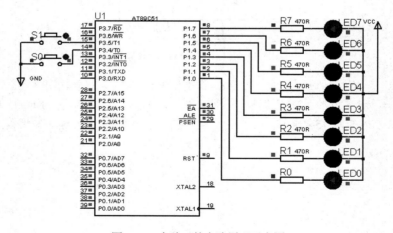

图 5-10　实验 1 的电路原理示意图

【参考程序】

```
#include<reg51.h>
sbit  LED0=P1^0;
sbit  LED7=P1^7;
void  main( )
{    TMOD=0x66;
```

```
        TH0=255;TL0=255;                         //T0 一个计数值
        TH1=-3;       TL1=-3;                     //T1 三个计数值
        EA=1;    ET1=1;   ET0=1;                  //中断管理
        TR0=1;   TR1=1;                           //启动计数器
        while(1);                                 //等待中断
    }
    void t0int( )  interrupt  1
    {   LED0=~ LED0 ;
    }
    void t1int( )  interrupt  3
    {   LED7=~ LED7;
    }
```

▶▶ 实验 2　定时器实验

【实验目的】掌握 51 单片机定时器的基本应用；掌握超过最长定时时间的实现方法。

【电路与内容】电路如图 5-11 所示，P1 口和 P2 口分别接两个 LED 显示器，编程实现两位显示 1s 加 1（1S 由硬件定时器产生）。

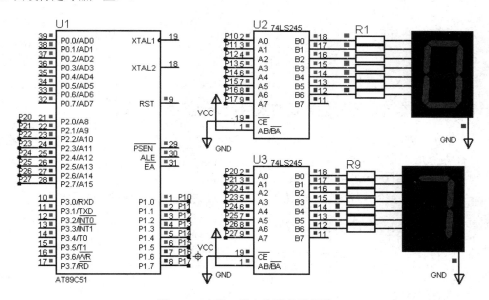

图 5-11　实验 2 的电路原理示意图

【参考程序】

```
    #include<reg51.h>
    #define uchar unsigned char
    #define uint unsigned int
    uchar data dir_buf[2];                               //显示缓冲区
    uchar code dirtable[18]={0x3f,0x06,0x5b,0x4f,0x66,0x6d,0x7d,0x07,0x7f,0x6f};
                                                          //显示的代码表
    uchar data i,j=50;
    void display( )
    {   P1=dirtable[dir_buf[0]];                          //P1 口显示
```

```
        P2=dirtable[dir_buf[1]];                        //P2 口显示
    }
    void main()
    {   i=0;
        TMOD=0x01;                                       //T0 定时器方式，模式 1
        TH0=(65536-2000)/256;  TL0=(65536-2000)%256;    //定时 20ms
        EA=1;    ET0=1;                                   //中断管理
        TR0=1;
        while(1)
        {   dir_buf[0]=i/10;
            dir_buf[1]=i%10;
            display();
        }
    }
    void t0int() interrupt 1
    {   TH0=(65536-2000)/256;  TL0=(65536-2000)%256;    //重新赋初值

        j=j-1;
        while(j==0)
        {   j=50;                                        //1s 到
            i=i+1;
        }
    }
```

▶▶ 设计 1：出租车计价器里程计量装置的设计（计数器方式）

① 车轮运转 1 圈产生 2 个负脉冲，轮胎周长为 2m。
② 有启动/停止开关控制。
③ 测量与显示范围 0~999 999m。
要求：功能描述、硬件电路设计、软件程序设计、总结等。（信号通过计数器方式取得。）

▶▶ 设计 2：计时钟的设计（倒计时）

① 6 位 LED 显示，可以显示时、分、秒。
② 按键：设定开始时间。
③ 时间到有指示。
要求：功能描述、硬件电路设计、软件程序设计（时间由软件延时）、总结等。

 本章小结

本章主要介绍 51 系列单片机的定时器/计数器的基本应用。包括 4 部分基本内容。

（1）51 单片机的定时器/计数器的基本知识

51 系列单片机有 2 个 16 位的定时器/计数器 T0 和 T1，均可作为定时器或计数器使用；定时器采用的是对内部机器周期的计数，计数器采用的是对外部脉冲进行计数；通过对定时器/计数器初值的设置，可以确定加法计数器的溢出时间，从而实现不同的定时时间或不同的计数值；TMOD 寄存器决定了采用什么工作方式、什么工作模式；TCON 寄存器的 TF 提供了定时时间到或计数值到的状态信号，

TR 为定时器或计数器的启动与停止信号；TH 和 TL 装载初值。

（2）定时器/计数器的工作模式

51 单片机的定时器/计数器有 4 种工作模式，工作模式不同其最大计数值也不同。对于定时器和计数器，要重点掌握模式 1 和模式 2 的应用。

（3）定时器/计数器的应用举例

① TMOD 的确定。

② 计数初值的计算：

设计数初值为 X，加法计数器的位数为 N。

对于计数器工作方式，已知需要计的数 n，则：$X=2^N-n$。

对于定时器工作方式，已知定时时间 t，机器周期 T，则：$t=(2^N-X) \times T$。

 ## 习题

1. 51 单片机内设有几个可编程的定时器/计数器？简述其作为定时器使用和计数器使用的不同。

2. 简述 TMOD 各位的含义。

3. 初值 TH0、TL0 怎样计算？

4. 简述 TR0、TF0 的含义及应用。

5. 如果 51 单片机系统的晶振频率为 12 MHz，分别指出定时器/计数器模式 1 和模式 2 的最长定时时间。

6. 为什么在选择工作模式时先选择模式 2，模式 2 不能满足要求了再选择模式 1？

第 6 章　串行口的 C51 编程

　　51 单片机内部有一个全双工的串行接口，这个接口既可以用于网络通信，也可以实现串行异步通信，还可以作为同步移位寄存器使用。其帧格式有 8 位、10 位和 11 位，并能设置各种波特率，使用十分灵活。

　　本章主要介绍 51 单片机的串行接口及其应用。通过本章的学习，理解和掌握 51 单片机串行接口的结构原理、工作方式，掌握工作方式 0 的应用，工作方式 1~3 的编程方法及初始化过程，了解多机通信的基本原理及编程方法。

6.1　串行口基础知识

▶▶ 6.1.1　结构原理

　　51 单片机全双工的串行接口对外表现为两个引脚：RXD（P3.0）、TXD（P3.1）。在接收方式下，串行数据通过引脚 RXD（P3.0）进入；在发送方式下，串行数据通过 TXD（P3.1）送出。在内部结构上，串行口主要由 2 个数据缓冲寄存器（SBUF）、1 个输入移位寄存器、1 个串行口控制寄存器（SCON）和 1 个波特率倍增控制寄存器（PCON）等组成，其结构简图如图 6-1 所示。

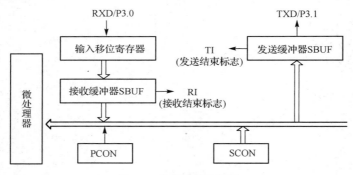

图 6-1　串行口结构简图

　　串行口数据缓冲寄存器（SBUF）是可以直接寻址的专用寄存器。在物理上一个做发送寄存器，一个做接收寄存器，两个寄存器共用一个口地址 99H，由内部读、写信号区分。CPU 写 SBUF 时为发送缓冲器，读 SBUF 时为接收缓冲器。接收缓冲器是双缓冲结构，它是为了避免在接收下一帧数据之前，CPU 未能及时响应接收器的中断，把上帧数据读走，而产生两帧数据重叠的问题。对于发送缓冲器，为了保证最大传输速率，不需要双缓冲，这是因为发送时 CPU 是主动的，不会产生写重叠的问题。

　　特殊功能寄存器 SCON 用来存放串行口的控制和状态信息，波特率倍增控制寄存器 PCON 用来对传输过程中的波特率进行加倍控制。

　　串行通信的过程可以分为串行接收数据过程和串行发送数据过程。

　　（1）接收数据的过程

　　在进行通信时，当 CPU 允许接收时，外界数据通过引脚 RXD（P3.0）串行输入，数据的最低位首先进入移位寄存器，一帧数据接收完毕再并行送入接收缓冲器 SBUF 中，同时将接收结束标志 RI 置位，向 CPU 发中断请求。CPU 响应中断后，用软件将 RI 清除并读走输入的数据。接着可以进行下一帧数据的输入，重复将所有的数据接收完毕。接收结束标志 RI 也可以由 CPU 进行查询。

（2）发送数据的过程

CPU 要发送数据时，即将数据并行写入发送缓冲器（SBUF）中，同时启动数据由 TXD（P3.1）引脚串行发送，当一帧数据发送完即发送缓冲器空时，由硬件自动将发送结束标志 TI 置位，向 CPU 发中断请求。CPU 响应中断后用软件将 TI 清除并将下一帧数据写入 SBUF，重复上述过程将所有的数据发送完毕。发送结束标志 TI 也可以由 CPU 进行查询。

强调：TI、RI 可以中断使用，也可以查询使用。

▶▶ 6.1.2　应用控制

51 单片机的串行口是可编程的接口，通过对其两个特殊功能寄存器 SCON 和 PCON 的初始化，可以实现对串行口的应用控制。

1. 串行口控制寄存器 SCON

串行口控制寄存器是一个可位寻址的特殊功能寄存器，用于串行数据通信的控制。字节地址为 98H，位地址为 9FH～98H。SCON 的格式如下：

	D7	D6	D5	D4	D3	D2	D1	D0
SCON (98H)	SM0	SM1	SM2	REN	TB8	RB8	TI	RI

各位的功能说明如下。

SM0、SM1 是串行口工作方式选择位，这两位的组合决定了串行口的 4 种工作方式，如表 6-1 所示。

表 6-1　SM0、SM1 组合

SM0 SM1	工作方式	功　能	波　特　率
0　0	方式 0	同步移位寄存器方式，用于并行 I/O 口扩展	$f_{osc}/12$
0　1	方式 1	8 位通用异步接收器/发送器	可变
1　0	方式 2	9 位通用异步接收器/发送器	$f_{osc}/32$ 或 $f_{osc}/64$
1　1	方式 3	9 位通用异步接收器/发送器	可变

SM2 是多机通信控制位。因多机通信是在方式 2 和方式 3 下进行的，所以 SM2 位主要用于方式 2 和方式 3。当串行口以方式 2 或方式 3 接收数据时，如 SM2＝1，则只有当接收到的第 9 位数据（RB8）为 "1" 时，才将接收到的前 8 位数据送入 SBUF，并置位 RI 产生中断请求；否则，将接收到的前 8 位数据丢弃。而当 SM2＝0 时，不论接收到的第 9 位数据是 "0" 还是 "1"，都将前 8 位数据装入 SBUF 中，并产生中断请求。在方式 1 时，若 SM2＝1，则只有接收到有效停止位时，RI 才置 1，以便接收下一帧数据；在方式 0 时，SM2 必须为 0。

REN 是允许接收位。当 REN＝1 时，允许接收数据；当 REN＝0 时，禁止接收数据。该位由软件置位或复位。

TB8 是发送数据的第 9 位。在方式 2、3 时，其值由用户通过软件设置。在双机通信时，TB8 一般作为奇偶校验位使用；在多机通信中，常以 TB8 位的状态表示主机发送的是地址帧还是数据帧，且一般约定：TB8＝0 为数据帧，TB8＝1 为地址帧。

RB8 是接收数据的第 9 位。在方式 2、3 时，RB8 存放接收到的第 9 位数据，它代表接收到的数据的特征：可能是奇偶校验位，也可能是地址/数据的标志位。

TI 是发送中断标志位。在方式 0 时，发送完第 8 位后，该位由硬件置位。在其他方式下，于发送停止位之前，由硬件置位。因此，TI=1 表示帧发送结束，其状态既可供软件查询使用，也可用于请求中断。发送中断响应后，TI 不会自动复位，必须由软件复位。

RI 是接收中断标志位。在方式 0 时，接收完第 8 位后，该位由硬件置位。在其他方式下，当接收到停止位时，由硬件置位。因此，RI=1 表示帧接收结束，其状态既可供软件查询使用，也可用于请求中断。RI 也必须由软件清 0。

2. 电源控制寄存器 PCON（波特率倍增控制寄存器）

电源控制寄存器是为 CHMOS 型单片机（如 80C51）的电源控制而设置的专用寄存器。字节地址为 87H，其格式如下：

	D7	D6	D5	D4	D3	D2	D1	D0
PCON (89H)	SMOD	—	—	—	—	—	—	—

在 HMOS 型的单片机中，该寄存器中除最高位外，其他位都没有定义。最高位 SMOD 是串行口波特率的倍增位。当 SMOD = 1 时，串行口波特率加倍。系统复位时，SMOD = 0。

6.2　串行口的工作方式

51 单片机的串行口工作方式比较复杂，具有 4 种工作方式，这些工作方式可以用 SCON 中的 SM0 和 SM1 两位来确定。

▶▶ 6.2.1　串行口工作方式 0

串行口工作方式 0 为同步移位寄存器输入/输出模式，可外接移位寄存器，以扩展 I/O 接口。但应注意，在这种方式下，不管是输出还是输入，通信数据总是从 P3.0（RXD）引脚输出或输入，而 P3.1（TXD）引脚总是用于输出移位脉冲，每一移位脉冲将使 RXD 端输出或者输入一位二进制码。在 TXD 端的移位脉冲即为方式 0 的波特率，其值固定为晶振频率 f_{osc} 的 1/12，即每个机器周期移动 1 位数据。8 位数据为 1 帧，不设起始位和停止位，先发送或接收最低位。串行口工作方式 0 的数据帧格式如图 6-2 所示。

图 6-2　串行口工作方式 0 的数据帧格式

方式 0 下，SCON 中的 TB8、RB8 位没有用到。发送或接收完 8 位数据，由硬件将 TI 或 RI 置 1，CPU 响应中断。TI 或 RI 标志位须由用户软件清 0。方式 0 时，SM2 位（多机通信控制位）必须为 0。

方式 0 可分为方式 0 输入和方式 0 输出两种方式。

1. 方式 0 输出

当 CPU 执行一条将数据写入缓冲寄存器 SBUF 的指令时，产生一个正脉冲，串行口把 SBUF 中的 8 位数据以 f_{osc}/12 的固定波特率从 RXD 引脚串行输出，低位在先，TXD 引脚输出同步移位脉冲，发送完 8 位数据后将中断标志 TI 置 1。方式 0 的数据发送流程为：

① 对寄存器 SCON 进行初始化，即工作方式的设置。由于使用串行口方式 0，只需将 00H 送入 SCON 即可。

② 置串行接口控制寄存器 SCON 的 TI = 0，启动串行口发送。

③ 执行写发送缓冲器指令。

单片机的 CPU 执行完这条指令后，在 TXD 引脚发送同步移位脉冲，8 位数据便从 RXD 端由低位到高位逐个发送出去。当 8 位数据发送完毕时，单片机硬件自动置中断标志 TI = 1，请求中断，表示发送缓冲器已空。

④ 准备下一次数据发送。标志位 TI 不会自动清 0，当要发送下一组数据时，必须在软件中置 TI = 0，然后才能发送下一组数据。串行口方式 0 的数据输出可以采用查询方式，也可以采用中断方式。

在查询方式下，通过判断语句查询 TI 的值，如果 TI = 1 则结束查询，可以发送下一组数据；如果 TI = 0，则继续查询。

在中断方式下，TI 置位产生中断申请，在中断服务程序中发送下一组数据。此时，需要开启相应的中断请求。

方式 0 数据发送过程常用于扩展单片机的并行 I/O 输出端口。单片机的串行口在方式 0 下，数据以串行方式逐位发出，如果外接一个串入并出的移位寄存器，如 74LS164 芯片，便可以将串行数据转换为并行数据输出，即扩展了一个单片机的并行输出端口。

【例 6-1】　方式 0 数据发送示例。

方式 0 数据发送示例的电路如图 6-3 所示。通过一片 74LS164 将串行数据转换为并行数据输出，通过指示灯对输出的数据进行指示。在编程过程中可以采用查询方式，也可以采用中断方式。

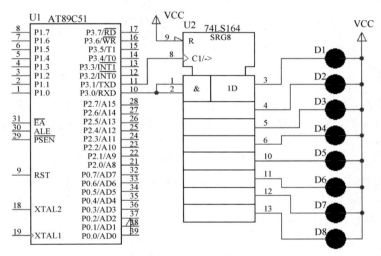

图 6-3　例 6-1 的电路图

74LS164 引脚图如图 6-4 所示。

功能：8 位串入/并出寄存器，边沿触发，8 位串行输入，并行输出。

引脚：A、B 为两个数据输入端；CP 为时钟输入；MR 为复位输入（低电平有效）；Q0~Q7 为数据输出。

（1）采用查询方式的 C51 程序参考：

```
#include<reg51.h>
void main( )
```

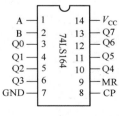

图 6-4　74LS164 引脚图

```
{   unsigned  char  i=0x55;              //设定输出的数据为 55H
    SCON=0x00;                           //初始化串口方式 0
    SBUF=i;                              //输出数据到 SBUF，启动串行输出
    while(TI)                            //等待 TI=1
    {   TI=0;
    }
    while(1);
}
```

程序中使用 while 语句查询 TI，当 TI=1 时，表示发送完毕。最后 TI 清 0，准备下一次数据发送。第二次数据传输同样需要查询 TI 标志位。

（2）采用中断方式的 C51 参考程序如下：

```
#include<reg51.h>
void SISR(void)  interrupt  4
{   TI=0;
}
void  main()
{   unsigned  char  i=0x55;
    SCON=0x00;                           //初始化串口方式 0
    ES=1;   EA=1;                        //允许串行中断
    SBUF=i;                              //输出数据到 SBUF，启动串行输出
    while(1);                            //等待 TI=1
}
```

2. 方式 0 输入

对于方式 0 的数据接收，单片机的 TXD 引脚用于发送同步移位脉冲，而 8 位串行数据是通过 RXD 引脚来输入的。方式 0 输入时，REN 为串行口接收允许控制位。REN = 0，禁止接收。在方式 0 下，程序可以按照如下流程来进行数据的接收：

① 对寄存器 SCON 进行初始化，即工作方式的设置。由于这里使用的是串行口的方式 0，允许接收，因此需将 10H 送入 SCON，即置 REN=1。另外，在方式 0 工作时，寄存器 SCON 中的 SM2 必须置 0，而 RB8 位和 TB8 位都不起作用，一般置 0 即可。

② 此时，在 TXD 端发送同步移位脉冲，在同步脉冲为低电平时，8 位数据从 RXD 引脚由低位到高位逐位接收。

③ 当 8 位数据接收完毕时，硬件自动置 RI=1，请求中断，表示接收数据已装入接收缓冲器，可以由 CPU 读取。

④ 准备下一次接收数据。由于 RI 不会自动清 0，必须在软件中置 RI=0，然后才可以接收下一组数据。此时，同样可以采用查询和中断两种方式。

在查询方式中，使用判断语句查询 RI 的值，如果 RI=1 则结束查询，可以接收下一组数据；如果 RI=0，则继续查询。

在中断方式中，在 RI 置位后产生中断申请，在中断服务程序中接收下一组数据。此时，需要开启相应的中断请求。

方式 0 的数据接收过程常用于扩展单片机的并行 I/O 输入端口。单片机的串行口在方式 0 下，数据以串行方式逐位接收，此时，如果在单片机串行口外接一个并入/串出的移位寄存器，如 74LS165 芯片，则可以实现并行数据通过串行口输入，即扩展了并行输入口。

【**例6-2**】 方式 0 数据接收示例。

方式 0 数据接收示例的电路如图 6-5 所示。通过一片 74LS165 将并行输入数据转换成串行数据，通过指示灯对接收的数据进行指示。在编程过程中可以采用查询方式，也可以采用中断方式。

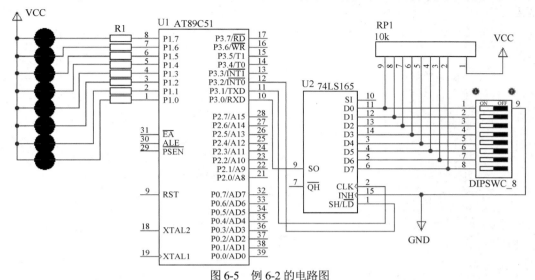

图 6-5 例 6-2 的电路图

74LS165 资料：8 位并行输入/串行输出移位寄存器

74LS175 引脚如图 6-6 所示。

CLK、CLKINK：时钟输入端（上升沿有效）

A～H：并行数据输入端

SER：串行数据输入端

QH：输出端

$\overline{\text{QH}}$：互补输出端

SH/LD：移位控制/置入控制（低电平有效）

图 6-6 74LS165 引脚图

（1）查询方式的 C51 参考程序如下：

```c
#include<reg51.h>
sbit  S_L=P3^2;
void  main()
{   unsigned char i;
    SCON=0x10;                //初始化串口方式 0
    While(1)
    {   S_L =0;               //并行数据送入 74LS165
        S_L =1;
        while(RI)             //查询 RI=1
        {   RI=0;
            i=SBUF;
            P1=i;
        }
    }
}
```

　　这里采用查询方式进行程序设计。在 main 主函数中，首先初始化串行口方式 0，RI 清 0，并启动接收。接着使用 S_L 将 74LS165 的并行数据串行输入到单片机串口。程序中使用 while 循环查询 RI，当 RI=1 时，表示接收完毕，RI 清 0，准备接收下一个数据，并将读取的数据送到变量 i 中。在第二次数据传输时，同样需要查询 RI。

（2）中断方式的 C51 参考程序如下：

```c
#include<reg51.h>
sbit  S_L=P3^2;
unsigned  int  i;
void  SISR(void)  interrupt  4
{   RI=0;
    i=SBUF;
    P1=i;
    S_L =0;                  //并行数据送入 74LS165
    S_L =1;
}
void  main()
{   SCON=0x10;               //初始化串口方式 0
    ES=1;                    //开启串行中断
    EA=1;
    S_L =0;                  //并行数据送入 74LS165
    S_L =1;
    while(1);
}
```

　　在 main 主函数中，首先初始化串行口为方式 0 允许接收，接着开启串行中断并打开总中断。在主循环中不进行任何操作，CPU 等待数据接收完毕后，将置 RI=1，进入中断服务程序。在中断服务程序中将 RI 清 0，准备下一次数据发送，并将接收缓冲器 SBUF 中的数据读出。

▶▶ 6.2.2　串行口工作方式 1

　　串行口的工作方式 1 是波特率可变的串行异步通信方式，工作方式 1 的数据帧格式如图 6-7 所示。

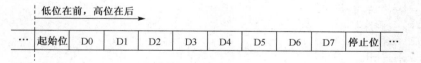

图 6-7　工作方式 1 的数据帧格式

　　数据帧由 10 位组成，按顺序分别为起始位、8 位数据位、停止位。数据在传输时，低位在前，高位在后。在程序中可以设置控制寄存器 SCON 的 SM0 = 0 和 SM1 = 1 来将串口设置为工作方式 1。

1. 方式 1 的波特率

　　串口的工作方式 1 为 10 位异步发送接收方式，其串行移位时钟脉冲由定时器/计数器 T1 的溢出率来决定，因此波特率由定时器/计数器 T1 的溢出率和波特率倍增位 SMOD 来共同决定。方式 1 的波特率计算公式如下：

$$方式 1 波特率 = T1 溢出率 \times 2^{SMOD}/32$$

　　设置方式 1 的波特率，需要对定时器/计数器 T1 进行工作方式设置，以便于得到需要的波特率发生器。一般使定时器/计数器 T1 工作于定时器方式、模式 2，此时为初值自动加载的定时方式。如果计数器的初始值为 X，则每过 $256{-}X$ 个机器周期的时候，定时器 T1 便产生一次溢出，溢出的周期为 $(256{-}X)\times12/f_{osc}$。

　　此时，单片机的溢出率即是 $f_{osc}/[12\times(256{-}X)]$。

　　因此，由前面波特率计算公式可得

$$波特率=(2^{SMOD}/32)\times f_{osc}/[12\times(256{-}X)]$$

　　通过上面的式子可得到定时器 T1 在模式 2 下的初值 X：

$$X=256-(2^{SMOD}\times f_{osc})/(384\times波特率)$$

　　方式 1 下，采用定时器 T1 的工作模式 2 作为波特率发生器时，一些常用波特率的参数及初值设置如表 6-2 所示。

表 6-2　串口方式 1 常用波特率参数设置

波特率（bit/s）	f_{osc}(MHz)	SMOD	定时器 T1 工作模式	初值
110	6	0	2	72H
137.5	11.986	0	2	1DH
1200	11.0592	0	2	0E8H
2400	11.0592	0	2	0F4H
4800	11.0592	0	2	0FAH
9600	11.0592	0	2	0FDH
19200	11.0592	1	2	0FDH
62500	12	1	2	0FFH

　　其中，很多都是用了 11.0592 MHz 的晶体振荡频率，这是因为这个频率可以使定时器 T1 的初值设置为整数，便于产生精确的波特率。因此，在使用串行接口的单片机系统中，多采用该晶振。

　　表中各数据可以根据前面介绍的公式计算得到，这里仅举一例进行说明。例如，对于 51 单片机外接 11.0592 MHz 的晶振，即采用内部振荡器工作模式。这里使用工作于模式 2 的定时器 T1 作为串行通信的波特率发生器，波特率为 2400 bit/s。如果不使用波特率倍增位 SMOD，则设置 SMOD = 0，根据前面得到的公式，可知定时器初值如下：

$$X=256-11.0592\times10^6/(384\times2400)=244=0F4H$$

因此，可以设置 TH1=TL1=0F4H。

　　进行程序设计，串口方式 1 初始化及波特率初始化的程序示例如下：

```
TMOD=0X20;          //设置定时器/计数器 1 定时方式，工作于模式 2
TH1=0XF4;
TL1=0XF4;
TR1=1;
PCON=0X00;          //设置 SMOD 为 0
SCON=0X50;          //设置方式 1，允许接收
```

2. 方式 1 的数据发送

　　串行口的工作方式 1 为 10 位异步发送接收方式，单片机 TXD 引脚为数据发送端。通信的双方不需要时钟同步，发送方和接收方都有自己的移位脉冲，通过设置共同的波特率来实现同步。方式 1 发送过程如下：

用软件清除 TI 后，CPU 执行任何一条以 SBUF 为目标寄存器的传送指令，启动发送过程，数据由 TXD 引脚输出，此时的发送移位脉冲是由定时器/计数器 T1 送来的溢出信号经过 16 或 32 分频而得到的。一帧信号发送完时，将置位发送中断标志 TI＝1，向 CPU 申请中断，完成一次发送过程。

方式 1 的数据发送编程流程如下：

① 初始化串口，设置 SCON 寄存器以及 PCON 寄存器。

② 初始化定时器，设置波特率。

③ 置串行接口控制寄存器 SCON 的 TI=0，启动串行口发送。

④ 执行写发送缓冲器 SBUF 语句。

⑤ 硬件自动发送起始位，起始位为逻辑低电平。在发送移位脉冲的作用下，数据帧依次从 TXD 引脚发出。在发送 8 位数据时，低位首先发送，高位最后发送。最后硬件自动发送停止位，停止位为逻辑高电平。

⑥ 在 8 位串行数据发送完毕后，也就是在插入停止位的时候，使 TI 置 1，用以通知 CPU 可以发送下一帧的数据。此时可以采用查询或者中断两种方式来获知 TI 是否置位。当 TI 置位后，程序中清 0TI，以便于发送下一个数据。

【例 6-3】 方式 1 数据发送程序设计。

串行口方式 1 采用查询方式的程序示例如下：

```
#include<reg51.h>
void main( )
{    SCON=0x40;                        //初始化串口方式 1
     PCON=0x80;
     TMOD=0x20;
     TL1=0xF4;        TH1=0xF4;        //波特率 4800b/s
     TR1=1;
     SBUF=0x70;
     while(TI)                         //查询 TI=1
     {    TI=0;
     }
     SBUF=0x71;
     while(TI)
     {    TI=0;
     }
}
```

对于方式 1 的串行数据发送，也可以采用中断来进行程序设计，其程序示例如下：

```
#include<reg51.h>
void SISR(void)  interrupt  4
{    TI=0;
}
void main( )
{    int  i;
     SCON=0x40;                        //初始化串口方式 1
     PCON=0x80;
     TMOD=0x20;
     TL1=0xF4;        TH1=0xF4;        //波特率 4800b/s
```

```
    ES=1;    EA=1;
    TR1=1;
    i=0x67;
    SBUF=i;
    while(1);                            //查询 TI=1
}
```

3. 工作方式 1 的数据接收

串行口的工作方式 1 为 10 位异步发送接收方式，单片机 RXD 引脚为数据接收端。方式 1 接收数据中的定时信号可以有两种，接收移位脉冲和接收字符的检测脉冲。

串行口方式 1 接收数据时的接收移位脉冲，由定时器 1 的溢出信号和波特率倍增位 SMOD 来共同决定，即由定时器 1 的溢出率经过 16 分频或 32 分频得到。

接收字符的检测脉冲，其频率是接收移位脉冲的 16 倍。在接收 1 位数据的时候，有 16 个检测脉冲，以其中的第 7、8 和 9 脉冲作为真正的接收信号的采样脉冲。对这 3 次采样结果采取三中取二的原则来确定所检测到的值。由于采样的信号总是在接收位的中间位置，这样便可以抑制干扰，避免信号两端的边沿失真，也可以防止由于通信双方时钟频率不完全相同而带来的接收错误。

在串行口的工作方式 1 中，可以按照如下流程进行数据的串行接收：

① 初始化串口，设置 SCON 寄存器及 PCON 寄存器。这里需要将 SCON 的 REN 位置 1，启动串行口的串行数据接收，RXD 引脚便进行串行口的采样。

② 初始化定时器，设置波特率。

③ 在数据传递的时候 RXD 引脚的状态为 1，当检测到从 1 到 0 的跳变时，确认数据起始位 0。开始接收一帧的串行数据，在接收移位脉冲的控制下，将收到的数据一位一位地送入移位寄存器，直到 9 位数据完全接收完毕，其中最后一位为停止位。

④ 当 RI = 0，并且接收到的停止位为 1，或者 SM2 = 0 的时候，8 位数据送入接收缓冲器 SBUF 中，停止位送入 RB8 中，同时置 RI = 1；否则，8 位数据不装入 SBUF，放弃当前接收到的数据。

⑤ 此时可以采用查询或者中断两种方式来获知 RI 是否置位。当数据送入接收缓冲器之后，便可以执行读 SBUF 语句来读取数据。

⑥ 软件中清标志位 RI，以便于接收下一次串行数据。

【例 6-4】 方式 1 数据接收程序设计。

串行方式 1 采用查询方式的程序示例如下：

```
#include<reg51.h>
void  main( )
{    int  ch;
    SCON=0x50;                         //初始化串口方式 1
    PCON=0x80;
    TMOD=0x20;
    TL1=0xF4;    TH1=0xF4;             //波特率 4800bit/s
    TR1=1;
    while(RI)                          //查询 RI=1
    {    ch=SBUF;
        RI=0;
    }
}
```

对于方式 1 的串行数据接收，也可以采用中断来进行程序设计，其程序示例如下：

```
#include<reg51.h>
int  ch;
void  SISR(void)  interrupt  4
{   RI=0;
    ch=SBUF;
}
void  main( )
{   SCON=0x50;                      //初始化串口方式 1
    PCON=0x80;
    TMOD=0x20;
    TL1=0xF4;     TH1=0xF4;         //波特率 4800bit/s
    ES=1;     EA=1;
    TR1=1;
    while(1);                       //查询 TI=1
}
```

▶▶ 6.2.3　串行口工作方式 2

串行口的工作方式 2 为固定波特率的串行异步通信方式，在工作方式 2 中数据帧格式如图 6-8 所示。一帧数据由 11 位构成，按照顺序分别为：起始位 1 位、串行数据 8 位（低位在前）、可编程位 1 位、停止位 1 位。在程序中可以通过设置控制寄存器 SCON 的 SM0 = 1 和 SM1 = 0 来实现。

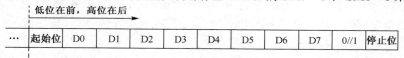

| | 起始位 | D0 | D1 | D2 | D3 | D4 | D5 | D6 | D7 | 0//1 | 停止位 |

低位在前，高位在后

图 6-8　工作方式 2 的数据帧格式

1. 方式 2 的波特率

串口的工作方式 2 是 11 位异步发送接收方式。方式 2 的波特率计算公式如下：

$$方式 2 波特率 = f_{osc} \times 2^{SMOD}/64$$

从公式中可以看出，在方式 2 中，波特率由单片机的振荡频率 f_{osc} 和 PCON 的波特率倍增位 SMOD 共同决定。当 SMOD = 0 时，波特率为 $f_{osc}/64$，当 SMOD = 1 时，波特率为 $f_{osc}/32$。串口方式 2 的波特率不由定时器来设置，只可选两种：$f_{osc}/32$ 或 $f_{osc}/64$。

例如，如果 8051 单片机外接 12 MHz 的晶振，通过寄存器 PCON 可以选择波特率。在程序中，则可以采用如下的赋值语句来实现，示例如下：

```
PCON=0;               //设置 SMOD=0
PCON=0x80             //设置 SMOD=1
```

2. 方式 2 的数据发送

在串行口的工作方式 2 中，TXD 引脚为数据发送端。方式 2 的发送共有 9 位有效的数据，在启动发送之前，需要将发送的第 9 位，即可编程位的数值送入寄存器 SCON 中的 TB8 位。这个编程标志位可以由用户自己定义，硬件不做任何规定。例如，用户可以将这一位定义为奇偶校验位或地址/数据标志位。在串行口的工作方式 2 中，可以按照如下的流程来进行数据的串行发送：

① 首先，初始化串口为工作方式 2。

② 设置波特率。

③ 置串行接口控制寄存器 SCON 的 TI=0，启动串行口发送，并装入 TB8 的值。

④ 执行写发送缓冲器 SBUF 语句。

⑤ 硬件自动发送起始位，起始位为逻辑低电平。发送 8 位数据，低位首先发送，高位最后发送。发送第 9 位数据，即 TB8 中的数值。硬件自动发送停止位，停止位为逻辑高电平，同时置 TI = 1，发送完毕。

⑥ 在程序中可以采用查询或中断两种方式获知 TI。如果 TI 置位，则需要在软件中清 0TI，以便于下一次串行数据发送。

【例 6-5】　方式 2 数据发送的 C51 程序设计。

（1）采用查询方式

```
#include<reg51.h>
void  main( )
{    SCON=0x80;                      //初始化串口方式
     PCON=0x80;
     ES=0;                           //禁止串行中断
     TB8=ParityCheck(0x46);          //奇偶校验位
     SBUF=0x46;
     while(TI)                       //等待 TI=1
     {    TI=0;
     }
}
```

（2）采用中断方式

```
#include<reg51.h>
int  ch;

void  SISR(void)  interrupt  4
{    TI=0;
}
void  main( )
{    int  i;
     SCON=0x80;                      //初始化串口方式
     PCON=0x80;
     ES=1;     EA=1;
     TB8=ParityCheck(0x46);          //奇偶校验位
     SBUF=0x46;
     while(1);
}
```

3．方式 2 的数据接收

串口的工作方式 2 是 11 位异步发送接收方式，单片机 RXD 引脚为数据接收端。方式 2 的串行数据接收过程和方式 1 基本类似，只不过方式 1 的第 9 位为停止位，而这里则是发送的可编程位。串行口的工作方式 2 中，C51 可以按照如下的流程来进行数据的串行接收：

① 首先，初始化串口为方式 2。其中需要设置串行接口控制寄存器 SCON 的 REN=1，启动串行口串行数据接收，引脚 RXD 便进行串行口的采样。

② 设置波特率。

③ 在数据传递的时候 RXD 引脚的状态为 1，当检测到从 1 到 0 跳变时，确认数据起始位 0 开始接收一帧的串行数据，在接收移位脉冲的控制下，将收到的数据逐位地送入移位寄存器，直到 9 位数据完全接收完毕，其中最后一位为发送的 TB8。

④ 当 RI=0，且 SM2=0 或接收到的第 9 位数据为 1 时，8 位串行数据送入接收缓冲器 SBUF 中，而第 9 位数据送入 RB8 中，同时置 RI=1；否则，8 位数据不装入 SBUF，放弃当前接收到的数据。接收数据真正有效的条件有两个。

● 第一个条件是 RI=0，表示接收缓冲器已空，即 CPU 已把 SBUF 中上次收到的数据读走，可以进行再次写入。

● 第二个条件是 SM=0 或收到的第 9 位数据为 1，根据 SM2 的状态和接收到的第 9 位数据状态来鉴定接收数据是否有效。

⑤ 此时可以采用查询或者中断两种方式来获知 RI 是否置位。当数据送入接收缓冲器之后，便可以执行读 SBUF 语句来读取数据。

⑥ 最后，软件中 RI 清 0，以便于接收下一次串行数据。

一般来说，在单机通信中第 9 位作为奇偶校验位，应令 SM2=0，以保证可靠的接收；在多机通信时，第 9 位数据一般作为地址/数据区别标志位，应令 SM2=1，则当接收到的第 9 位为 1 时，接收到的数据为地址帧。

【例 6-6】 方式 2 数据接收的 C51 程序设计。

（1）采用查询方式

如果采用 C51 语言进行程序设计，且第 9 位作为奇偶校验位，则串行方式 2 的程序示例如下：

```
#include<reg51.h>
void main( )
{   int ch;
    SCON=0x90;                      //初始化串口方式 2
    PCON=0x80;
    ES=0;                           //禁止串行中断
    while(RI)                       //等待 RI
    {   ch=SBUF;
        RI=0;
    }
    if(RB8==ParityCheck(ch))        //判断奇偶校验位
    {   ...                         //用户处理语句，省略
    }
    else
    {   ...                         //错误处理语句，省略
    }
}
```

（2）采用中断方式

对于方式 2 的串行数据接收，也可以采用中断来进行程序设计，其示例如下：

```
#include<reg51.h>
Int  ch;
void SISR(void)  interrupt  4
```

```
{    RI=0;
     ch=SBUF;
     if(RB8==ParityCheck(ch)      //判断奇偶校验位
     {    ···                      //用户处理语句，省略
     }
     else
     {    ···                      //错误处理语句，省略
     }
}
void  main( )
{    SCON=0x90;                    //初始化串口方式
     PCON=0x80;
     ES=1;    EA=1;
     while(1);
}
```

►► 6.2.4　串行口工作方式 3

串行口的工作方式 3 为 11 位异步发送接收方式，在工作方式 3 的数据帧的格式，如图 6-9 所示。1 帧数据由 11 位构成，按照顺序分别为：起始位 1 位、串行数据 8 位（低位在前）、可编程位 1 位、停止位 1 位。在程序中可以通过设置控制寄存器 SCON 的 SM0 = 1 和 SM1 = 1 来实现。

图 6-9　工作方式 3 的数据帧格式

1. 方式 3 的波特率

方式 3 和方式 2 的工作方式是一样的，不同的是，方式 2 仅有两个固定的波特率可选，而方式 3 的波特率由定时器 1 的溢出率和波特率倍增位 SMOD 决定。

串口的工作方式 3 为 11 位异步发送接收方式。其串行移位时钟脉冲由定时器 T1 的溢出率来决定，因此，波特率由定时器 T1 的溢出率和 SMOD 来共同决定。方式 3 的波特率计算和方式 1 相同。

2. 方式 3 的数据发送

在串行口的工作方式 3 中，单片机的 TXD 引脚为数据发送端。方式 3 的发送共有 9 位有效的数据，在启动发送之前，需要将发送的第 9 位，即可编程位的数值送入 SCON 中的 TB8 位。这个编程标志位可以由用户自己定义，硬件不做任何规定。例如，用户可以将这一位定义为奇偶校验位或地址/数据标志位。在串行口的工作方式 3 中，可以按照如下的流程来进行数据的串行发送：

① 首先，初始化串口为工作方式 3。

② 初始化定时器，设置波特率。

③ 置串行接口控制寄存器 SCON 的 TI=0，启动串行口发送，并装入 TB8 的值。

④ 执行写发送缓冲器 SBUF 语句。

⑤ 硬件自动发送起始位，起始位为逻辑低电平。发送 8 位数据，低位首先发送，高位最后发送。发送第 9 位数据，即 TB8 中的数值。硬件自动发送停止位，停止位为逻辑高电平，同时置 TI = 1，发送完毕。

⑥ 在程序中可以采用查询或中断两种方式获知 TI。如果 TI 置位，则需要在软件中将 TI 清 0，便于下一次串行数据发送。

【例 6-7】 方式 3 数据发送的 C51 程序设计。

（1）采用查询方式

如果采用 C51 语言进行程序设计，则串行方式 3 的程序示例如下：

```
#include<reg51.h>
void  main( )
{    SCON=0xC0;                        //初始化串口方式
     PCON=0x80;
     TH1=0xF4;    TL1=0xF4;
     ES=0;                             //禁止串行中断
     TR1=1;
     TB8=ParityCheck(0x36);           //奇偶校验位
     SBUF=0x36;
     while(TI)                         //等待 TI=1
     {    TI=0;
     }
}
```

（2）采用中断方式

```
#include<reg51.h>
void  SISR(void)  interrupt  4
{    TI=0;
}
void  main( )
{    int  i;
     SCON=0xC0;                        //初始化串口方式
     PCON=0x80;
     TH1=0xF4;    TL1=0xF4;
     ES=1;    EA=1;
     TR1=1;
     TB8=ParityCheck(0x36);           //奇偶校验位
     SBUF=0x36;
     while(1);
}
```

3. 方式 3 的数据接收

串口的工作方式 3 是 11 位异步发送接收方式，单片机 RXD 引脚为数据接收端。方式 3 的串行数据接收过程与方式 2 基本类似。在串行口的工作方式 3 中，可以按照如下的流程进行数据的串行接收：

① 首先，初始化串口为方式 3。其中需要置串行接口控制寄存器 SCON 的 REN = 1，启动串行口数据接收，引脚 RXD 便进行串行口的采样。

② 初始化定时器，设置波特率。

③ 在数据传递的时候 RXD 引脚的状态为 1，当检测到从 1 到 0 跳变时，确认数据起始位 0。开始接收一帧的串行数据，在接收移位脉冲的控制下，将收到的数据逐位送入移位寄存器，直至 9 位数据完全接收完毕，其中最后一位为发送的 TB8。

④ 当 RI = 0，且 SM2=0 或接收到的第 9 位数据为 1 时，8 位串行数据送入接收缓冲器 SBUF 中，而第 9 位数据送入 RB8 中，同时置 RI = 1；否则，8 位数据不装入 SBUF，放弃当前接收到的数据。即接收数据真正有效的条件有两个。

● 第一个条件是 RI=0，表示接收缓冲器已空，即 CPU 已把 SBUF 中上次收到的数据读走，可以再次写入。

● 第二个条件是 SM=0 或收到的第 9 位数据为 1，根据 SM2 的状态和接收到的第 9 位数据状态来决定接收数据是否有效。

⑤ 此时可以采用查询或者中断两种方式来获知 RI 是否置位。当数据送入接收缓冲器之后，便可以执行读 SBUF 语句来读取数据。

⑥ 最后，软件将 RI 清 0，以便于接收下一次串行数据。

一般，在单机通信中第 9 位作为奇偶校验位，应令 SM2 = 0，以保证可靠接收；在多机通信时，第 9 位数据一般作为地址/数据区别标志位，应令 SM2 = 1，则当接收到的第 9 位为 1 时，接收到的数据为地址帧。

【例 6-8】　方式 3 数据接收的 C51 程序设计。

（1）采用查询方式

如果采用 C51 语言进行程序设计，且第 9 位作为奇偶校验位，则串行方式 3 的程序示例如下：

```
#include<reg51.h>
void main( )
{   int ch;
    SCON=0xD0;                        //初始化串口方式 2
    PCON=0x80;
    TH1=0xF4;    TL1=0xF4;
    ES=0;                             //禁止串行中断
    TR1=1;
    while(RI)                         //等待 RI
    {   ch=SBUF;
        RI=0;
    }
    if(RB8==ParityCheck(ch)           //判断奇偶校验位
    {                                 //用户处理语句，省略
    }
    else
    {                                 //错误处理语句，省略
    }
}
```

（2）采用中断方式

对于方式 3 的串行数据接收，也可以采用中断来进行程序设计，其示例如下：

```
#include<reg51.h>
int ch;
void SISR(void) interrupt 4
{   RI=0;
    ch=SBUF;
    if(RB8==ParityCheck(ch)           //判断奇偶校验位
```

```
                        {                            //用户处理语句，省略
                        }
                        else
                        {                            //错误处理语句，省略
                        }
                }
        void  main( )
        {      SCON=0xD0;                           //初始化串口方式
               PCON=0x80;
               TH1=0xF4;      TL1=0xF4;
               ES=1;      EA=1;
               TR1=1;
               while(1);
        }
```

 ## 6.3　51 单片机串行口的应用举例

串行口在应用过程中，其软件编程非常重要，串行口编程包括编写串行口的初始化程序和串行口的输入/输出程序。

▶▶ 6.3.1　串行口编程基础

1．串行口的初始化

串行口需初始化后，才能完成数据的输入、输出。其初始化过程如下：

① 按选定串行口的操作方式设定 SCON 的 SM0、SM1 两位二进制编码。

② 对于方式 2 或 3，应根据需要在 TB8 中写入待发送的第 9 数据位。

③ 若选定的操作方式不是方式 0，还需设定发送的波特率——设定 SMOD 的状态，以控制波特率是否加倍。

若选定操作方式 1 或 3，则应对定时器 T1 进行初始化以设定其溢出率。

2．串行通信编程步骤

串行通信编程步骤如下。

（1）定好波特率

串行接口的波特率有两种方式：固定的波特率和可变的波特率。当使用可变波特率时，应先计算 T1 的计数初值，并对 T1 进行初始化；如果使用固定波特率（工作方式 0、工作方式 2），则此步可以省略。

【例 6-9】 设某 51 单片机系统，其串行口工作于方式 3，要求传送波特率为 1200。作为波特率发生器的定时器 T1 工作在模式 2 时，请求出计数初值为多少？设单片机的振荡频率为 6MHz。

因为串行口工作于方式 3 时的波特率为：

$$\text{方式 3 的波特率} = 2^{\text{SMOD}}/32 \times f_{\text{osc}}/(12 \times (256 - \text{TH1}))$$

所以 $\text{TH1} = 256 - f_{\text{osc}}/(\text{波特率} \times 12 \times 32/2^{\text{SMOD}})$

当 SMOD=0 时，初值 $\text{TH1} = 256 - 6 \times 10^6/(1200 \times 12 \times 32/1) = 243 = 0\text{F3H}$。

当 SMOD=1 时，初值 $\text{TH1} = 256 - 6 \times 10^6/(1200 \times 12 \times 32/2) = 230 = 0\text{E6H}$。

（2）填写控制字

即对 SCON 寄存器设定工作方式，如果是接收程序后双工通信方式，需要置 REN = 1（允许接收），同时也将 T1 清 0。

（3）串行通信可采用两种方式，即查询方式和中断方式

TI 和 RI 是一帧数据是否发送完或一帧数据是否到齐的标志，可用于查询；如果设置允许中断，可引起中断。两种工作方式的编程方法如下：

① 查询方式发送程序：发送一个数据、查询 TI、发送下一个数据（先发后查）。

② 查询方式接收程序：查询 RI、读入一个数据、查询 RI、读入下一个数据（先查后收）。

③ 中断方式发送数据：发送一个数据、等待中断、在中断中再发送下一个数据。

④ 中断方式接收数据：等待中断、在中断中接收一个数据。

两种方式中，发送或接收数据后都要注意将 TI 或 RI 清 0。

为保证接收、发送双方的协调，除两边的波特率要一致外，双方可以约定以某个标志字符作为发送数据的起始，发送方先发送这个标志字符，待对方收到并给予回应后再正式发送数据。以上针对的是点对点通信，如果是多机通信，标志字符就是各个分机的地址。

3. 查询方式编程

对于波特率可变的工作方式 1 和工作方式 3 来说，查询方式的发送程序流程如图 6-10 所示，接收方式的程序流程如图 6-11 所示。

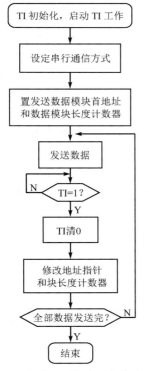

图 6-10　查询方式的发送程序流程图　　　　图 6-11　查询方式的接收程序流程图

4. 中断方式编程

中断方式对定时器 TI 和寄存器 SCON 的初始化类似于查询方式，不同的是要置位 EA（中断开关）和 ES（允许串行中断），中断方式的发送和接收程序流程图如图 6-12 和图 6-13 所示。

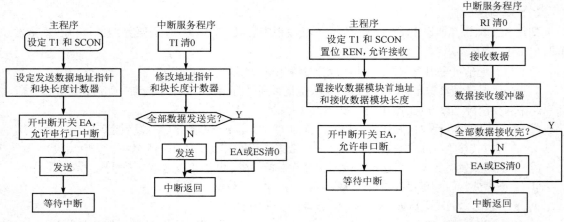

图 6-12　中断方式的发送程序流程图　　　　　图 6-13　中断方式的接收程序流程图

▶▶ 6.3.2　串行口应用举例

【例 6-10】 电路如图 6-3 所示，试编程完成高 4 位灯和低 4 位灯以 1s 亮 1s 灭的频率进行闪烁。

说明：4 位亮、4 位灭的交替数据为 11110000B 和 00001111B；串行口采用方式 0，SCON=00H；1s 由定时器 T0 产生：硬件定时 50ms，软件计数 20 次；T0 定时器方式、模式 1、初值为：50000=65536–X，X=15536=3CB0H；1s 采用中断的方式，20 次中断到，将输出的数据取反操作。

C51 参考程序如下：

```
#include<reg51.h>
unsigned char data i, a;
void main( )
{    SCON=0;                                  ; 串行口方式 0 输出
     TMOD=0X01;                               ; T0 定时器方式，模式 1
     TH0=-50000/256;  TL0=-50000%256;        ; 50ms 定时
     i=20;                                    ; 软件计数器
     EA=1;   ET0=1;   TR0=1;                  ; 中断管理
     a=0x0f;                                  ; 显示的初值
     SBUF=a;                                  ; 串口发送
     while(1);
}
void t0int( )  interrupt  1
{    TH0=-50000/256;   TL0=-50000%256;       ; 重新赋值
     i=i-1;                                   ; 软件计数器-1
     while(i==0)                              ; 等于 0，1s 时间到
     {    i=20;                               ; 重新给软件计数器赋初值
          a=~a;                               ; 数据取反
          SBUF=a;                             ; 串行口发送
     }
}
```

【例 6-11】电路如图 6-14 所示，51 单片机外部通过串行口扩展了两片 74LS164，每个 74LS164 连接一个共阳极的 8 段 LED 显示器。编程实现显示 12。

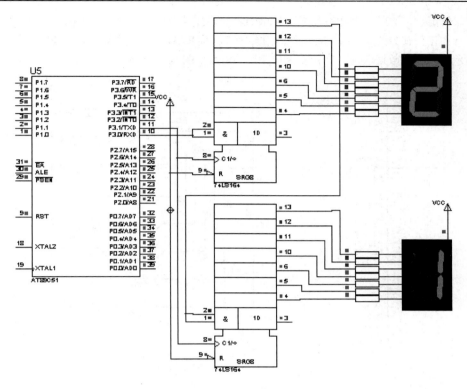

图 6-14　串行口实验电路原理示意图

C51 参考程序如下：

```c
#include<reg51.h>
unsigned char dis_buf[2];
unsigned char code table[10]={0x0c0,0x0f9,0x0a4,0x0b0,0x99,0x92,0x82,0x0f8,0x80,0x90};
void display( )
{   TI=0;
    SBUF=table[dis_buf[0]];
    while(TI==0);
    TI=0;
    SBUF=table[dis_buf[1]];
    while(TI==0);
    TI=0;
}
void main( )
{   SCON=0x00;
    dis_buf[0]=1;
    dis_buf[1]=2;
    display( );
    while(1);
}
```

【例 6-12】　串行口自发自收。

将 51 单片机的 TXD 接 RXD，实现单片机串行口数据自发自收，并将接收的数据通过 P1 口输出到发光二极管显示。系统时钟频率为 11.0592MHz，自发自收的波特率为 2400bps。编写程序，要求：单片机串行口工作在方式 1，从 TXD 发送数据 0x0F，从 RXD 将该数据读回，送 P1 口通过 8 个发光二极管显示，并将该数据取反，重新发送与接收。电路如图 6-15 所示。

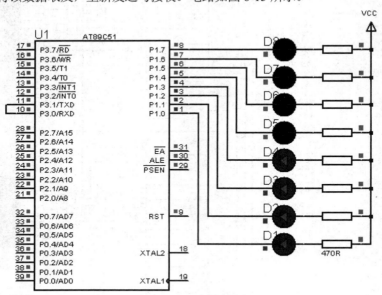

图 6-15　例 6-12 的电路原理图

C51 程序代码如下：

```c
#include<reg51.h>
#define uchar unsigned char
#define uint unsigned int
void main( )
{   uchar i=0x0F;
    uint j=0;
    TMOD=0X20;                              //设定定时器 1 模式 2
    TL1=TH1=0XF4;
    PCON=0X00;
    SCON=0X50;
    TR1=1;
    while(1)
    {   TI=0;       SBUF=i;                 //发送数据
        while(TI==0);
        TI=0;
        RI=0;
        while(RI==0);
        i=SBUF;                             //读取接收数据
        P1=i;       i=~i;                   //将发送数据取反
        for(j=0;j<12500;j++);              //延时
    }
}
```

6.4 实验与设计

▶▶ **实验 1 串行口控制的流水灯实验**

【实验目的】掌握 51 单片机串行口的基本应用；掌握 51 单片机串行口扩展为并行口的基本应用。

【电路与内容】电路如图 6-3 所示，通过一片 74LS164 扩展一个 8 位的输出口，输出接 8 个 LED 指示灯，编程实现流水灯的控制。闪烁间隔为 1s，1s 由定时器/计数器产生。

【参考程序】

```c
#include<reg51.h>
unsigned char i=0;
unsigned char i1=0xfe;                  //初值
void main( )
{   SCON=0x00;                          //初始化串口方式 0
    TMOD=0X01;
    TH0=-20000/256;   TL0=-20000%256;   //定时 20ms
    EA=1;  ET0=1;  TR0=1;               //中断管理，启动定时器
    SBUF=i1;
    while(1);
}
void t0int()  interrupt  1              //20ms 中断函数
{   unsigned char i2, i3;
    TH0=-20000/256;
    TL0=-20000%256;
    i++;
    if(i==50)
    {   i=0;
        SBUF=i1;
        i2=i1>>7;                       //i1 循环左移一位
        i3=i1<<1;
        i1=i2|i3;
        while(TI)
        {   TI=0;
        }
    }
}
```

▶▶ **实验 2 两个单片机通信实验**

【实验目的】掌握 51 单片机串行口的基本应用。

【电路与内容】电路如图 6-16 所示。在某控制系统中有甲、乙两个单片机，甲单片机首先将 P1 口拨动开关数据装入 SBUF，然后经由 TXD 将数据发送给乙单片机。乙单片机将接收数据存入 SBUF，再由 SBUF 载入累加器，并输出至 P1，点亮相应端口的 LED。

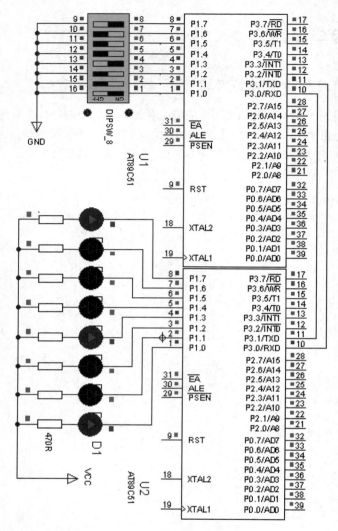

图 6-16　两个单片机通信电路图

两个单片机串行通信程序流程图如图 6-17 所示。

单片机 1 的 C51 程序如下：

```c
#include<reg51.h>
#define uint unsigned int
#define uchar unsigned char
void main( )
{   uchar i;
    TMOD=0x20;
    TH1=TL1=0xff;
    SCON=0x50;
    PCON=0x80;
    TR1=1;
    P1=0xff;
```

```
while(1)
{   P1=0xff;
    i=P1;        SBUF=i;
    while(TI==0);
    TI=0;
}
}
```

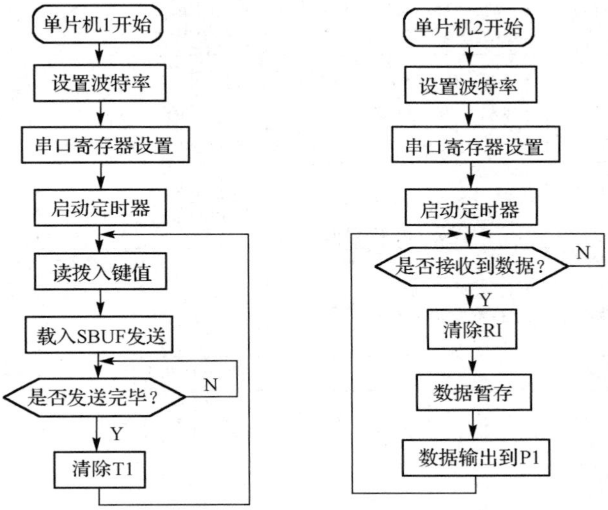

图 6-17　两个单片机通信电路图程序流程图

单片机 2 的 C51 程序如下：

```
#include<reg51.h>
#define  uint  unsigned  int
#define  uchar  unsigned  char
void  main( )
{   uchar i=0;
    TMOD=0x20;
    TH1=TL1=0xff;
    SCON=0x50;
    PCON=0x80;
    TR1=1;
    while(1)
    {   while(RI==0);
        RI=0;
        i=SBUF; P1=i;
    }
}
```

本章小结

本章主要介绍 51 单片机的串行口的基本知识与应用，包括 4 部分内容：

① 串行通信的再认识：异步串行通信与同步串行通信、帧格式、波特率。

② 认识 51 单片机的串行口：RXD 与 TXD、串行口数据缓冲寄存器 SBUF；串行口控制寄存器 SCON、PCON。

③ 51 单片机串行口的工作方式如表 6-3 所示。

表 6-3　串行通信 4 种方式

方　式	方式 0： 8 位移位寄存器输入、输出方式	方式 1： 10 位异步通信方式 波特率可变	方式 2 11 位异步通信方式 波特率固定	方式 3 11 位异步通信方式 波特率可变
一帧数据格式	8 位数据	1 个起始位 "0" 8 个数据位 1 个停止位 "1"	1 个起始位 "0"，9 个数据位，1 个停止位 "1" 发送的第 9 位由 SCON 的 TB8 位提供 接收的第 9 位存入 SCON 的 RB8 位 第 9 位可作为校验位，也可作为多机通信的地址/数据特征位	
波 特 率	固定为 $f_{osc}/12$	波特率可变 $=(2^{SMOD}/32)\times$(T1 溢出率) $=[(2^{SMOD}/32) \times (f_{osc}/12(256-X))$	波特率固定 $= (2^{SMOD}/64)f_{osc}$	波特率可变 $=(2^{SMOD}/32)\times$(T1 溢出率) $=(2^{SMOD}/32) \times (f_{osc}/12(256-X))$
引脚功能	TXD 输出 $f_{osc}/12$ 频率的同步脉冲 RXD 作为数据的输入、输出端	TXD 数据输出端 RXD 数据输入端	同方式 1	同方式 1
应　用	常用于扩展 I/O 接口	两机通信	多用于多机通信	多用于多机通信

④ 51 单片机串行口的应用举例：SCON、波特率、查询方式与中断方式。

 习题

1．简述 TI 和 RI 的含义。

2．简述波特率的含义。

3．51 单片机的串行通信方式 1 和方式 3 模式下，波特率通过哪个定时器驱动产生？采用何种定时模式？如果要求采用的时钟频率为 11.0592MHz，产生的波特率为 2400bps，应该怎样对定时器进行初始化操作？

4．若异步通信，每个字符由 11 位组成，串行口每秒传送 250 个字符，问波特率是多少？

5．51 单片机的串行口控制寄存器 SCON 的 SM2、TB8、RB8 有何作用？

第 7 章 外部并行扩展的 C51 编程

在单片机构成的实际测控系统中，仅靠单片机内部资源是不行的，单片机的最小系统也常常不能满足要求。因此在单片机应用系统设计中首先要解决系统扩展问题，扩展的基本内容是将要扩展的存储器芯片与 I/O 接口芯片连接到 CPU 的总线上。51 系列单片机有很强的外部扩展功能，大部分常规的并行接口的芯片都可以作为单片机的外围扩充电路芯片。本章主要介绍 51 单片机应用系统的并行扩展技术。

7.1 并行扩展基础

外部扩展是指当单片机内部的功能部件不能满足应用系统要求时，在片外连接相应的外围芯片以满足应用系统的要求。

单片机应用系统并行扩展是指利用单片机的三总线（AB、DB、CB）进行的系统扩展，将要扩展的芯片连接到单片机的总线上。

▶▶ 7.1.1 并行扩展总线结构图

在进行系统扩展时，将存储器或 I/O 芯片的有关信号连到 51 单片机的总线上。

通常情况下，微型计算机的 CPU 外部都有单独的地址总线、数据总线和控制总线，而 51 单片机由于受引脚数量的限制，数据总线和地址总线是复用的，而且有的 I/O 接口线具有第二功能。为了使单片机能方便地与各种扩展芯片连接，需要在单片机外部增加地址锁存器，从而构成与一般 CPU 相类似的片外三总线，51 单片机的外部总线结构图如图 7-1 所示。

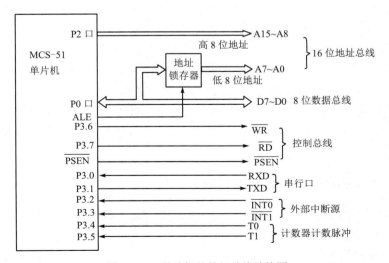

图 7-1　51 单片机的外部总线结构图

由图 7-1 可知，51 单片机的地址总线宽度为 16 位，数据总线的宽度为 8 位，三总线的组成如下。

地址总线：由 P2 口提供高 8 位地址线，具有地址输出锁存的能力；由 P0 口提供低 8 位地址线，由于 P0 口分时复用为地址/数据总线，所以为保持地址信息，在访问外部存储器期间一直有效，需外加地址锁存器锁存低 8 位地址，用 ALE 正脉冲信号的下降沿进行锁存。

数据总线：由 P0 口提供。

控制总线：$\overline{RD}$、$\overline{WR}$ 用于片外数据存储器及 I/O 口的读、写控制信号。$\overline{PSEN}$ 用于扩展外部程序存储器的读控制信号。因为现在的 51 单片机系统设计中都不需要扩展外部的程序存储器了，所以一般不需要使用 $\overline{PSEN}$ 信号。另外，现代的单片机片内也有足够的数据存储器，所以扩展时主要是 I/O 接口芯片的扩展。

在进行扩展部分设计时，就是将扩展的 I/O 接口芯片连接到 CPU 的总线上，即连接到 CPU 的地址总线、数据总线、控制总线上。

▶▶ 7.1.2　数据线、控制线的连接

1. 数据线的连接

51 单片机提供了 8 条数据线，一般 I/O 接口芯片的数据线的宽度为 8 位或多于 8 位（多于 8 位的 I/O 接口芯片一般为 D/A 或 A/D 芯片）。

8 位数据线的 I/O 接口芯片，只要将其数据线和 51 单片机的数据总线一一对应地连接起来就可以了（连接的芯片数量比较多则要考虑驱动问题）。对扩展的 I/O 接口芯片的"读"或"写"操作，操作一次就可以。

多于 8 位数据线的 I/O 接口芯片（如 12 位），和 51 单片机的数据线相连时，一般将 I/O 口的数据线分成两部分，低 8 位和高 4 位（或者高 8 位和低 4 位），这样的 I/O 接口芯片的高 4 位要和低 8 位中的 4 位重复连接，对扩展的 I/O 接口芯片的"读"或"写"操作时，要进行两次操作。

2. 控制线的连接

扩展的 I/O 接口芯片从控制线的角度讲，一般有两种情况：可编程芯片、不可编程芯片。

对于可编程芯片，一般提供专门的"$\overline{RD}$、$\overline{WR}$"控制信号，只要将芯片的"$\overline{RD}$、$\overline{WR}$"和 51 单片机的"$\overline{RD}$、$\overline{WR}$"对应连接起来就可以了。

对于不可编程的 I/O 接口芯片，一般不提供专门的"$\overline{RD}$、$\overline{WR}$"信号，它们提供的一般是控制芯片的"使能读"或"使能写"信号。对于输出芯片，需要 CPU 的"译码"信号和"$\overline{WR}$"通过一定的组合电路和芯片的"使能写"信号连接，使 CPU 的"译码"信号和 $\overline{WR}$ 同时有效时，形成 I/O 接口芯片的"使能写"信号；对于输入芯片，需要 CPU 的"译码"信号和"$\overline{RD}$"通过一定的组合电路和芯片的"使能读"信号连接，使 CPU 的"译码"信号和"$\overline{RD}$"同时有效时，形成 I/O 接口芯片的"使能读"信号。

▶▶ 7.1.3　译码信号的形成——系统扩展的寻址

系统扩展的寻址是指当单片机扩展了存储器、I/O 接口等外围接口芯片之后，如何确定存储器的地址空间范围和 I/O 接口的端口地址。

存储器或 I/O 地址的确定是通过 CPU 的地址线来完成的。要扩展的芯片的地址线数目总是少于单片机地址总线的数目，这样就将 51 单片机的地址总线分为两部分：用到的地址线、没有用到的地址线。随着芯片容量的不同，两者的数目是发生变化的，但两者的总和是 16 条，即 CPU 有 16 条地址总线，在和扩展的芯片进行连接时，有的地址线用到了，有的地址线没有用到。

　　根据芯片"用到的 CPU 的地址线"的连接，就可以确定芯片的地址。将"用到的 CPU 的地址线"分为两类：高位地址线、低位地址线。"低位地址线"决定了芯片内部的地址，再加上"高位地址线"的连接就决定了芯片的地址范围。

　　高位地址线的连接有两种，即两种译码方式：线译码和译码器译码。

1. 线译码

　　所谓线译码，是指 CPU 的"低位地址线"用作扩展芯片的片内译码，"高位地址线"直接作为扩展芯片的片选，即一根线选中。如图 7-2 所示为 3 片 I/O 接口芯片的线译码电路。

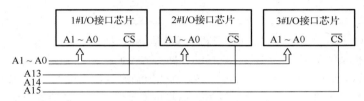

图 7-2　线译码电路示例

　　根据硬件电路的连接来确定 I/O 芯片的地址范围，其地址范围关系图如图 7-3 所示。在图 7-2 中，用到的地址线有 A15、A14、A13、A1、A0，其中 A15、A14、A13 是片选信号，A1、A0 是确定片内地址的地址线；其余的是没用到的地址线，一般都置为 1。

```
A15 A14 A13 A12 A11 A10 A9 A8 A7 A6 A5 A4 A3 A2 A1 A0
 1   1   0   1   1   1   1  1  1  1  1  1  1  1  0  0
                                                        0DFFCH~0DFFFH
 1   1   0   1   1   1   1  1  1  1  1  1  1  1  1  1
 1   0   1   1   1   1   1  1  1  1  1  1  1  1  0  0
                                                        0BFFCH~0BFFFH
 1   0   1   1   1   1   1  1  1  1  1  1  1  1  1  1
 0   1   1   1   1   1   1  1  1  1  1  1  1  1  0  0
                                                        7FFCH~7FFFH
 0   1   1   1   1   1   1  1  1  1  1  1  1  1  1  1
```

图 7-3　地址关系图

　　这样就可以写出各 I/O 接口芯片的空间范围：

1#I/O 接口芯片：0DFFCH～0DFFFH。

2#I/O 接口芯片：0BFFCH～0BFFFH。

3#I/O 接口芯片：7FFCH～7FFFH。

2. 译码器译码

　　所谓译码器译码，是指 CPU 的"低位地址线"用作 I/O 接口芯片的片内译码，"高位地址线"通过译码器芯片进行译码形成 I/O 接口芯片的片选。常用的译码器芯片有 74LS139、74LS138、74LS154 等。

　　74LS138 为一种常用的 3-8 地址译码器芯片，其引脚如图 7-4 所示。其中，G_1、$\overline{G2A}$、$\overline{G2B}$ 为 3 个控制端，只有当 G_1 为"1"且 $\overline{G2A}$、$\overline{G2B}$ 均为"0"时，译码器才能进行译码输出，否则译码器的 8 个输出端全为高阻状态，其译码逻辑关系如表 7-1 所示。

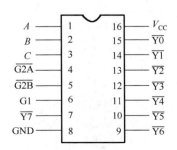

图 7-4　74LS138 译码器芯片引脚图

表 7-1　74LS138 的译码逻辑

$\overline{G2A}$	$\overline{G2B}$	G1	C	B	A	$\overline{Y7}$	$\overline{Y6}$	$\overline{Y5}$	$\overline{Y4}$	$\overline{Y3}$	$\overline{Y2}$	$\overline{Y1}$	$\overline{Y0}$
0	0	1	0	0	0	1	1	1	1	1	1	1	0
0	0	1	0	0	1	1	1	1	1	1	1	0	1
0	0	1	0	1	0	1	1	1	1	1	0	1	1
0	0	1	0	1	1	1	1	1	1	0	1	1	1
0	0	1	1	0	0	1	1	1	0	1	1	1	1
0	0	1	1	0	1	1	1	0	1	1	1	1	1
0	0	1	1	1	0	1	0	1	1	1	1	1	1
0	0	1	1	1	1	0	1	1	1	1	1	1	1
有一个无效			*	*	*	1	1	1	1	1	1	1	1

具体使用时，G_1、$\overline{G2A}$、$\overline{G2B}$ 既可接+5V 电源或接地，也可接系统剩余的高位地址线。

假定某一单片机系统采用 3 片容量为 8KB 的存储器芯片扩展成 24KB 的存储器系统，8KB 存储器芯片要用 13 条地址线 A12～A0 来进行片内译码，高位地址线 A15、A14、A13 作为译码器的输入，译码器的输出接各存储器芯片的片选，24KB 存储器扩展地址线连接示意图如图 7-5 所示。

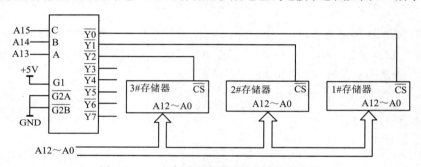

图 7-5　24KB 存储器扩展地址线连接示意图

根据硬件电路的连接来确定存储器芯片的地址范围，其地址译码关系图如图 7-6 所示。

剩余的高位地址线			低位地址线														
A15	A14	A13	A12	A11	A10	A9	A8	A7	A6	A5	A4	A3	A2	A1	A0	
0	0	0	0	0	0	0	0	0	0	0	0	0	0	0	0	
								……								1#
0	0	0	1	1	1	1	1	1	1	1	1	1	1	1	1	
0	0	1	0	0	0	0	0	0	0	0	0	0	0	0	0	
								……								2#
0	0	1	1	1	1	1	1	1	1	1	1	1	1	1	1	
0	1	0	0	0	0	0	0	0	0	0	0	0	0	0	0	
								……								3#
0	1	0	1	1	1	1	1	1	1	1	1	1	1	1	1	

图 7-6　地址译码关系图

这样就可以写出各存储器芯片的存储空间范围。

1#存储器芯片：0000H～1FFFH；2#存储器芯片：2000H～3FFFH；3#存储器芯片：4000H～5FFFH。

通过上面的分析可以看出，该系统扩展 3 片 8KB 的存储器芯片，用到 74LS138 的 3 个译码输出，还剩余 5 个译码输出没有使用，如果都用到可以扩展 8 片，因此最大可扩展的容量为 64KB 空间，并且扩展的芯片间的地址空间是连续的。但采用译码器译码方式时，增加了一个译码器，使得硬件连接更复杂了。

强调：现在一般的单片机应用系统扩展中不需要扩展存储器，大部分的扩展都是 I/O 口扩展，所以系统大部分采用线译码即可。

7.2 可编程的 I/O 接口芯片 8255A 的 C51 编程

8255A 是一种通用的可编程并行 I/O 接口（PPI，Programmable Peripherial Interface）芯片，它是为 Intel 系列微处理器设计的配套电路，也可用于其他微处理器系统中。通过对它进行编程，芯片可以工作于不同的工作方式。在微型计算机系统中，用 8255A 做接口时，通常不需要附加外部逻辑电路就可以直接为 CPU 与外设提供数据通道，因此它得到了极为广泛的应用。

▶▶ 7.2.1 8255A 简介

1．8255A 的内部结构

8255A 的内部结构如图 7-7 所示。

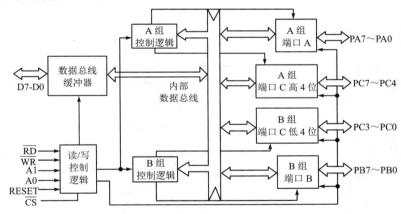

图 7-7 8255A 的内部结构

它由以下几部分组成。

① 数据端口 A、B、C。它有 3 个输入/输出端口：端口 A、端口 B 和端口 C。每个端口都是 8 位的，都可以作为输入或输出，但其功能有不同的特点。

● 端口 A：一个 8 位数据输出锁存和缓冲器，一个 8 位数据输入锁存器。

● 端口 B：一个 8 位数据输入/输出锁存/缓冲器，一个 8 位数据输入缓冲器。

● 端口 C：一个 8 位数据输出锁存/缓冲器，一个 8 位数据输入缓冲器。

通常，端口 A 或端口 B 作为输入/输出的数据端口，而端口 C 作为控制或状态信息的端口，它在"方式"字的控制下，可以分成两个 4 位的端口，每个端口包含一个 4 位锁存器，它们分别与端口 A 和 B 配合使用，可作为控制信号或状态信号输入。

② A 组和 B 组控制逻辑电路。这是两组根据 CPU 的命令字控制 8255A 工作方式的电路。它们有控制寄存器，接收 CPU 输出的命令字，然后分别决定两组的工作方式，也可以根据 CPU 的命令字对端口 C 的每一位实现按位"复位"或"置位"。

A 组控制逻辑电路控制端口 A 和端口 C 的高 4 位，B 组控制逻辑电路控制端口 B 和端口 C 的低 4 位。

③ 数据总线缓冲器。这是一个三态双向 8 位缓冲器，它是 8255A 与系统数据总线的接口。输入/输出数据、输出指令及 CPU 发出的控制字和外设的状态信息，也都是通过这个缓冲器传送的，通常与 CPU 的双向数据总线相接。

④ 读/写控制逻辑电路。它与 CPU 地址总线中的 A0、A1 以及有关的控制信号（$\overline{RD}$、$\overline{WR}$、RESET 和 $\overline{CS}$ ）相连，由它控制把 CPU 的控制命令或输出数据送至相应的端口，也由它控制把外设的状态信息或输入数据通过相应的端口送至 CPU。

⑤ 端口地址。8255A 有 3 个输入/输出端口，内部有一个控制寄存器，共 4 个端口，由 A1 和 A0 加以选择。A1、A0、$\overline{RD}$ 、$\overline{WR}$ 和 CS 组合所实现的 8255A 端口选择及各种功能如表 7-2 所示。

表 7-2   8255A 端口选择及功能表

$\overline{CS}$	A1	A0	$\overline{RD}$	$\overline{WR}$	D7～D0 数据传送方向
0	0	0	0	1	端口 A→数据总线
0	0	0	1	0	端口 A←数据总线
0	0	1	0	1	端口 B→数据总线
0	0	1	1	0	端口 B←数据总线
0	1	0	0	1	端口 C→数据总线
0	1	0	1	0	端口 C←数据总线
0	1	1	1	0	数据总线→8255A 控制寄存器
0	×	×	1	1	数据总线为三态
1	×	×	×	×	数据总线为三态
0	1	1	0	1	无效

从表 7-2 可以看出，8255A 有 4 个地址，A、B、C 口和控制寄存器各占 1 个地址，由 A1A0 来寻址，A1A0 为 00、01、10 和 11 时分别对应 A、B、C 和控制寄存器。

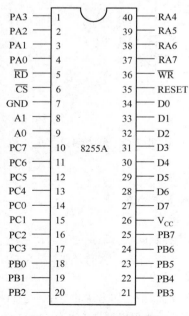

图 7-8   8255A 的外部引脚

2．8255A 的外部引脚

8255A 采用 40 脚双列直插式封装，外部引脚如图 7-8 所示。外部引脚说明如下。

① RESET：复位输入信号，当 CPU 向 8255A 的 RESET 端发一高电平后，8255A 将复位到初始状态。

② D7～D0：数据总线，双向、三态，是 8255A 与 CPU 之间交换数据、控制字/状态字的总线，通常与系统的数据总线相连。

③ $\overline{CS}$ ：片选信号，当 $\overline{CS}$ 为低电平时，该 8255A 被选中。

④ $\overline{RD}$ ：读允许。

⑤ $\overline{WR}$ ：写允许。

⑥ A1、A0：端口选择信号。

⑦ PA7～PA0：A 端口的并行 I/O 数据线。

⑧ PB7～PB0：B 端口的并行 I/O 数据线。

⑨ PC7～PC0：C 端口的并行 I/O 数据线。当 8255A 工作于方式 0 时，PC7～PC0 为两组并行数据线；当 8255A 工作于方式 1 或 2 时，PC7～PC0 将分别供给 A、B 两组转接口的联络控制线，此时每根线将被赋予新的含义。

3．8255A 的控制字

8255A 有两类控制字。一类控制字用于定义各端口的工作方式，称为方式选择控制字；另一类控制字用于对 C 端口的任一位进行置位或复位操作，称为置位/复位控制字。对 8255A 进行编程时，这两种控制字都被写入控制字寄存器中，但方式选择控制字的 D7 位总为 1，而置位/复位控制字的 D7 位总是 0，8255A 正是利用这一位来区分这两个写入同一端口的不同控制字的，D7 位也称为这两个控制字的标志位。下面介绍这两个控制字的具体格式。

（1）方式选择控制字

8255A 具有 3 种基本的工作方式，分别为方式 0、方式 1 和方式 2。在对 8255A 进行初始化编程时，应向控制字寄存器中写入方式选择控制字，用来规定 8255A 各端口的工作方式。其中，端口 A 可工作于 3 种方式中的任一种；端口 B 只能工作于方式 0 和方式 1，而不能工作于方式 2；端口 C 常被分成两个 4 位的端口，除用作输入/输出端口外，还能用来配合 A 口和 B 口工作，为这两个端口的输入/输出操作提供联络信号。当系统复位时，8255A 的 RESET 输入端为高电平，使 8255A 复位，所有的数据端口都被置成输入方式；当复位信号撤除后，8255A 继续保持复位时预置的输入方式。如果希望它以这种方式工作，就不用另外再进行初始化了。方式选择控制字的格式如图 7-9 所示。

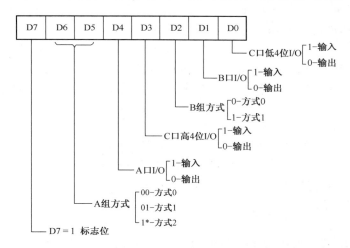

图 7-9　方式选择控制字的格式

图中，D7 位为标志位，它必须等于 1，用来与端口 C 置位/复位控制字进行区分；D6、D5 位用于选择 A 组（包括 A 口和 C 口的高 4 位）的工作方式；D2 位用于选择 B 组（包括 B 口和 C 口的低 4 位）的工作方式；其余 4 位分别用于选择 A 口、B 口、C 口高 4 位和低 4 位的输入/输出功能，置 1 时表示输入，置 0 时表示输出。

（2）端口 C 置位/复位控制字

端口 C 的各位常用作控制或应答信号，通过对 8255A 的控制口写入置位/复位控制字，可使端口 C 任意一个引脚的输出单独置 1 或清 0，或者为应答式数据传送发出中断请求信号。在基于控制的应用中，经常希望在某一位上产生一个 TTL 电平的控制信号，利用端口 C 的这个特点，只需要用简单的程序就能形成这样的信号，从而简化了程序。

置位/复位控制字的格式如图 7-10 所示。

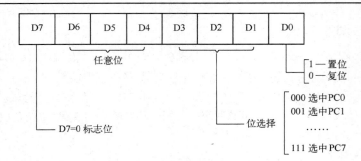

图 7-10   置位/复位控制字的格式

D7 位为置位/复位控制字标志位，它必须等于 0，用来与方式选择控制字进行区分；D3～D1 位用于选择对端口 C 中某一位进行操作；D0 位指出对选中位置 1 还是清 0。D0 = 1 时，使选中位置 1；D0 = 0 时，使选中位清 0。

4．8255A 的工作方式

8255A 具有 3 种工作方式，通过向 8255A 的控制字寄存器写入方式选择字，就可以规定各端口的工作方式。当 8255A 工作于方式 1 和方式 2 时，C 口可用作 A 口或 B 口的联络信号，用输入指令可以读出 C 口的状态。下面具体介绍这 3 种不同的工作方式。

（1）方式 0

方式 0 称为基本输入/输出（Basic Input/Output）方式，它适用于不需要应答信号的简单输入/输出场合。在这种方式下，A 口和 B 口可作为 8 位的端口，C 口的高 4 位和低 4 位可作为两个 4 位的端口。这 4 个端口中的任何一个既可作为输入也可作为输出，从而构成 16 种不同的输入/输出组态。在实际应用中，C 口的两半部分也可以合在一起，构成一个 8 位的端口。这样 8255A 可构成 3 个 8 位的 I/O 端口，或 2 个 8 位、2 个 4 位的 I/O 端口，以适应各种不同的应用场合。

CPU 与这些端口交换数据时，可以直接用输入指令从指定端口读出数据，或用输出指令将数据写入指定的端口，不需要任何其他应答的联络信号。对于方式 0，还规定输出信号可以被锁存，输入不锁存，使用时要加以注意。

（2）方式 1

方式 1 也称为选通输入/输出（Strobe Input/Output）方式。在这种方式下，A 口和 B 口作为数据口，均可工作于输入或输出方式，而且这两个 8 位数据口的输入、输出数据都能锁存，但它们必须在联络（handshaking）信号控制下才能完成 I/O 操作。对于端口 C 来说，如果 A 和 B 口都为方式 1，则要用 6 根线来产生或接收这些联络信号；如果只有一个口为方式 1，则要用 3 根线来产生或接收这些联络信号。这些信号和端口之间有着固定的关系，这种关系不是程序可以改变的，除非改变工作方式。

在这种方式下，A 口和 B 口都作为输出口，端口 C 的 PC3、PC6 和 PC7 作为 A 口的联络控制信号，PC0、PC1 和 PC2 作为 B 口的联络控制信号，端口 C 余下的两位 PC4 和 PC5 可作为输入或输出。

8255A 工作于方式 1 时，还允许对 A 口和 B 口分别进行定义，一个端口作为输入，另一个端口作为输出。

在选通输入/输出方式下，端口 C 的低 4 位总是作为控制使用，而高 4 位总有两位仍用于输入或输出。

对于选通方式 1，还允许将 A 口或 B 口中的一个端口定义为方式 0，另一个端口定义为方式 1，这种组态所需控制信号较少，情况也比较简单，可自行分析。

（3）方式 2

方式 2 称为双向总线（Bidirectional Bus）方式。只有端口 A 可以工作在这种方式。在这种方式下，CPU 与外设交换数据时，可在单一的 8 位数据线 PA7～PA0 上进行，既可以通过 A 口把数据传送到外设，又可以从 A 口接收从外设送过来的数据，而且输入和输出数据均能锁存，但输入和输出过程不能同时进行。在主机和软盘驱动器交换数据时就采用这种方式。

（4）方式 2 和其他方式的组合

当 8255A 的端口 A 工作于方式 2 时，端口 B 可以工作于方式 1，也可以工作于方式 0，而且端口 B 可以作为输入口，也可以作为输出口。如果 B 口工作于方式 0，不需要联络信号，C 口余下的 3 位 PC2～PC0 仍可作为输入或输出用；如果 B 口工作于方式 1，PC2～PC0 作为 B 口的联络信号，这时 C 口的 8 位数据都配合 A 口或 B 口工作。

强调：对于可编程接口芯片，需要掌握其初始化编程和控制字的使用。

▶▶ 7.2.2　利用 8255A 扩展并行的输入/输出口示例

【例 7-1】　在某一单片机应用系统中，通过 8255A 扩展了 3 个并行的 I/O 口，电路如图 7-11 所示。试编程将 PA 口输入的数据通过 PB、PC 输出。

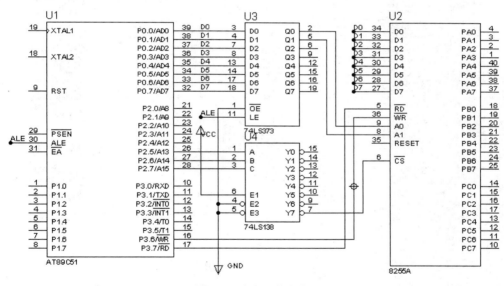

图 7-11　例 7-1 的电路图

说明：通过分析可以确定 8255A 的 PA 口为输入口，PB 和 PC 口为输出口。从图中可以看出，8255A 的 A、B、C 及控制寄存器的端口地址分别为 0FFFCH、0FFFDH、0FFFEH、0FFFFH。

编程时先要确定方式选择控制字。由于 A 口工作于方式 0 输入，B 口和 C 口工作于方式 0 输出，这样写入控制寄存器 0FFFFH 的控制字就为 10010000B。

C51 程序如下：

```c
#include<reg51.h>
#include<absacc.h>
#define  PA  XBYTE[0xfffc]
#define  PB  XBYTE[0xfffd]
#define  PC  XBYTE[0xfffe]
```

```
#define  PK  XBYTE[0xffff]
void  main( )
{   PK=0x90;
    while(1)
    {   PB=PA;
        PC=PA;
    }
}
```

▶▶ 7.2.3 利用 Intel 8255A 作为 8 段 LED 静态显示输出口的示例

【例 7-2】 电路如图 7-12 所示，通过 Intel 8255A 的 PA、PB、PC0 口作为三位共阴极数码管静态显示的输出口。

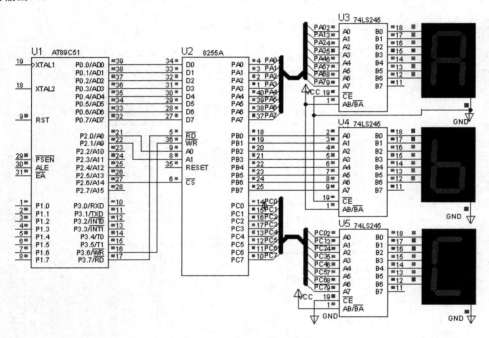

图 7-12 例 7-2 的电路图

说明：由图 7-12 可见，Intel 8255A 的 PA 口、PB 口、PC 口及控制口的口地址分别为：0BCFFH、0BDFFH、0BEFFH、0BFFFH。

静态轮流显示 "123" 和 "ABC" 的 C51 程序如下：

```
#include<absacc.h>
#include<reg51.h>
#define  uchar  unsigned  char
#define  COM8255  XBYTE[0xbfff]
#define  PA8255  XBYTE[0xbcff]
#define  PB8255  XBYTE[0xbdff]
#define  PC8255  XBYTE[0xbeff]
uchar  data dis_buf[3];                      //显示缓冲区
uchar  code  table[18]={0x06,0x5b,0x4f,0x77,0x7c,0x39};
```

```
                                                    //显示的代码表 1、2、3、A、B、C
void  dl(uint  x )                                  //延时 xms
{   unsigned  int  t1, t2;
    for(t1=0; t1<x; t1++)
    for(t2=0; t2<120; t2++) ;
}
void  display(void)                                 //显示函数
{   PA8255=table[dis_buf[0]];
    PB8255=table[dis_buf[1]];
    PC8255=table[dis_buf[2]];
}
void  main(void)
{   COM8255=0x80;                                   //8255A 初始化
    while(1)
    {   dis_buf[0]=0;dis_buf[1]=1;dis_buf[2]=2;     //显示 123
        display( );  dl(500 );
        dis_buf[0]=3;dis_buf[1]=4;dis_buf[2]=5;     //显示 ABC
        display( );  dl(500 );
    }
}
```

　　上面的主函数是完成在 3 个显示器上显示 123 和 ABC 的工作，要改变显示内容，就需要改变显示缓冲区的内容，然后调用显示函数 display( )即可。

▶▶ 7.2.4　利用 Intel 8255A 作为 8 段 LED 动态显示输出口的示例

　　【例 7-3】　电路如图 7-13 所示，通过 Intel 8255A 的 PA 口、PC 口作为 6 位共阴极数码管动态显示的输出口。从图中可看出 Intel 8255A 的 PA、PB、PC 及控制口的地址分别为：0BCFFH、0BDFFH、0BEFFH、0BFFFH。Intel 8255A 的 PA 口为显示器的段口，PC 口为显示器的位口。

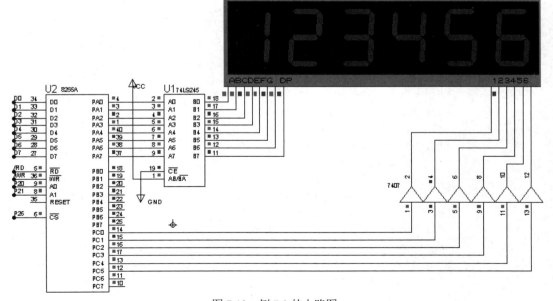

图 7-13　例 7-3 的电路图

说明：6 位待显示字符从左到右依次存放在 dis_buf 数组中。程序中的 table 为段选码表，表中段选码存放的次序为 0～F 等。以下为循环动态显示 6 位字符的程序，8255 的命令字为 80H。

6 位数码管动态轮流显示"123456"和"ABCDEF"的 C51 程序如下。

（1）随机调用

```c
#include<absacc.h>
#include<reg51.h>
#define  uchar  unsigned  char
#define  COM8255  XBYTE[0xbfff]
#define  PA8255  XBYTE[0xbcff]
#define  PB8255  XBYTE[0xbdff]
#define  PC8255  XBYTE[0xbeff]
uchar  data  dis_buf[6];                    //显示缓冲区
uchar  code  table[18]={0x3f,0x06,0x5b,0x4f,0x66,0x6d,0x7d,0x07,
                        0x7f,0x6f,0x77,0x7c,0x39,0x5e,0x79,0x71 };
void  dl_1ms( );
void  display( )                            //显示函数
{   data uchar  segcode, bitcode, i;
    bitcode=0xfe;                           //位码初值
    for(i=0;i<6;i++)
    {   segcode=dis_buf[i];                 //查表
        PA8255=table[segcode];
        PC8255=bitcode;
        dl_1ms( );
        PC8255=0xff;
        bitcode=bitcode<<1;                 //位码调整
        bitcode=bitcode|0x01;
    }
}
void  main(void)
{   unsigned  int  i1;
    COM8255=0x80;                           //8255 初始化
    while(1)
    {   dis_buf[0]=1; dis_buf[1]=2;         //显示缓冲区赋值
        dis_buf[2]=3;  dis_buf[3]=4;
        dis_buf[4]=5;  dis_buf[5]=6;
        display( );                         //调用显示
        for(i1=0;i1<300;i1++)               //延时
        {   display( );
        }
        dis_buf[0]=10;   dis_buf[1]=11;     //显示缓冲区再赋值
        dis_buf[2]=12;   dis_buf[3]=13;
        dis_buf[4]=14;   dis_buf[5]=15;
        display( );                         //调用显示
        for(i1=0;i1<300;i1++)               //延时
        {   display( );
        }
```

```
    }
  }
  void  dl_1ms( )                                      //延时 1ms
  {   data unsigned int d;
      for(d=0;d<200;d++);
  }
```

（2）定时调用

```
  void  main(void)                                    //定时调用
  {   unsigned  int  i1;
      COM8255=0x80;
      TMOD=0x01;  TH0=(65536-30000)/256;  TL0=(65536-30000)%256;
      EA=1;      ET0=1;  TR0=1;
      while(1)
      {   dis_buf[0]=16;   dis_buf[1]=9;
          dis_buf[2]=0;    dis_buf[3]=0;
          dis_buf[4]=13;   dis_buf[5]=16;
          for(i1=0;i1<500;i1++)
          {   dl_1ms( );
          }
          dis_buf[0]=10;   dis_buf[1]=11;
          dis_buf[2]=12;   dis_buf[3]=13;
          dis_buf[4]=14;    dis_buf[5]=15;
          for(i1=0;i1<500;i1++)
          {   dl_1ms( );
          }
      }
  }
  void  time0_int( )  interrupt  1
  {   TH0=(65536-30000)/256;
      TL0=(65536-30000)%256;
      display( );
  }
```

修改：设计一时钟程序，显示时、分、秒。

 # 7.3　D/A 与 A/D 转换器的 C51 编程

在计算机测控系统中，D/A 转换器是计算机与测控对象之间传输信息时必不可少的桥梁，担负着把数字量转换成模拟量的任务。

▶▶ 7.3.1　D/A 转换器基础

1．D/A 转换器工作原理

D/A 转换是一种将数字信号转换成连续模拟信号的操作，它为单片机系统的数字信号和模拟环境之间提供了一种接口。D/A 转换器的工作原理框图如图 7-14 所示。由图可以看出，D/A 转换器的输入有两种：数字输入信号（二进制或 BCD 码）和基准电压 V_{ref}。D/A 转换器的输出是模拟信号，可以是电流，也可以是电压。

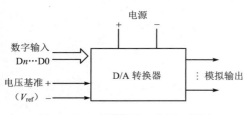

电源

数字输入
Dn···D0

电压基准 +
（V_{ref}）　−

D/A 转换器　　：模拟输出

图 7-14　D/A 转换器工作原理框图

D/A 转换的基本原理是利用电阻网络，将 N 位二进制数逐位转换成模拟量并求和，从而实现将数字量转化为模拟量的过程，即转换时先将数字量各位数码按其权的大小转换为相应的模拟分量，然后再以叠加的方式把各模拟分量相加，其和就是 D/A 转换的结果。

在应用过程中，是将 D/A 转换器设计成单片机的一个输出口，将要转换的数字量送到该输出口上就可以了。

2．D/A 转换器的主要指标

D/A 转换器的指标很多，但在应用过程中最关心是分辨率、建立时间和转换精度。

（1）分辨率

分辨率是 D/A 转换器对输入量变化敏感程度的描述，D/A 转换器的分辨率为：当输入数字量发生单位码变化时，即产生 1LSB 位变化时所对应输出模拟量的变化量，也就是对模拟输出的最小分辨能力。对于线性 D/A 转换器，分辨率 Δ 与 D/A 转换器的位数 n 的关系如下：

$$\Delta = \frac{模拟量输出的满量程值}{2^n}$$

通常，分辨率用输入数字量的位数来表示。如 8 位 D/A 转换器，其分辨率为 8 位，对于 12 位 D/A 转换器，其分辨率为 12 位。

若满量程为 10V，根据分辨率的定义，如果是 8 位 D/A 转换，则分辨率为 $10V/2^8 = 39.1mV$，即二进制数最低位的变化可引起输出的模拟电压变化为 39.1mV，该值占满量程的 0.391%，常用符号 1LSB 表示。

同理，有：

10 位 D/A 转换器　　1LSB = 9.77mV = 0.1%满量程

12 位 D/A 转换器　　1LSB = 2.44mV = 0.024%满量程

14 位 D/A 转换器　　1LSB = 0.61mV = 0.006%满量程

16 位 D/A 转换器　　1LSB = 0.076mV = 0.00076%满量程

使用时应根据系统对 D/A 转换器分辨率的需要来选定 D/A 转换器的位数。

（2）建立时间

建立时间是描述 D/A 转换速率快慢的一个重要参数。一般所指的建立时间是输入数字量变化后，模拟输出量达到终值误差 $\pm\frac{1}{2}$LSB 时所需的时间。根据建立时间的长短，可将 D/A 转换器分成以下几挡——超高速：小于 100ns；较高速：100ns～1μs；高速：1～10μs；中速：10～100μs；低速：大于 100μs。

（3）转换精度

理想情况下，精度和分辨率基本一致，位数越多精度越高。但电源电压、参考电压、电阻等各种因素存在着误差，因此严格来讲精度与分辨率并不完全一致。如果位数相同，分辨率则相同，但相同位数的不同转换器精度会有所不同。例如某种型号的 8 位 D/A 转换器精度为±0.19%，而另一种型号为 8 位的 D/A 转换器精度可以为±0.05%。

▶▶ 7.3.2 8 位并行 D/A 转换器 DAC0832

DAC0832 是目前国内用得比较普遍的 A/D 转换器。

1. DAC0832 主要特性

DAC0832 是采用 CMOS 工艺制成的双列直插式单片 8 位 D/A 转换器。它可直接与多种 CPU 连接，以电流形式输出，当转换为电压输出时，可外接运算放大器。其主要特性有：

- 输出电流线性度可在满量程下调节；
- 转换时间为 1μs；
- 数据输入可采用双缓冲、单缓冲或直通形式；
- 增益温度补偿为 0.02%FS/℃；
- 每次输入数字量为 8 位二进制数；
- 功耗为 20mW；
- 逻辑电平输入与 TTL 兼容；
- 供电电源为单一电源，可在 5～15V。

2. DAC0832 的结构

DAC0832D/A 转换器内部结构如图 7-15 所示。它由一个数据寄存器、DAC 寄存器和 D/A 转换器三部分组成。图 7-16 所示为 DAC0832 外部引脚图。

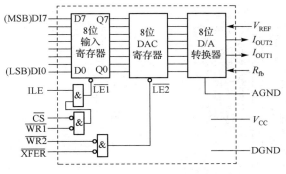

图 7-15 DAC0832D/A 转换器内部结构图

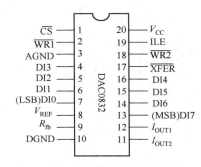

图 7-16 DAC0832 外部引脚图

在 DAC0832 内部有一个 8 位输入寄存器和一个 8 位 DAC 寄存器，它们可以分别选通。这样，就可以把从 CPU 送来的数据先传入输入寄存器，在需要进行 D/A 转换时，再选通 DAC 寄存器，实现 D/A 转换，这种工作方式称为双缓冲工作方式。

各引脚的功能如下：

- V_{REF} 参考电压输入端，根据需要接一定大小的电压，由于它是转换的基准，要求数值准确，稳定性好，常用稳压电路产生，或用专门的参考电压源提供。
- V_{CC} 工作电压输入端。
- AGND 为模拟地，DGND 为数字地。在模拟电路中，所有的模拟地要连在一起，数字地也连在一起，然后将模拟地和数字地连到一个公共接点，以提高系统的抗干扰能力。
- DI7～DI0 数据输入。可直接连到数据总线，也可以经 8255A 等进行 I/O 接口与数据总线相连。
- I_{OUT1} 和 I_{OUT2} 互补的电流输出端。为了输出模拟电压，输出端需加 I/V 转换电路。

- R_{fb}　片内反馈电阻引脚。与运放配合构成 I/V 转换器。
- ILE　输入锁存使能信号输入端，高电平有效。
- $\overline{CS}$　片选信号端。
- $\overline{WR1}$、$\overline{WR2}$　两个写信号端，均为低电平有效。
- $\overline{XFER}$　传输控制信号输入端，低电平有效。

当 ILE 为高电平，$\overline{CS}$ 和 $\overline{WR1}$ 同时为低电平时，片内输入寄存器的锁存使能端 $\overline{LE}$ 为 1，这时 8 位数字量可以通过 DI 引脚输入寄存器；当 $\overline{CS}$ 或 $\overline{WR1}$ 由低变高时，$\overline{LE}$ 变为低电平，数据被锁存在输入寄存器的输出端。

对于 DAC 寄存器来说，当 $\overline{XFER}$ 和 $\overline{WR2}$ 同时为低电平时，DAC 寄存器的锁存使能端 $\overline{LE}$ 为高电平，DAC 寄存器中的内容与输入寄存器的输出数据一致；当 $\overline{WR2}$ 或 $\overline{XFER}$ 由低变高时，$\overline{LE}$ 变成低电平，输入寄存器送来的数据被锁存在 DAC 寄存器的输出端，即可加到 D/A 转换器去进行转换。

3. DAC0832 单缓冲和双缓冲输出

由于 DAC0832 内部有输入寄存器和 DAC 寄存器，所以不需要外加其他电路便可以与单片机的数据线直接相连。根据 DAC0832 的 5 个控制信号的不同连接方式，可以有两种典型电路——单缓冲工作电路和双缓冲工作电路。

【例 7-4】　DAC0832 单缓冲工作方式示例。

电路如图 7-17 所示，P1 口接拨动开关作为输入值，将该值通过 DAC0832 转换输出，由电压表测量 DAC0832 输出的电压值。

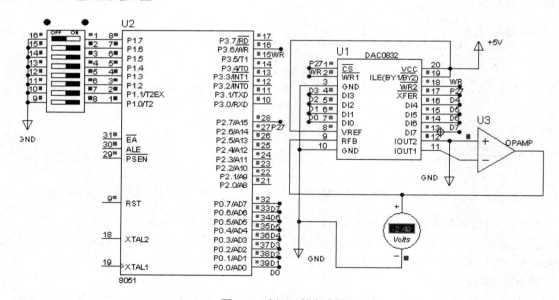

图 7-17　例 7-4 的电路图

说明：P1 口为输入口，其输入值作为 DAC0932 要转换的数字量。

C51 程序如下：

```c
#include<absacc.h>
#include<reg51.h>
#define uchar  unsigned  char
```

```
#define  DAC0832  XBYTE[0x7fff]          //DAC032 的端口地址为 7FFFH
void  main( )
{   P1=0xff;                              //P1 口为输入口
    while(1)
    {   DAC0832=P1;                       //P1 口的内容作为 DA 转换器的输入
    }
}
```

【例 7-5】 DAC0832 双缓冲器工作方式示例。

DAC0832 可工作于双缓冲器方式，输入寄存器的锁存信号和 DAC 寄存器的锁存信号分开控制，这种方式适用于几个模拟量需同时输出的系统，每个模拟量输出需一个 DAC0832，从而构成多个 DAC0832 同时输出的系统。图 7-18 所示为两路模拟量同步输出的 DAC0832 系统的电路原理图。

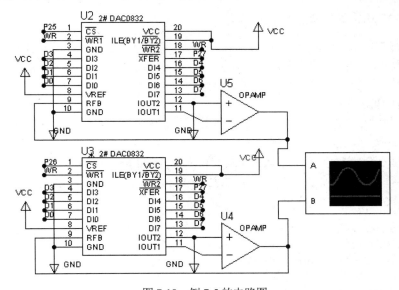

图 7-18　例 7-5 的电路图

说明：在图 7-18 中，1#DAC0832 输入寄存器地址为 0DFFFH，2#DAC0832 输入寄存器地址为 0BFFFH，1#和 2#DAC0832DAC 寄存器地址为 7FFFH。如果后面接示波器，51 单片机执行以下程序，从示波器上可以观察到两个周期完全相同的波形。

C51 程序如下：

```
#include<absacc.h>
#include<reg51.h>
#define  INPUTR1  XBYTE[0xdfff]
#define  INPUTR2  XBYTE[0xbfff]
#define  DACR  XBYTE[0x7fff]
#define  uchar  unsigned  char
void  delay()
{   unsigned int i;
    for(i=0;i<2500;i++);
}
```

```
void main( )
{   while(1)
    {    INPUTR1=0x80;                    //第一个值送入 1#DAC0832
         INPUTR2=0xff;                    //第二个值送入 2#DAC0832
         DACR=0;                          //两值同时输出
         delay( );
         INPUTR1=0x0;
         INPUTR2=0x0;
         DACR=0;
         delay();
    }
}
```

4．DAC0832 输出各种波形的 C51 编程

利用 DAC 接口输出的模拟量（电压或电流）可以在许多场合得到应用。在 51 单片机的控制下，产生三角波、锯齿波、矩形波及正弦波，各种波形所采用的硬件电路是一样的，由于控制程序不同而产生不同的波形。

【例 7-6】 阶梯波。

设定一个 8 位的变量，该变量从 0 开始循环增量，每增量一次向 DAC0832 写入一个数据，得到一个输出电压，这样可以得到一个阶梯波。

DAC0832 的分辨率是 8 位，如其满刻度是 5V，则一个阶梯波的幅度为：

$$\triangle V=5V/256=19.5mV$$

C51 程序如下：

```
#include<absacc.h>
#include<reg51.h>
#define uchar unsigned char
#define DAC0832 XBYTE[0x7fff]
void main( )
{   uchar i=0;
    while(1)
    {    for(i=0;i<256;i++)
         {    DAC0832=i;          //从 0 开始到 0FFH
         }
    }
}
```

如要获得任意起始电压和终止电压的波形，则需要先确定起始电压和终止电压对应的数字量。程序从首先从起始电压对应的数字量开始输出，当达到终止电压对应的数字量时返回，如此反复。

【例 7-7】 三角波。

将正向阶梯波和反向阶梯波组合起来就可以获得三角波。C51 程序如下：

```
#include<absacc.h>
#include<reg51.h>
#define uchar unsigned char
#define DAC0832 XBYTE[0x7fff]          //DAC0832 口地址 7FFFH
void main( )
```

```
{   uchar i=0;
    while(1)
    {   for(i=0; i<0xff; i++)
        {   DAC0832=i;   }                    //上升阶段
        for(i=0xff; i>0; i--)
        {   DAC0832=i;   }                    //下降阶段
    }
}
```

【例 7-8】　矩形波。

方波信号也是波形发生器中常用的一种信号，下面的程序可以从 DAC0832 的输出得到矩形波，当延时函数 delay1( )和 delay2( )的延时时间相同时即为方波，改变延时时间可得到不同占空比的矩形波。上限电压和下限电压对应的数字量可以通过计算得到。

C51 程序如下：

```
#include<absacc.h>
#include<reg51.h>
#define  uchar  unsigned  char
#define  DAC0832  XBYTE[0x7fff]
void  delay1( )
{   uchar j;
    for(j=0;j<250;j++);
}
void  delay2( )
{   uchar j;
    for(j=0;j<250;j++);
}
void  main( )
{   uchar i=0;
    while(1)
    {   DAC0832=0xff;   delay1( );
        DAC0832=0;      delay2( );
    }
}
```

【例 7-9】　正弦波。

利用 DAC0832 接口实现正弦波输出时，先要对正弦波形模拟电压矩形离散化。对于一个正弦波形取 N 个等分离散点，按定义计算出对应 1，2，3，…，N 个离散点的数据值 D1，D2，D3，…，DN，制成一个正弦波表。

因为正弦波在半周期内是以极值点位中心对称，而且正弦波形为互补关系，故在制作正弦表时只需要 1/4 周期，即取 0～π/2 的数值，步骤如下：

① 计算 0～π/2 区间 N/4 个离散的正弦值；

② 根据对称关系复制π/2～π区间的值；

③ 将 0～π区间的各点根据求补即可得到π～2π区间各值。

将得到的这些数据根据所用的 DAC0832 的位数进行量化，得到相应的数字量，依次存入 RAM 或固化于 EPROM 中，从而得到一个全周期的正弦编码表。

程序如下：

```
#include<absacc.h>
#include<reg51.h>
#define uchar unsigned char
#define DAC0832 XBYTE[0x7fff]
code uchar sintab[]={0x7f,0x89,0x94,0x9f,0xaa,0xb4,0xbe,0xc8,0xd1,0xd9,
                    0xe0,0xe7,0xed,0xf2,0xf7,0xfa,0xfc,0xfe,0xff};
void delay()
{   uchar j;
    for(j=0;j<250;j++);        }
void main()
{   uchar data i=0,k;
    while(1)
    {   for(i=0;i<18;i++)
        {   DAC0832=sintab[i];            //第 1 个 1/4 周期
        }
        for(i=18;i>0;i--)
        {   DAC0832=sintab[i];            //第 2 个 1/4 周期
        }
        for(i=0;i<18;i++)
        {   DAC0832=~sintab[i];           //第 3 个 1/4 周期
        }
        for(i=18;i>0;i--)
        {   DAC0832=~sintab[i];           //第 4 个 1/4 周期
        }
    }
}
```

采用程序用软件控制 DAC 可以做成任意波形发生器。离散时取的采样点越多，数值量化的位数越多，则用 DAC 实现的波形精度越高。当然，此时会在实现速度和内存方面付出代价。在程序控制下的波形发生器可以对波形的赋值标度和时间轴标度进行扩展或压缩，因而应用十分方便。

▶▶ 7.3.3 A/D 转换器基础

1. A/D 转换原理

A/D 转换是一种用来将连续的模拟信号转换成适合于数字处理的二进制数的操作，A/D 转换器的工作原理框图如图 7-19 所示。

由图中可以看出，A/D 转换器的输入有两种：模拟输入信号 V_{in} 和基准电压 V_{ref}；其输出是一组二进制数。可以认为，A/D 转换器是一个将模拟信号值编制成对应的二进制码的编码器。

在应用时，是将 A/D 转换器设计成单片机的一个输入口，读该口的数据就是模拟量转换成的数字量。

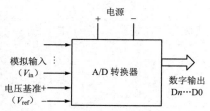

图 7-19   A/D 转换器工作原理框图

2．A/D 器件的主要性能指标

（1）分辨率

分辨率是指器件的最小量化单位，是对模拟输入的最小分辨能力，通常用数字量的位数来表示，如 8 位、10 位、12 位、16 位分辨率等。若分辨率为 12 位，表示它可以对满量程的 $1/2^{12} = 1/4096$ 的增量作出反应。分辨率越高，转换期间对输入量微小变化的反应越灵敏。

A/D 转换器位数的确定，应该从数据采集系统的静态精度和动态平滑性这两方面进行考虑。从静态精度方面来说，要考虑输入信号的原始误差传递到输出所产生的误差，它是模拟信号数字化时产生误差的主要部分。量化误差与 A/D 转换器位数有关，一般把 8 位以下的 A/D 转换器称为低分辨率 A/D 转换器，把 9～12 位的称为中分辨率 A/D 转换器，把 13 位以上的称为高分辨率 A/D 转换器。10 位以下的 A/D 转换器误差较大，11 位以上的 A/D 转换器并不能对减小误差有太大贡献，但对器件本身的要求却过高。因此，取 10 位或 11 位是合适的，加上符号位就是 11 位或 12 位。

对于测量或测控系统，模拟信号都是先经过测量装置，再经过 A/D 转换器转换后才进行处理的，也就是说，总的误差是由测量误差和量化误差共同构成的，因此 A/D 转换器的精度应当与测量装置的精度相匹配。一方面，要求量化误差在总误差中所占的比重要小，另一方面，必须根据目前测量装置的精度水平，选择合适的 A/D 转换器的位数。

（2）转换时间

A/D 器件完成一次 A/D 转换所需的时间即为转换时间，它反映了器件转换速度的快慢。一般情况下，逐次逼近式 A/D 器件的转换时间是微秒级的，而双斜率积分式 A/D 的转换时间是百毫秒级的，V/F 转换时间是根据精度要求来确定达到哪一级。转换时间的倒数就是转换速率，它是每秒钟完成的转换次数。

确定 A/D 转换器的转换速率时，应该考虑系统的采样速率。例如，对于一个转换时间为 100μs 的 A/D 转换器，它的转换速率为 10kHz。模拟信号一个周期的波形若需 10 个采样点，那么根据采样定理，这样的 A/D 转换器最高也只能处理频率为 1kHz 的模拟信号，因此，通过减小转换时间可提高处理信号的频率，但是，对于一般的 MCS-51 单片机而言，很难做到减小转换时间，因为要在采样时间内完成 A/D 转换以外的工作（如读数据、存储数据）相对比较困难。

另外，还有采样/保持器、A/D 转换器量程、偏置极性、满刻度误差、线性度等指标。

▶▶ 7.3.4　8 位并行 A/D 转换器 ADC0809

1．主要功能特点

● 分辨率为 8 位；
● 总的不可调误差为±（1/2）LSB～±1LSB；
● 典型转换时间为 100μs；
● 具有锁存控制的 8 路多路开关；
● 具有三态缓冲输出控制；
● 单一+5V 供电，此时输入范围为 0～5V；
● 输出与 TTL 兼容；
● 工作温度范围–40～+85℃。

2．结构与外部引脚

如图 7-20 所示，ADC0809 的结构包括两部分。

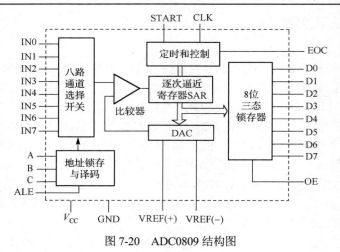

图 7-20　ADC0809 结构图

第一部分为 8 通道多路模拟选择开关以及相应的通道地址锁存与译码电路，可以实现 8 路模拟信号的分时采集，3 个地址信号 C、B 和 A 决定哪一路模拟信号被选中并送到内部 A/D 转换器中进行转换。C、B 和 A 为 000～111，分别选择 IN0～IN7。

第二部分为一逐次逼近式 D/A 转换器，它由比较器、定时与控制、三态输出锁存器、逐次逼近式寄存器和 D/A 转换器组成。

ADC0809 的外部引脚为：

- IN0～IN7：8 个模拟量输入端。
- START：启动 A/D 转换。当 START 为高电平时，A/D 开始转换。
- EOC：转换结束信号。当 A/D 转换结束时，由低电平转为高电平。
- OE：输出允许信号。
- CLK：工作时钟，最高允许值为 1.2MHz。当 CLK 为 640KHz 时，转换时间为 100μs。
- ALE：通道地址锁存允许。
- A、B、C：通道地址输入。
- D0～D7：数字量输出。
- VREF（+）、VREF（−）：参考电压，用来提供 D/A 转换器的基准参考电压。一般 VREF（+）接+5V 高精度参考电源，VREF（−）接模拟地。
- V_{CC}、GND：电源电压（+5V）。

3. ADC0809 的操作时序

ADC0809 的操作时序如图 7-21 所示。

从时序图中可以看出，地址锁存信号 ALE 在上升沿将三位通道地址锁存，相应通道的模拟量经多路模拟开关送到 A/D 转换器。启动信号 START 的上升沿复位内部电路，START 信号的下降沿启动 A/D 转换。此时转换结束信号 EOC 呈低电平状态，由于逐次逼近需要一定过程，所以在此期间模拟信号应维持不变，比较器一次次进行比较，直到转换结束。此时转换

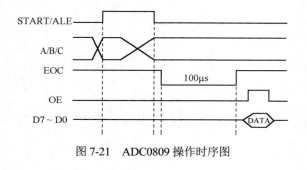

图 7-21　ADC0809 操作时序图

结束信号 EOC 变为高电平，若 CPU 发出输出允许信号 OE，则可读出数据。一次 A/D 转换的过程就结束了。ADC0809 具有较高的转换速度和精度，受温度影响小，且带有 8 路模拟开关，因此用在测控系统中是比较理想的器件。

4．ADC0809 的 C51 编程

【例 7-10】 1 路模拟输入 A/D 转换示例。

电路如图 7-22 所示。外部输入 IN0 接一个模拟电压，口地址为 78FFH。51 单片机在读取 ADC0809 的转换数据时可以采用无条件方式、查询方式、中断方式。采样的数据定性地通过发光二极管指示出来。当采用无条件方式时，硬件电路可以将 EOC 到 P33 的信号去掉。

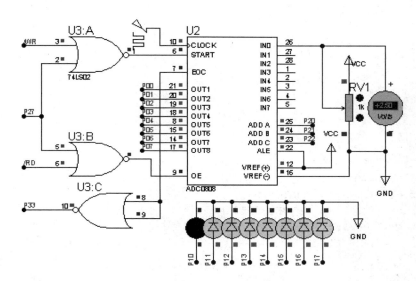

图 7-22　例 7-10 的电路图

C51 程序如下。

（1）无条件方式

```c
#include<absacc.h>
#include<reg51.h>
#define  uchar  unsigned  char
#define  ADC08090  XBYTE[0x78ff]
void  delay( )
{    uchar  j;
     for(j=0;j<250;j++);
}
void  main( )
{    while(1)
     {    ADC08090=0;                  //启动 A/D
          delay( );
          P1=ADC08090;                 //读取数据
     }
}
```

（2）查询方式

```
#include<absacc.h>
#include<reg51.h>
#define uchar unsigned char
#define ADC08090 XBYTE[0x78ff]
sbit P33=P3^3;
void main( )
{   while(1)
    {   ADC08090=0;                 //启动 A/D
        l1: P33=1;
        if(P33==0)
        {   P1=ADC08090;
        }                           //读取数据
        else  goto  l1;
    }
}
```

（3）中断方式

```
#include<absacc.h>
#include<reg51.h>
#define uchar unsigned char
#define ADC08090 XBYTE[0x78ff]
sbit  P33=P3^3;
void main( )
{   EA=1;
    EX1=1;
    IT1=1;
    ADC08090=0;                 //启动 A/D
    while(1);
}
void int0( ) interrupt  2
{   P1=ADC08090;                //读取数据
    ADC08090=0;                 //启动 A/D
}
```

【例 7-11】 8 路模拟输入 A/D 转换示例。

电路如图 7-22 所示。外部 8 路模拟输入分别接 IN0～IN7，口地址为 78FFH～7FFFH。51 单片机在读取 ADC0809 的转换数据时可以采用中断方式。采样的数据存放在数组中。

```
#include<reg51.h>
#define uchar unsigned char
xdata uchar  *ad;
uchar i=0;
uchar data adtab[8];
addv() interrupt  2
{   adtab[i]=*ad;               //读入转换数据
```

```
        ad=ad+0x100;                    //指向下一通道
        i++;
        *ad=0;                          //启动转换
    }
void main( )
{   EA=1;EX1=1;IT1=1;
        ad=0x7ff8;                      //置地址指针
        *ad=0;                          //启动转换
        while(i<8)                      //8 路未转换完，继续等待
        {}
        EA=0;
    }
```

7.4 液晶显示器的 C51 编程

. 液晶显示器（LCD）具有功耗低、体积小、质量轻、超薄和可编程驱动等其他显示方式无法比拟的优点，不仅可以显示数字、字符，还可以显示各种图形、曲线及汉字，并且可实现屏幕上下滚动、动画、闪烁、文本特征显示等功能；人机界面更加友好，操作也更加灵活方便，使其成为智能仪器仪表和测试设备的首选显示器件。本节将对单片机的 LCD 显示接口工作原理进行详细的介绍。

▶▶ 7.4.1 字符型 LCD1602 液晶显示模块的 C51 编程

1602 液晶是一种很常用的小型液晶显示模块，在单片机系统、嵌入式系统等的人机界面中得到了广泛的应用。其基本特性表现为：2 行×16 个字符；5×7 点阵字符；反射型带 EL 或者 LED 背光，其中 EL 为 100VAC400Hz，LED 为 4.2VDC。

1. 接口说明

图 7-23 是 1602 液晶的引脚示意图，表 7-3 是其引脚说明。

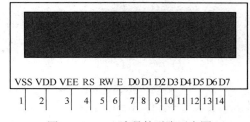

图 7-23　1602 液晶的引脚示意图

表 7-3　1602 的引脚说明

引脚编号	引脚名称	状态	功能
1	VSS	—	电源地
2	VDD	—	+5V 逻辑电源
3	VEE	—	液晶驱动电源
4	RS	输入	寄存器选择：1 为数据，0 为指令
5	RW	输入	读/写操作选择：1 为读，0 为写
6	E	输入	使能信号
7～14	DB0～DB7	三态	数据总线

2. 指令说明

1602 液晶支持一系列指令，包括清屏、归位、输入方式设置、显示开关控制、光标（画面）位移、

功能设置、CGRAM 地址设置、DDRAM 地址设置、读 BF 以及 AC 值、写数据（到 RAM）、读数据（从 RAM），指令说明如表 7-4 所示。

表 7-4　1602 的指令说明

名称	RS	RW	D7	D6	D5	D4	D3	D2	D1	D0
清屏	0	0	0	0	0	0	0	0	0	1
归位	0	0	0	0	0	0	0	0	1	X
输入方式设置	0	0	0	0	0	0	0	1	I/D	S
显示开关控制	0	0	0	0	0	0	1	D	C	B
光标（画面）位移	0	0	0	0	0	1	S/C	R/L	X	X
功能设置	0	0	0	0	1	DL	N	F	X	X
CGRAM 地址设置	0	0	0	1	A5	A4	A3	A2	A1	A0
DDRAM 地址设置	0	0	1	A6	A5	A4	A3	A2	A1	A0
读 BF 以及 AC 值	0	1	BF				AC			
写数据（到 RAM）	1	0	数据							
读数据（从 RAM）	1	1	数据							

（1）清屏

功能：清除屏幕，置 AC 与 DDRAM 的值为 0。

（2）归位

功能：置 AC 为 0，光标、画面回 HOME 位。

（3）输入方式设置

功能：设置光标、画面移动方式。其中，I/D=1：数据读、写操作后，AC 自动增 1；I/D=0：数据读、写操作后，AC 自动减 1；S=1：数据读、写操作，画面平移；S=0：数据读、写操作，画面不动。

（4）显示开关控制

功能：设置显示、光标及闪烁开、关。其中，D 表示显示开关：D=1 为开，D=0 为关；C 表示光标开关：C=1 为开，C=0 为关；B 表示闪烁开关：B=1 为开，B=0 为关。

（5）光标（画面）位移

功能：光标、画面移动，不影响 DDRAM。其中，S/C=1：画面平移一个字符位；S/C=0：光标平移一个字符位；R/L=1：右移；R/L=0：左移。

（6）功能设置

指令周期：fosc=250kHz 时，为 40μs。

功能：工作方式设置（初始化指令）。其中，DL=1：8 位数据接口；DL=0：4 位数据接口；N=1：两行显示；N=0：一行显示；F=1：5×10 点阵字符；F=0：5×7 点阵字符。

（7）CGRAM 地址设置

功能：设置 CGRAM 地址。其中 A5～A0=0x00～0x3F。

（8）DDRAM 地址设置

功能：设置 DDRAM 地址。其中，D7=0，表示一行显示，A6～A0=0～4FH；D7=1 表示两行显示，首行显示 A6～A0=00～2FH，次行显示 A6～A0=40～6FH。

（9）读 BF 以及 AC 值

功能：读忙 BF 值和地址计数器 AC 值。其中，BF=1：忙；BF=0：准备好。此时，AC 值为最近一次地址设置（CGRAM 或 DDRAM）定义。

（10）写数据（到 RAM）

功能：根据最近设置的地址性质，数据写入 DDRAM 或 CGRAM。

（11）读数据（从 RAM）

功能：根据最近设置的地址性质，从 DDRRAM 或 CGRAM 读出数据。

3. 51 单片机与 1602 液晶接口电路示例

【例 7-12】　电路如图 7-24 所示，利用 1602 设计了一个时钟。

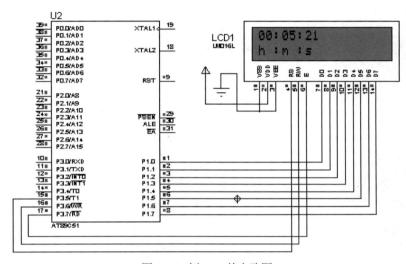

图 7-24　例 7-12 的电路图

C51 程序如下：

```
//S51+1602,晶振为12M
#include"reg51.h"
#include"intrins.h"
#include"absacc.h"
sbit  RS=P3^5;
sbit  RW=P3^6;
sbit  E=P3^7;
#define  busy  0x80
#define  uchar  unsigned  char
#define  uint   unsigned  int
uchar  code  table[]="h :m :s";
uchar  code  table1[]=":./-";
uchar  code  table2[]="0123456789ABCDEF";
uchar  num, miao, fen, shi;
void  delay_LCM(uchar  k)              //延时函数
{  uint  i, j;
   for(i=0;i<k;i++)
   {  for(j=0;j<60;j++);
   }
}
void  test_1602busy()                  //测忙函数
{  uchar  P1DATA;
```

```
    RW=1;                                //读
    RS=0;                                //命令
    loop:  P1=0xff;
    E=1;
    P1DATA=P1;
    E=0;
    if(P1DATA&busy)                      //检测 LCD DB7 是否为 1
    {  goto loop;
    }
}
void  writecom(uchar  co)                //写命令函数
{  test_1602busy();                      //检测 LCD 是否忙
    RS=0;
    RW=0;
    E=0;
    P1=co;
    E=1;                                 //LCD 的使能端高电平有效
    E=0;
}
void  writedata(uchar  Data)             //写数据函数
{  test_1602busy();
    RS=1;
    RW=0;
    E=0;
    P1=Data;
    E=1;
    E=0;
}
void  init()
{  writecom(0x38);                       //设置 16X2 显示,5X7 点阵,8 位数据接口
    writecom(0x0c);                      //设置开显示,不显示光标
    writecom(0x06);                      //写一个字符后地址指针加 1
    writecom(0x01);                      //显示清 0,数据指针清 0
}
/*
void init(void)                          //初始化函数
{  writecom(0x38);                       //LCD 功能设定,DL=1(8 位),N=1(2 行显示)
    delay_LCM(5);
   writecom(0x01);                       //清除 LCD 的屏幕
    delay_LCM(5);
    writecom(0x06);                      //LCD 模式设定,I/D=1(计数地址加 1)
    delay_LCM(5);
    writecom(0x0F);                      //显示屏幕
    delay_LCM(5);
}
*/
void  dsp(uchar  X, uchar  Y )
{  writecom(X);
    writedata(Y);
```

```
}
void  t050ms(void)  interrupt  1
{  TH0=-50000/256;
   TL0=-50000%256;
   num=num+1;
   while(num==16)
   {  num=0;
      miao=miao+1;
   }
}
void  delay(uint  i)                    //延时程序
{  uint  j;
   for (j=0;j<i;  j++);
}
void  main()                            //主函数
{  miao=0;
   fen=0;
   shi=0;
   init();
   TMOD=0x01;
   TH0=-50000/256;
   TL0=-50000%256;
   EA=1;ET0=1;
   TR0=1;
   writecom(0x80+0x40)                  //第1行
   for(num=0;num<8;num++)
   {   writedata(table[num]);
   }
   num=0;
   dsp(0x80+0x02,table1[0]);
   dsp(0x80+0x05,table1[0]);
   while(1)
   {  dsp(0x80+0x06,table2[miao/10]);
      dsp(0x80+0x07,table2[miao%10]);
      dsp(0x80+0x03,table2[fen/10]);
      dsp(0x80+0x04,table2[fen%10]);
      dsp(0x80+0x00,table2[shi/10]);
      dsp(0x80+0x01,table2[shi%10]);
      while(miao==60)
      {  miao=0;
         fen=fen+1;
         while(fen==60)
         {  fen=0;shi=shi+1;
            while(shi==24)
            {shi=0;
            }
         }
      }
   }
}
```

►► 7.4.2　点阵式带汉字库 12864 液晶显示模块接口技术

1．概述

点阵式液晶显示模块（LCD）可显示汉字、曲线、图片。点阵液晶显示模块集成度很高，一般都内置控制芯片、行驱动芯片和列驱动芯片，点阵数量较大的 LCD 还配置 RAM 芯片，带汉字库的 LCD 还内嵌汉字库芯片，有负压输出的 LCD 还设有负压驱动电路等。单片机读写 LCD 实际上就是对 LCD 的控制芯片进行读写命令和数据的操作。

12864LCD 属于点阵图形液晶显示模块，不但能显示字符，还能显示汉字和图形，分带汉字库和不带汉字库两种。带汉字库的 12864LCD 使用起来非常方便，不需要编写复杂的汉字显示程序，只要按时序写入两字节的汉字机内码，汉字就能显示出来了。

常见的 12864LCD 使用的控制芯片是 ST7920。ST7920 一般和 ST7921（列驱动芯片）配合使用，做成 4 行每行 8 个汉字的显示屏 12864LCD。12864LCD 的读写时序和 1602LCD 是相同的，完全可以照搬 1602LCD 驱动程序的读写函数。需要注意的是，12864LCD 分成上半屏和下半屏，而且两半屏之间的点阵内存映射地址不连续，给驱动程序的显示函数的编写增加了难度。

2．12864LCD 原理框图

（1）12864LCD 原理框图

12864LCD 原理框图如图 7-25 所示。

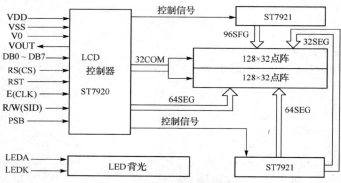

图 7-25　12864LCD 原理框图

（2）12864LCD 引脚定义

12864LCD 引脚定义如表 7-5 所示。

表 7-5　12864LCD 引脚定义

引脚	名称	功能描述
1	VSS	电源地
2	VDD	模块电源输入（5V）
3	Vo	对比度调节端
4	RS	寄存器选择端：H 数据；L 指令
5	R/W	读/写选择端：H 读；L 写
6	E	使能信号
7～14	DB0-DB7	数据总线

续表

引脚	名称	功能描述
15	PSB	并口/串口选择：H 并口；L 串口
16	NC	空
17	RST	复位信号。低有效
18	VOUT	液晶启动电压输出端
19	LEDK	背光负
20	LEDA	背光正

（3）ST7920 内置硬件说明

带汉字字库的 12864LCD 每屏可显示 4 行 8 列共 32 个 16×16 点阵的汉字，每个显示 RAM 可显示 1 个中文字符或 2 个 16×8 点阵全高 ASCII 码字符，即每屏最多可实现 32 个中文字符或 64 个 ASCII 码字符的显示。带中文字库的 12864LCD 内部提供 128×2 字节的字符显示 RAM 缓冲区（DDRAM）。字符显示是通过将字符显示编码写入该字符显示 RAM 实现的。根据写入内容的不同，可分别在液晶屏上显示 CGROM（中文字库）、HCGROM（ASCII 码字库）及 CGRAM（自定义字形）的内容。3 种不同字符/字形的选择编码范围为：0000～0006H（其代码分别是 0000、0002、0004、0006 共 4 个）显示自定义字形，02H～7FH 显示半宽 ASCII 码字符，A1A0H～F7FFH 显示 8192 种 GB2312 中文字库字形。字符显示 RAM 在液晶模块中的地址为 80H～9FH。字符显示 RAM 的地址与 32 个字符显示区域有着一一对应的关系，其对应关系如表 7-6 所示。

表 7-6　字符显示 RAM 地址与 32 个字符显示区域的对应关系

	x 坐标							
Line1	80H	81H	82H	83H	84H	85H	86H	87H
Line2	90H	91H	92H	93H	94H	95H	96H	97H
Line3	88H	89H	8AH	8BH	8CH	8DH	8EH	8FH
Line4	98H	99H	9AH	9BH	9CH	9DH	9EH	9FH

12864LCD 提供 64×32 字节的空间（由扩充指令设定绘图 RAM（GDRAM）地址），最多可以控制 256×64 点阵的二维绘图缓冲空间，在更改绘图 GDRAM 时，由扩充指令设置 GDRAM 地址，先垂直地址后水平地址（连续 2 字节的数据来定义垂直和水平地址），再 2 字节的数据给绘图 GDRAM（先高 8 位后低 8 位）。

3．8 位并口操作时序

8 位并口操作时序包括写操作时序和读操作时序，分别如图 7-26 和图 7-27 所示。

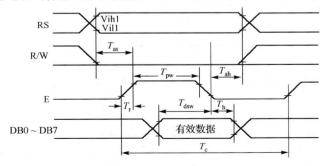

图 7-26　8 位并口写操作时序

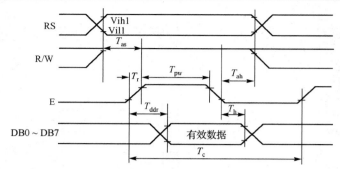

图 7-27　8 位并口读操作时序

时序参数表如表 7-7 所示。

表 7-7　时序参数表

名称	符号	最小值	最大值	单位
E 周期时间	T_c	1200		ns
E 高电平宽度	T_{pw}	140		ns
E 上升时间	T_r		25	ns
地址建立时间	T_{as}	10		ns
地址保持时间	t_{aw}	20		ns
数据建立时间	T_{dsw}	40		ns
数据延迟时间	T_{ddr}		100	ns
写数据保持时间	T_h	20		ns
读数据保持时间	T_{dsq}	40		ns

4. 指令描述

（1）基本指令集

● 清除显示

格式：

0	0	0	0	0	0	0	1

将 DDRAM 填满"20H"（空格）代码，并设定 DDRAM 的地址计数器 AC=00H；更新设置进入设定点 I/D 设为 1，游标右移 AC 加 1。

注：本指令执行时间 1.6ms，以下其余指令执行时间为 72μs。

● 地址归 0

格式：

0	0	0	0	0	0	1	X

设定 DDRAM 的地址检查前为 00H，并将游标移到开头原点位置。

● 进入设定点

格式：

0	0	0	0	0	0	I/D	S

指定在显示数据的读取与写入时，设定游标的移动方向及指定显示的移位：

I/D=1，游标右移，DDRAM 地址计数器 AC 加 1；

I/D=0，游标左移，DDRAM 地址计数器 AC 减 1；

S：显示画面整体位移；

S=1，I/D=1：画面整体左移；S=1，I/D=0：画面整体右移。

● 显示开关设置

格式：

0	.	0	0	0	1	D	C	B

控制整体显示开关，游标开关，游标位置显示反白开关：

D=1，整体显示开关开；D=0，整体显示关，但不改变 DDRAM 内容；

C=1，游标显示开；C=0，游标显示关；

B=1，游标位置显示反白开，将游标所在地址的内容反白显示；B=0，正常显示。

● 游标或显示移位控制

格式：

0	0	0	1	S/C	R/;	X	Y

这条指令不改变 DDRAM 的内容。

S/C、R/L 的组合说明如表 7-8 所示。

表 7-8　S/C、R/L 的组合说明表

S/C	R/L	方向	AC 的值
0	0	游标向左移动	AC=AC−1
0	1	游标向右移动	AC=AC+1
1	0	显示向左移动，游标跟着移动	AC=AC
1	1	显示向右移动，游标跟着移动	AC=AC

● 功能设定

格式：

0	0	1	DL	X	0/RE	X	X

DL：8/4 位接口控制位。

DL=1，8 位 MCU 接口；DL=0，4 位 MCU 接口。

RE：指令集选择控制位。

RE=1，扩充指令集；RE=0，基本指令集。

同一指令的动作不能同时改变 DL 和 RE，需先改变 DL 再改变 RE 才能确保设置正确。

● 设定 CGRAM 地址

格式：

0	1	A5	A4	A3	A2	A1	A0

设定 CGRAM 地址到地址计数器（AC），AC 范围为 00H～3FH，需确认扩充指令中的 SR=0（卷动位置或 RAM 地址选择）。

● 设定 DDRAM 地址

格式：

1	0	A5	A4	A3	A2	A1	A0

设定 DDRAM 地址到地址计数器（AC）。

第一行 AC 范围：80H～8FH；

第二行 AC 范围：90H～9FH。

● 读取忙标志和地址（RS=0，R/W=1）

格式：

BF	A6	A5	A4	A3	A2	A1	A0

读取忙标志可以确定内部动作是否完成，同时可以读出地址计数器（AC）的值。

● 写显示数据到 RAM（RS=1，R/W=0）

格式：

D7	D6	D5	D4	D3	D2	D1	D0

当显示数据写入后会使地址计数器（AC）改变，每个 RAM（CGRAM，DDRAM）地址都可以连续写入 2 字节的显示数据，当写入第 2 字节时，AC 的值自动加 1。

● 读取显示 RAM 数据（RS=1，R/W=1）

格式：

D7	D6	D5	D4	D3	D2	D1	D0

读取后会使 AC 改变。

设定 RAM（CGRAM，DDRAM）地址后，先"DUMMY READ"一次后才能读取到正确的显示数据，第二次读取不需要"DUMMY READ"，除非重新设置了 RAM 地址。

（2）扩充指令集

● 待命模式

格式：

0	0	0	0	0	0	0	1

进入待命模式，执行任何其他指令都可以结束待命模式，该指令不改变 RAM 的内容。

● 卷动位置或 RAM 地址选择

格式：

0	0	0	0	0	0	1	SR

当 SR=1 时，允许输入垂直卷动地址；当 SR=0，允许设定 CGRAM 地址（基本指令）。

● 反白显示

格式：

0	0	0	0	0	1	0	R0

选择 2 行中任意一行做反白显示，并可决定反白与否。R0 初始值为 0，第一次执行时为反白显示，再次执行时为正常显示。

通过 R0 选择要做反白处理的行：R0=0，第一行；R0=1，第二行。

注：ST7920 控制器的 128×64 点阵液晶其实原理上等同于 256×32 点阵，第三行对应的 DDRAM 地址紧接第一行；第四行对应的 DDRAM 地址紧接第二行。

在使用行反白功能时，如果第一行反白，第三行必然反白；如果第二行反白，第四行必然反白。

● 睡眠模式

格式：

0	0	0	0	1	SL	0	0

SL=1，脱离睡眠模式；SL=0，进入睡眠模式。

● 扩充功能设定

格式：

0	0	1	DL	X	RE	G	X

DL：8/4 位接口控制位。DL=1，8 位 MCU 接口；DL=0，4 位 MCU 接口。

RE：指令集选择控制位。RE=1，扩充指令集，RE=0，基本指令集。

G：绘图显示控制位。G=1，绘图显示开；G=0，绘图显示关。

同一指令的动作不能同时改变 RE 及 DL、G，需要先改变 DL 或 RE 才能确保设置正确。

● 设定绘图 RAM 地址

格式：

1	0	0	0	A3	A2	A1	A0
	A6	A5	A4	A3	A2	A1	A0

设定 GDRAM 地址到地址计数器（AC），先设置垂直位置再设置水平位置（连续写入 2 字节数据来完成垂直与水平坐标的位置）。

垂直地址范围：AC6～AC0。

水平地址范围：AC3～AC0。

（3）12864LCD 应用说明

用带汉字字库的 12864LCD 显示模块时应注意以下几点：

① 要在某一个位置显示中文字符时，应先设定显示字符位置，即先设定显示地址，再写入中文字符编码。

② 显示 ASCII 字符过程与显示中文字符过程相同。不过在显示连续字符时，只需设定一次显示地址，由模块自动对地址加 1 指向下一个字符位置，否则，显示的字符中将会有 1 个空 ASCII 字符位置。

③ 当字符编码为 2 字节时，应先写入高位字节，再写入低位字节。

④ 模块在接收指令前，必须先向处理器确认模块内部处于非忙状态，即读取 BF 标志时 BF 需为"0"，方可接受新的指令。如果在送出一个指令前不检查 BF 标志，则在前一个指令和这个指令中间必须延迟一段较长的时间，即等待前一个指令确定执行完成。指令执行的时间请参考指令表中的指令执行时间说明。

⑤ "RE"为基本指令集与扩充指令集的选择控制位。当变更"RE"后，以后的指令集将维持在最后的状态，除非再次变更"RE"位。如果使用相同指令集时，无须每次均重设"RE"位。

5．51 单片机与 12864LCD 接口示例

【例 7-13】　电路如图 7-28 所示，51 单片机采用 8 位并口接口方式与 12864LCD 连接。为能够对液晶模块的 DDRAM 进行读/写操作，采用线译码方式，使用 P2.6 及单片机的 RD、WR 信号形成片选，控制 12864 液晶模块的使能端。P2.0 接 RS 端，P2.1 接 R/W 端。编程显示：液晶显示器　ABCD1234。

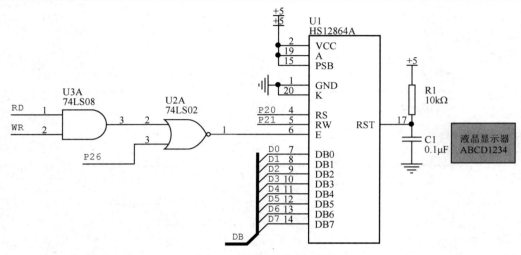

图 7-28　例 7-13 的电路图

　　为了能够在带汉字库的液晶模块上显示汉字，需要在程序中定义一个字符串，如 unsigned char str[]={"液晶显示器"}，C51 编译器在编译时自动将字符串中的每个汉字编译成 2 个汉字机内码（机内码范围：A1A0H～F7FFH，共 8192 种 GB2312 中文字库字形），显示时只需将此机内码当成 ASCII 码送入液晶 DDRAM，先送高 8 位，后送低 8 位，即可显示汉字。

　　显示数字、字母或符号时，需向液晶 DDRAM 送入其对应的 ASCII 码。

　　C51 程序如下：

```
#include <REG52.h>
void delay(unsigned int i);
void charlcdfill();
void lcdreset(void);
void GB(unsigned char x, unsigned char y);
void lcdwd(unsigned char d);
unsigned char lcdrd(void);
void lcdwc(unsigned char c);
void lcdwaitidle(void);
unsigned char xdata LCDWCREG _at_ 0xbcff;        //写指令端口地址
unsigned char xdata LCDWDREG _at_ 0xbdff;        //写数据端口地址
unsigned char xdata LCDRDREG _at_ 0xbfff;        //读数据端口地址
unsigned char xdata LCDCEREG _at_ 0xbeff;        //检测忙端口地址
unsigned char str[]={"液晶显示器"};
unsigned char buf[]={"ABCD1234"};
main()                                           //主程序
{   unsigned char *pt;
    lcdreset();                                  //液晶初始化
    charlcdfill();                               //清除显示 RAM
    GB(2,0);                                     //光标移到(2,0)--第 0 行，第 2 列
    pt=&str;                                     //取字符串首地址
    for (;;)
```

```
    {   if(*pt==0) break;                       //显示完毕退出
        lcdwd(*pt);                             //写 ASCII 数据到显示 RAM
        pt++;                                   //指针+1
    }
    GB(4,2);                                    //光标移到(4,2)--第 2 行，第 4 列
    pt=&buf;                                    //取字符串首地址
    for (;;)
    {   if(*pt==0) break;
        lcdwd(*pt);                             //写 ASCII 数据
        pt++;
    }
    while (1) ;
}
void  GB(unsigned char x,unsigned char y)       //定位光标(x 列,y 行)
{   unsigned char ddaddr;
    ddaddr=(x&0x0f)/2;
    if(y==0)                                    //(第 0 行)X：第 0----15 个字符
    {   lcdwc(ddaddr|0x80);  }                  //    DDRAM：80----87H
    else  if(y==1)                              //(第 1 行)X：第 0----15 个字符
        {   lcdwc(ddaddr|0x90);  }              //    DDRAM：90----07H
    else  if(y==2)                              //(第 2 行)X：第 0----15 个字符
        {   lcdwc(ddaddr|0x88);  }              //    DDRAM：88----8FH
    else                                        //(第 3 行)X：第 0----15 个字符
        {   lcdwc(ddaddr|0x98);  }              //    DDRAM：98----9FH
}
void  charlcdfill()                             //清除显示
{   unsigned char i;
    GB(0,0);                                    //定位光标位置
    for (i==0;i<64;i++)
    {   lcdwd(' ');                             //送 DDRAM 空格(20H)
    }
}
void  lcdreset(void)                            //液晶显示控制器初始化
{   lcdwc(0x33);                                //接口模式设置
    delay(1000);                                //延时 3ms
    lcdwc(0x30);                                //基本指令集
    delay(1000);                                //延时 3ms
    lcdwc(0x30);                                //重复发送基本指令集
    delay(1000);                                //延时 3ms
    lcdwc(0x01);                                //清屏控制字
    delay(1000);                                //延时 3ms
    lcdwc(0x30);                                //基本指令集
delay(100);                                     //延时 300μs
    lcdwc(0x0c);                                //开启显示
```

```
        delay(1000);
    }
    void  lcdwd(unsigned  char d)              //向液晶显示控制器写数据
    {   lcdwaitidle();                          //ST7920液晶显示控制器忙检测
        LCDWDREG=d;
    }
    unsigned  char lcdrd(void)                  //从液晶显示控制器读数据
    {   unsigned char d;
        lcdwaitidle();                          //ST7920液晶显示控制器忙检测
        d=LCDRDREG;                             //DUMMY READ
        d=LCDRDREG;
        return d;
    }
    void  lcdwc(unsigned  char c)              //向液晶显示控制器送指令
    {   lcdwaitidle();
        LCDWCREG=c;
    }
    void  lcdwaitidle(void)                     //忙检测
    {   unsigned char i;
        for(i=0;i<20;i++)
        if( (LCDCEREG&0x80)  != 0x80 ) break;
    }
    void  delay(unsigned int i)                 //延时程序，延时时间：>=3×iμs
    {   unsigned int k;
        for(k=0;k<i;k++);
    }
```

7.5   实验与设计

▶▶ 实验 1   DAC0832 单缓冲实验

【实验目的】掌握 D/A 转换器的基本应用；掌握 DAC0832 的单缓冲的基本应用。

【电路与内容】电路如图 7-29 所示。通过电压表测量 DAC0832 输出的电压，通过"高"和"低"按键改变 DAC0832 输出不同电压。

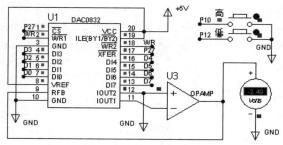

图 7-29   实验 1 电路图

说明：图中输入寄存器和 DAC 寄存器地址都可选为 7FFFH，CPU 对 DAC0832 执行一次操作，就会把一个数据直接写入 DAC 寄存器，DAC0832 的模拟量随之变化。

【参考程序】

```c
#include<absacc.h>
#include<reg51.h>
#define  uchar  unsigned  char
#define  DAC0832  XBYTE[0x7fff]
sbit  P10=P1^0;                          //高键
sbit  P12=P1^2;                          //低键
void  main( )
{    DAC0832=0x80;                       //初始值
    while(1)
    {    P1=0xff;
        if(P10==0)
        {    DAC0832=0xFF;               //高值
        }
        if(P12==0)
        {    DAC0832=0x00;               //低值
        }
    }
}
```

▶▶ 实验 2　ADC0809 实验

【实验目的】掌握 A/D 转换器的基本应用；掌握 ADC0809 的基本应用。

【电路与内容】电路如图 7-30 所示，ADC0809 转换的电压信号在由 8255A 管理的 LED 显示器上显示出来。

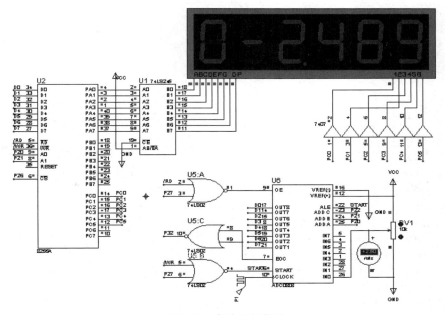

图 7-30　实验 2 电路图

【参考程序】

```c
#include<absacc.h>
#include<reg51.h>
#define uchar  unsigned char
#define uint  unsigned
#define COM8255  XBYTE[0xbfff]                    //8255A 的口地址
#define PA8255  XBYTE[0xbcff]
#define PB8255  XBYTE[0xbdff]
#define PC8255  XBYTE[0xbeff]
#define ADC08090  XBYTE[0x78ff]                   //ADC0809 通道 0 的地址
uchar data dis_buf[6];                            //显示缓冲区
uchar code table[18]={0x3f,0x06,0x5b,0x4f,0x66,0x6d,0x7d,0x07,
        0x7f,0x6f,0x77,0x7c,0x39,0x5e,0x79,0x71,0x40,0x00};//显示代码表
void dlxms(unt xms)                               //延时 xms 函数
{   data uint t1,t2;
    for(t1=xms;t1>0;t1--)
    for(t2=110;t2>0;t2--);
}
void display( )                                   //显示函数
{   data uchar segcode, bitcode, i;
    bitcode=0xfe;
    for(i=0;i<6;i++)
    {   segcode=dis_buf[i];
        segcode=table[segcode];
        if(i==2)                                  //小数点位置判断
        {   segcode=segcode|0x80;
        }
        PA8255=segcode;  PC8255=bitcode;
        dlxms(1);
        PC8255=0xff;
        bitcode=bitcode<<1;
        bitcode=bitcode|0x01;
    }
}
void main(void)                                   //主函数
{   unsigned int k;
    COM8255=0x80;                                 //8255A 初始化
    dis_buf[0]=16;                                //显示开机提示符
    dis_buf[1]=9;  dis_buf[2]=0;    dis_buf[3]=0;
    dis_buf[4]=13;  dis_buf[5]=16;

    for(k=0;k<50;k++)
    {  display( );
       dlxms(10);
    }
    TMOD=0x01; TH0=-20000/256;  TL0=-20000%256;
```

```
                    EA=1;   IT0=1;EX0=1;
                    ADC08090=0x00;
                    dis_buf[0]=0;    dis_buf[1]=16;
                    while(1) ;
             }
     void time0_int( ) interrupt  1
     {   TH0=-20000/256;  TL0=-20000%256;
          display( ) ;
     }
     void wint0() interrupt  0
     {  uchar  reseut ;
          uint  reseut1;
          reseut=ADC08090;
          reseut1=reseut*196;
          dis_buf[2]=reseut1/10000;
          dis_buf[3]=(reseut1/1000)%10;
          dis_buf[4]=(reseut1/100)%10;
          dis_buf[5]=(reseut1/10)%10;
          display( );
          ADC08090=0x00;
     }
```

▶▶ 设计 1：电子密码锁的设计

按键：0～9、确认、取消，用于输入密码号；6 位 8 段数码显示，用于显示密码；红、绿发光二极管，用于代表输入的密码是否正确。

① 加电后，显示"88888888"。

② 输入密码时，只显示"F"，以防止泄露密码。

③ 输入密码过程中，如果不小心出现错误，可按"取消"键清除屏幕，取消此次输入，此时显示"888888"。再次输入需重新输入所有 6 位密码。

④ 当密码输入完毕按下"确认"键时，单片机将输入的密码与设置的密码比较：若密码正确，则绿色发光二极管亮 1s（此表示密码锁打开）；若密码不正确，则红色发光二极管亮 1s。

▶▶ 设计 2：波形发生器的设计

利用 DAC0832 产生阶梯波、三角波、矩形波、正弦波。波形的生产通过按键选择。试设计出硬件电路，并编写程序。

 本章小结

在单片机应用系统设计中，往往需要对单片机的资源进行外部扩展，扩展的主要内容是通过并行方式或串行方式扩展外部的存储器或 I/O 接口芯片。本章主要介绍外部并行资源的扩展方法，包括 4 部分内容。

① 51 单片机并行口扩展基础：51 单片机的地址线、数据总线、控制总线；芯片的数据线和 51 单片机数据线一一对应的连接，控制总线对应的连接；对于地址线要区分译码信号和片内地址线。

② 可编程的并行 I/O 口芯片 8255A：通过典型的可编程的并行接口芯片 8255A，介绍了可编程接口芯片的扩展原理：结构、初始化、使用举例。尤其通过 8255A 对 8 段 LED 显示器的静态显示与动态显示又进行了举例讲解。

③ D/A 与 A/D 转换器的 C51 编程：D/A 是 51 单片机的输出口，A/D 是 51 单片机的输入口。通过两个典型的芯片 DAC0832 和 ADC0809 对 51 单片机的 D/A 与 A/D 转换器的 C51 编程进行了说明。

④ 液晶显示器的 C51 编程。通过典型的液晶显示器，说明了液晶显示器的 C51 编程技术。

本章属于 51 单片机外部并行扩展的基础。

 习题

1. 51 单片机外部扩展 I/O 接口芯片时，数据线、地址线、控制线如何连接？

2. 线译码和译码器译码有什么区别？

3. 使用 DAC0832 与 51 单片机连接时有哪些控制信号？双缓冲方式如何工作？在何种情况下要使用双缓冲工作方式？

4. 要求某电子秤的称重范围为 0～500g，测量误差小于 0.05g。至少应该选择分辨率为多少位的 A/D 转换器？

5. 如果一个 8 位 D/A 转换器的满量程（对应于数字量 255）为 10V，分别确定模拟量为 2.0V 和 8.0V 所对应的数字量是多少？

6. 某 12 为 D/A 转换器，输出电压为 0～2.5V，当输入的数字量为 400H 时，对应的输出电压是多少？

第 8 章 外部串行扩展的 C51 编程

新一代单片机技术的显著特点之一是串行扩展总线的推出。串行扩展连接线灵活，占用单片机资源少，系统结构简化，极易形成用户的模块化结构。串行扩展方式还具有工作电压宽、抗干扰能力强、功耗低、数据不易丢失等特点。因此，串行扩展技术在 IC 卡、智能化仪器仪表及分布式控制系统等领域获得了广泛应用。单片机应用系统中使用串行扩展方式的主要有 PHILIPS 公司的 I^2C 总线(Inter Integrated Circuit BUS)、Dallas 公司的单总线（1-wire）、Motorola 公司的 SPI 串行外设接口。

本章主要介绍 I^2C 总线、SPI 总线、1-wire 及典型串行接口芯片的接口技术。

 ## 8.1 I^2C 总线器件的 C51 编程

I^2C 总线是 PHILIPS 公司推出的芯片间的串行传输总线，它采用同步方式接收或发送信息。I^2C 总线以两根连接线实现数据传送，可以极方便地构成外围器件扩展系统。

I^2C 总线的两根线分别为：① 串行数据 SDA（Serial Data）；② 串行时钟 SCL（Serial Clock）。

由于 I^2C 总线只有一根数据线，因此其发送信息和接收信息不能同时进行。信息的发送和接收只能分时进行。I^2C 总线可以直接连接具有 I^2C 总线接口的单片机，如 8XC552 和 8XC652 等；也可以挂接各种类型的外围器件，如存储器、日历/时间、A/D、D/A、I/O 接口、键盘、显示器等，是很有发展前途的芯片间串行扩展总线。I^2C 串行总线工作时数据传输速率最高可达 400 kb/s。

▶▶ 8.1.1 认识 I^2C 总线接口

1. 工作原理

I^2C 总线采用两线制，由数据线 SDA 和时钟线 SCL 构成。I^2C 总线为同步传输总线，数据线上的信号完全与时钟同步。数据传送采用主从方式，即主器件（主控器）寻址从器件（被控器），启动总线产生时钟，传送数据及结束数据的传送。对于 SDA/SCL 总线上挂接的单片机（主器件）或外围器件（从器件），其接口电路都应具有 I^2C 总线接口，所有器件都通过总线寻址，而且所有 SDA/SCL 的同名端相连。I^2C 总线应用系统的组成如图 8-1 所示。

按照 I^2C 总线规范，总线传输中将所有状态都生成相应的状态码，主器件能够依照这些状态码自动地进行总线管理。

PHILIPS 公司、Motorola 公司和 Maxim 公司推出了很多具有 I^2C 总线接口的单片机及外围器件，如 24C 系列 EEPROM、D/A 转换器 MAX521 和 MAX5154 等。用户根据数据操作要求，通过标准程序处理模块，完成 I^2C 总线的初始化和启动，就能完成规定的数据传送。

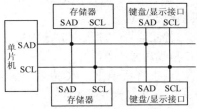

图 8-1 I^2C 总线应用系统的组成

作为主控器的单片机，可以具有 I^2C 总线接口，也可以不带 I^2C 总线接口，但被控器必须带有 I^2C 总线接口。

2. 寻址方式

在一般的并行接口扩展系统中，器件地址都是由地址线的连接形式决定的，而在 I²C 总线系统中，地址是由器件类型及其地址引脚电平决定的，对器件的寻址采用软件的方法。

I²C 总线上的所有外围器件都有规范的器件地址。器件地址由 7 位组成，它与一个方向位共同构成 I²C 总线器件的寻址字节。寻址字节的格式见表 8-1。

表 8-1　寻址字节格式

位　　序	D7	D6	D5	D4	D3	D2	D1	D0
寻址字节	器件地址				引脚地址			方向位
	DA3	DA2	DA1	DA0	A2	A1	A0	R/$\overline{\text{W}}$

器件地址（DA3、DA2、DA1、DA0）是 I²C 总线外围器件固有的地址编码，器件出厂时就已经给定。例如，I²C 总线 EEPROM AT24C02 的器件地址为 1010，4 位 LED 驱动器 SAA1064 的器件地址为 0111。

引脚地址（A2、A1、A0）是由 I²C 总线外围器件引脚所指定的地址端口，A2、A1、A0 在电路中，根据接电源、接地或悬空的不同，形成了地址代码。

数据方向位（R/$\overline{\text{W}}$）规定了总线上的单片机（主控件）与外围器件（从器件）的数据传送方向。R/$\overline{\text{W}}$ = 1，表示接收（读）；R/$\overline{\text{W}}$ = 0，表示发送（写）。

3. 数据传送时序

I²C 总线上的数据传送时序如图 8-2 所示。总线上传送的每一帧数据均为 1 字节，但启动 I²C 总线后，传送的字节数没有限制，只要求每传送 1 字节后对方回应一个应答位。在发送时，首先发送的是数据的最高位，每次传送开始必须先发送起始信号，结束时要发送停止信号。

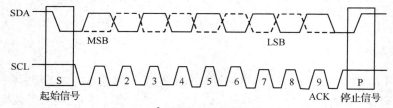

图 8-2　I²C 总线上的数据传送时序

I²C 总线为同步传输总线，信号完全与时钟同步。

起始信号：时钟 SCL 线为高电平时，数据线 SDA 出现由高电平向低电平变化的情形时，启动 I²C 总线数据传送。

停止信号：时钟 SCL 线为高电平时，数据线 SDA 出现由低电平到高电平变化的情形时，将停止 I²C 总线数据传送。

应答信号 ACK：I²C 总线上第 9 个时钟脉冲对应于应答位。相应数据线上出现低电平时为应答信号，高电平时为非应答信号。

数据传送位：在 I²C 总线启动后或应答信号后的第 1～8 个时钟脉冲对应于 1 字节的 8 位数据传送。脉冲高电平期间，数据串行传送，低电平期间为数据准备，允许总线上的数据电平变换。

4. 常用的 I²C 总线器件

常用的 I²C 总线器件见表 8-2。

表 8-2 常用的 I²C 总线器件

类 型	型 号
存储器	Atmel 公司的 AT24CXX 系列 EEPROM
8 位并行 I/O 扩展	PCF8574、JLC1562
实时时钟	DS1307、PCF8563、SD2000D、M41T80、ME901、ISL1208
数据采集 ADC 芯片	MCP3221、ADS1100、ADS1112、MAX1238、MAX1239
数据转换 DAC 芯片	DAC5574、DAC6573、DAC8571
LED 显示器件	ZLG7290、SAA1064、CH452、MAX6963、MAX6964
温度传感器	TMP101、TMP275、DS1621、MAX6625

▶▶ 8.1.2 I²C 总线典型器件 AT24C02 应用举例

Atmel 公司生产的 AT24CXX 系列串行 EEPROM 是具有 I²C 总线接口功能的电可擦除串行 EEPROM 器件，其可编程自定时写周期（包括自动擦除时间）不超过 10ms。串行 EEPROM 一般具有两种写入方式，一种是字节写入方式，另一种是页写入方式，允许在一个写周期内对 1 字节到 1 页的若干字节的编程写入。1 页的大小取决于芯片内页寄存器的大小，其中 AT24C01 具有 8 字节数据的页面写能力，AT24C02/04/08/16 具有 16 字节数据的页面写能力。该系列器件常用的有 AT24C01（128 字节）、AT24C02（256 字节）、AT24C04（512 字节）、AT24C08（1024 字节）、AT24C16（2048 字节）等。

串行 EEPROM 器件采用先进的 CMOS 技术制造，在电源电压降到 1.8 V 时也能工作。擦写周期可达 100 万次，数据保存时间可达 100 年。

1. AT24C 系列的引脚

AT24C 系列的引脚排列如图 8-3 所示。

① SCL：串行时钟输入线。数据发送或接收的时钟从该引脚输入。

② SDA：串行数据/地址线。用于传送地址和发送与接收数据，双向传输。SDA 为漏极开路，要求接一个上拉电阻到 VCC 端，典型值为 10 kΩ。对于一般的数据传输，仅在 SCL 为低电平期间，SDA 才允许变化；在 SCL 为高电平期间，SDA 的变化为串行 I²C 总线的 START 开始或 STOP 停止条件。

图 8-3 AT24C 系列的引脚排列图

③ A0、A1、A2：器件地址输入端。

④ WP：写保护端。WP=1 时为写保护，只能读出，不能写入；WP=0 时，器件允许进行正常的读/写操作。

2. AT24CXX 系列串行 EEPROM 的寻址

（1）寻址方式字节

AT24CXX 系列串行 EEPROM 寻址方式字节中的最高 4 位（D7～D4）为器件地址，对 AT24CXX 系列固定为 1010，寻址方式字节中的 D3、D2、D1 位为器件地址 A2、A1、A0，对于串行 EEPROM 的片内存储容量小于 256 字节的芯片（AT24C01/02），8 位片内寻址（A7～A0）即可满足要求；然而对于容量大于 256 字节的芯片，则 8 位片内寻址范围不够。例如 AT24C16（2 KB），相应的寻址位数应为 11 位（2^{11} = 2048）。若以 256 字节为 1 页，则多于 8 位的寻址视为页面寻址。在 AT24CXX 系列中，对页面寻址位采取占用器件引脚地址（A2A1A0）的方法，如 AT24C16 将 A2、A1、A0 作为页地址。凡是在系统中引脚地址作为页面地址后，该引脚在电路中不得使用，必须做悬空处理。

（2）应答信号

I²C 总线数据传送时，每成功传送 1 字节数据后，接收器件都必须产生一个应答信号，接收器件在第 9 个时钟周期时将 SDA 线拉低，表示其已收到一个 8 位数据。

当 AT24CXX 工作于读出模式时，在发送一个 8 位数据后释放 SDA 线，并监视应答信号，一旦接收到应答信号，AT24CXX 将继续发送数据。如果主机没有发送应答信号，则 AT24CXX 停止传送数据并等待停止信号。在数据传送完毕后，主机必须发送一个停止信号给 AT24CXX，以使其进入备用电源模式，并使器件处于接收数据的状态。

3. 写操作方式

串行 EEPROM 器件 AT24CXX 的写操作包括两种形式：字节写和页写。

（1）字节写

图 8-4 和图 8-5 所示为 8 位地址和高于 8 位地址的 AT24CXX 字节写时序图。在字节写模式下，主机发送起始命令和器件地址信息（R / $\overline{\text{W}}$ 位置 0），主机在收到 AT24CXX 产生的应答信号后，发送 1～8 位字节地址，写入 AT24CXX 的地址指针。对于高于 8 位的地址，所不同的是，主机连续发送两个 8 位字节地址写入 AT24CXX 的地址指针。主机在收到 AT24CXX 的另一个应答信号后，再发送数据到被寻址的存储单元，AT24CXX 再次应答，并在主机发出停止信号后开始内部数据的擦写。在内部擦写过程中，AT24CXX 不再应答主机的任何请求。

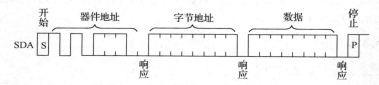

图 8-4　AT24CXX 字节写时序（8 位地址）

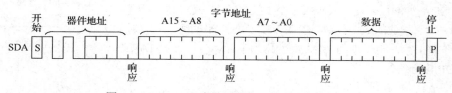

图 8-5　AT24CXX 字节写时序（高于 8 位地址）

（2）页写

图 8-6 所示为 AT24CXX 页写时序图。在页写模式下，AT24CXX 可一次写入 8 字节或 16 字节数据，页写操作的启动和字节写一样，不同的是，传送了 1 字节数据后并不发出停止信号，主机连续发送所写入的字节，每发送 1 字节数据，AT24CXX 都产生一个应答位，且其内部地址计数器自动加 1。如果在发送停止信号之前主机发送的数据超过 8 字节或 16 字节，AT24CXX 片内地址计数器将自动翻转，先前写入的数据被覆盖。AT24CXX 接收到主机发送的停止信号后，自动启动内部写周期将数据写到数据区，所有接收的数据在一个写周期内写入 AT24CXX。

页写时应该注意器件的页翻转现象。AT24C01 的页写字节数为 8，从 0 页首址 00H 处开始写入数据，当页写入数据超过 8 个时会出现页翻转。若从 03H 处开始写入数据，则当页写入数据超过 5 个时会出现页翻转，其他情况以此类推。

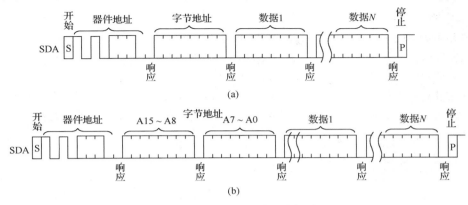

(a)

(b)

图 8-6　AT24CXX 页写时序图

4. 读操作方式

对 AT24CXX 读操作的初始化方式和写操作时一样，仅把 R/$\overline{\text{W}}$ 位置为 1。AT24CXX 有 3 种不同的读操作方式：读当前地址内容、读随机地址内容及读顺序地址内容。

（1）立即地址的读取

图 8-7 所示为 AT24CXX 立即地址读时序图。AT24CXX 的地址计数器内容为最后操作字节的地址加 1，也就是说，如果上次读/写的操作地址为 N，则立即读的地址从地址 N+1 开始读出。AT24CXX 接收到器件地址信号，且 R/$\overline{\text{W}}$ = 1 时，首先发送一个应答信号，然后输出一个 8 位字节数据。在读出方式中，主机不需发送应答信号，但必须发出一个停止信号。

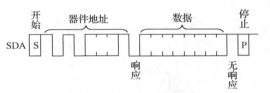

图 8-7　AT24CXX 立即地址读时序图

（2）随机地址读取

图 8-8 所示为 AT24CXX 随机地址读时序图，随机读操作允许主机对 AT24CXX 的任意字节进行读出操作。主机首先通过发送起始信号、AT24CXX 地址和要读取的字节数据的地址，执行一个伪写操作（R/$\overline{\text{W}}$ 位置 0），在 AT24CXX 应答之后，主机重新发送起始信号和 AT24CXX 的地址，此时 R/$\overline{\text{W}}$ 位置 1，AT24CXX 响应并发送应答信号，然后输出所要求的一个 8 位字节数据，主机不发送应答信号，但同样必须产生一个停止信号。

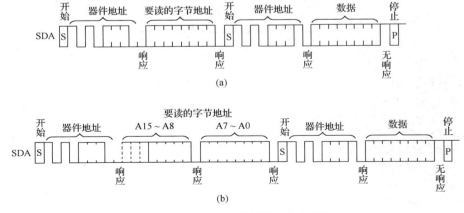

(a)

(b)

图 8-8　AT24CXX 随机地址读时序图

（3）顺序地址读取

图 8-9 所示为 AT24CXX 顺序地址读时序图。顺序读操作可通过立即读或随机地址读操作来启动。在 AT24CXX 发送完一个 8 位字节数据后，主机产生一个应答信号来响应，告知 AT24CXX 主机要求更多的数据，对应每个主机产生的应答信号，AT24CXX 将发送一个 8 位字节数据。当主机不再发送应答信号而发送停止位时结束此操作。从 AT24CXX 输出的数据按顺序由 N 到 $N+1$ 输出，读操作时地址计数器在 AT24CXX 的整个地址内增加，这样整个寄存器区域可在一个读操作内全部读出。

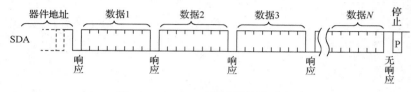

图 8-9   AT24CXX 顺序地址读时序图

4．AT24C02 与单片机的接口实例

【例 8-1】利用单片机将数据"0x55"写入 AT24C02，然后将其读出并发出送到 P1 口显示，电路如图 8-10 所示。

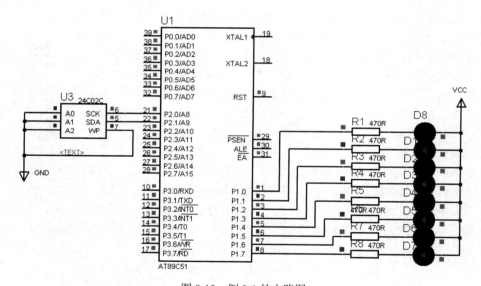

图 8-10   例 8-1 的电路图

程序如下：

```c
//将数据 0x55 写入 AT24C02 的 0 单元再读出送至 P1 口显示
#include<reg51.h>
#define  uchar  unsigned  char
sbit  sda=P2^1;
sbit  scl=P2^0;
void  delay()                    //延时应大于 4.7μs
{ ;;;}
void  start()                    //开始发送数据
{  sda=1;
```

```
    delay();                         //scl 在高电平期间，sda 由高到低
    scl=1;    delay();
    sda=0;    delay();
}
void  stop()                         //停止发送数据
{  sda=0;                            //scl 在高电平期间，sda 由高到低
   delay();
   scl=1;    delay();
   sda=1;    delay();
}
void  response()
{  uchar i;
   scl=1;    delay();
   if((sda==1)&&i<250) i++;          //应答 sda 为 0，非应答为 1
   scl=0;                            //释放总线
   delay();
}
void  noack()
{  scl=1;
   delay();
   scl=1;    delay();
   scl=0;    delay();
   sda=0;    delay();
}
void  init()                         //初始化
{  sda=1;    delay();
   scl=1;    delay();
}
void  write_byte(uchar  date)        //写 1 字节
{  uchar  i, temp;
   temp=date;
   for(i=0;i<8;i++)
   {  temp=temp<<1;
      scl=0;                         //scl 上跳沿写入
      delay();
      sda=CY;                        //溢出位
      delay();
      scl=1;      delay();
      scl=0;      delay();
   }
   scl=0;    delay();
   sda=1;    delay();
}
uchar  read_byte()
{  uchar i,k;
   scl=0;    delay();
   sda=1;    delay();
```

```
    for(i=0;i<8;i++)
    { scl=1;        delay();
      k=(k<<1)|sda;
      scl=0;        delay();
    }
    return k;
}
void delay1(uchar x)
{ uchar a, b;
  for(a=x;a>0;a--)
  for(b=200;b>0;b--);
}
void write_add(uchar address, uchar date)
{ start();
  write_byte(0xa0);                    //设备地址
  response();   write_byte(address);
  response();   write_byte(date);
  response();
  stop();
}
uchar read_add(uchar address)
{ uchar date;
  start();
  write_byte(0xa0);
  response();
  write_byte(address);
  response();
  start();
  write_byte(0xa1);                    //1 表示接收地址
  response();
  date=read_byte();
  noack();
  stop();
  return date;
}
void main()
{ init();
  write_add(0,0x55);                   //向 0 单元写入数据 55H
  delay1(100);
  P1=read_add(0);                      //低电平灯亮
  while(1);
}
```

 ## 8.2 SPI 总线器件的 C51 编程

　　SPI（Serial Perpheral Interface）是 Motorola 公司推出的一种同步串行外设接口，允许 MCU 与各厂家生产的标准外围设备直接接口，以串行方式交换数据。SPI 用以下 3 个引脚完成通信：

　　① 串行数据输出 SDO（Serial Data Out），简称 SO。

② 串行数据输入 SDI（Serial Data In），简称 SI。

③ 串行数据时钟 SCK（Serial Clock）。

另外，挂接在 SPI 总线上的每个从机还需要一根片选线$\overline{\text{CS}}$。

►► 8.2.1 认识 SPI 总线

1. 结构与工作原理

SPI 总线有主机、从机的概念。图 8-11 所示为 SPI 外围扩展结构图。该系统有一台主机，从机通常是外围接口器件，如 EEPROM、A/D、日历时钟及显示驱动等。

单片机与外围器件在 SCK、SO 和 SI 上都是同名端相连的。外围扩展多个器件时，SPI 无法通过数据线译码选择，故 SPI 的外围器件都有片选端口。在扩展单个 SPI 器件时，外设的$\overline{\text{CS}}$端可以接地，或通过 I/O 接口控制；在扩展多个 SPI 外围器件时，单片机应分别通过 I/O 接口来分时选通外围器件。

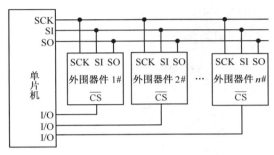

图 8-11 SPI 外围串行扩展结构图

SPI 串行扩展系统中，如果某一从器件只作为输入（如键盘）或只作为输出（如显示器）时，可省去一根数据输出（SO）或一根数据输入（SI），从而构成双线系统（$\overline{\text{CS}}$接地）。

SPI 系统中从器件的选通靠的是$\overline{\text{CS}}$引脚，数据的传送软件十分简单，省去了传输时的地址选通字节，但在扩展器件较多时，连线较多。

SPI 串行扩展系统中作为主器件的单片机在启动一次传送时，便产生 8 个时钟传送给接口芯片，作为同步时钟，控制数据的输入与输出。数据的传送格式是高位（MSB）在前，低位（LSB）在后。数据线上输出数据的变化以及输入数据时的采样，都取决于 SCK。但对于不同的外围芯片，有的可能是 SCK 的上升沿起作用，有的可能是 SCK 的下降沿起作用。

SPI 有较高的数据传送速率，最高可达 1.05Mb/s。

Motorola 公司为广大用户提供了一系列具有 SPI 接口的单片机和外围接口芯片，如存储器 MC2814、显示驱动器 MC14499 和 MC14489 等。SPI 串行扩展系统的主器件单片机，可以带 SPI 接口，也可以不带 SPI 接口，但从器件要具有 SPI 接口。

2. 常用的 SPI 总线器件

常用的 SPI 总线器件见表 8-3。

表 8-3 常用 SPI 总线器件

类　型	型　号
存储器	Microchip 公司的 93LCXX 系列 EEPROM Atmel 公司的 AT25XXX 系列 EEPROM Xicro 公司的 X5323、25 等
SPI 扩展并行 I/O 口	PCA9502、MAX7317、MAX7301
实时时钟	PCA2125、DS1390、DS1391、DS1305
数据采集 ADC 芯片	ADS8517、TLC4541、MAX1200、MAX1225、AD7789
数据转换 DAC 芯片	DAC7611、DAC8881、DAC7631、AD421
键盘、显示芯片	MAX6954、MAX6966、MAX7219、ZLG7289、CH451
温度传感器	MAX6662、MAX31722、DS1722

▶▶ 8.2.2　SPI 总线典型器件 X25045 应用举例

X25045 是一种集看门狗、电压监控和串行 EEPROM 三种功能于一身的可编程控制芯片。这种组合设计减小了电路对电路板空间的需求。

X25045 中的看门狗对系统提供了保护功能。当系统发生故障而超出设置时间时，电路中的看门狗将通过 RESET 信号向 CPU 作出反应。它提供了 3 个时间值供用户选择使用。X25045 所具有的电压监控功能还可以保护系统免受低电压的影响，当电源电压降到允许范围以下时，系统将复位，直到电源电压返回到稳定值。X25045 的储存器与 CPU 可通过串行通信方式接口，共有 4096 位，可以按 512×8 字节放置数据。

1．引脚介绍

X25045 的引脚如图 8-12 所示。引脚功能如表 8-4 所示。

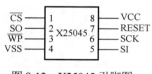

图 8-12　X25045 引脚图

表 8-4　X25045 引脚功能

引脚	定义	符号
1	电路选择端，低电平有效	$\overline{CS}$
2	串行数据输出	SO
3	写保护端，低电平有效	$\overline{WP}$
5	串行数据输入	SI
6	串行时钟输入	SCK
7	复位输出	HOLD
4、8	电源、地	VCC、VSS

2．工作原理

（1）上电复位

向 X25045 加电时会激活其内部的上电复位电路，从而使 RESET 引脚有效。该信号可避免系统微处理器电压不足或振荡器未稳定的情况下工作。当 VCC 超过器件的门限值时，电路将在 200ms（典型）延时后释放 RESET，以允许系统开始工作。

（2）低电压监视

工作时，X25045 对 VCC 电压进行监测，若电源电压跌落至预置的最小门限值以下时，系统即确认 RESET，从而避免 CPU 在电源失效或断开的情况下工作。当 RESET 被确认后，该 RESET 信号将一直保持有效，直到电压跌落低于 1V，而当 VCC 返回并超过门限值达 200ms 时，系统重新开始工作。

（3）看门狗定时器

它的作用是通过监视看门狗触发器输入 WDI 来监视 CPU 是否激活。由于 CPU 必须周期性地触发 $\overline{CS}$/WDI 引脚以避免 RESET 信号激活而使电路复位，所以 $\overline{CS}$/WDI 引脚必须在看门狗超时时间终止之前受到高至低的信号触发。

（4）重新设置 VCC 门限

X25045 出厂时设置的标准 VCC 门限电压为 Vtrip，但在应用时，如果标准值不恰当，用户可以重新调整。

（5）SPI 串行存储器

器件存储器部分是带块所保护的 CMOS 串行 EEPROM 阵列。X25045 可提供最少 100 万次擦写和 100 年的数据保存期。并具有串行外围接口（SPI）和软件协议的特点，允许工作在简单的四总线上。

X25045 主要是通过一个 8 位的指令寄存器来控制器件的工作，其指令代码通过 SI 输入端（最高位在前）写入寄存器。表 8-5 所示为 X25045 的指令格式及其操作。

表 8-5 X25045 的指令格式及其操作

指令名称	指令格式	操作
WREN	00000110	设置写使能锁存器（使能写操作）
WRDI	00000100	复位写使能锁存器（禁止写操作）
RSDR	00000101	读状态寄存器
WRSR	00000001	写状态寄存器（看门狗和块锁）
READ	0000A800	从选定的地址开始读存储器阵列的数据
WRETE	000A8010	从选定的地址开始写入数据至存储器阵列（1～16 字节）

（6）时钟和数据写序

当 $\overline{CS}$ 变低以后，SI 线上的输入数据在 SCK 的第一个上升沿时被锁存。而 SO 线上的数据则由 SCK 的下降沿输出。用户可以停止时钟，然后再启动它，以便在它停止的地方恢复操作。在整个工作期间，$\overline{CS}$ 必须为低。

（7）状态寄存器

状态寄存器包含 4 个非易失性状态位和两个易失性状态位。控制位用于设置看门狗定时器的操作和存储器的块锁保护。状态寄存器的格式如表 8-6 所示（默认值为 00H）。

表 8-6 状态寄存器格式

7	6	5	4	3	2	1	0
0	0	WD1	WD0	BL1	BL0	WEL	WIP

其中，WIP（Write In Progress）位是易失性只读位，用于指明器件是否忙于内部非易失性写操作。WIP 位可用 RDSR 指令读出。当该位为"1"时，表示非易失性写操作正在进行；为"0"时表示没有写操作。

WEL（Write Enable Latch）位用于指出"写使能"锁存的状态。WEL=1 时，表示锁存被设置；WEL=0 时，表示锁存已复位。WEL 位是易失性只读位。可以用 WREN 指令设置 WEL 位；用 WRDI 指令复位 WEL 位。

用 BL0、BL1（Block Lock）位可设置块锁存保护的范围。任何被块锁存保护的存储器都只能读出不能写入。这两个非易失性位可用 WRSR 指令来编程，并允许用户保护 EEPROM 阵列的 1/4、1/2、全部或 0，如表 8-7 所示。

WD0、WD1（Watchdog Timer）位用于选择看门狗的超时周期，如表 8-8 所示。

表 8-7 受保护的 EEPROM 阵列

状态寄存器位		受保护的阵列地址
BL1	BL0	X25045
0	0	无
0	1	180～1FF
1	0	100～1FF
1	1	000～1FF

表 8-8 看门狗的超时周期选择

状态存储器		看门狗超时周期
WD1	WD0	
0	0	1.4s
0	1	600ms
1	0	200ms
1	1	禁止

当选用 $\overline{CS}$ 选中器件后，发送 8 位 RDSR 指令，并由 CLK 信号触发即可将状态寄存器的内容从 SO 线上读出。而在写状态寄存器时，应先将 $\overline{CS}$ 拉低，然后发送 WREN 指令，再拉高 $\overline{CS}$，接着再拉

低 $\overline{CS}$，最后送入 WREN 指令及对应于状态寄存器内容的 8 位数据即可。该操作由 $\overline{CS}$ 变高结束。

WEL 位及 $\overline{WP}$ 引脚的状态对器件内的存储器及状态寄存器各部分保护的影响如表 8-9 所示。

表 8-9　WEL 位和 $\overline{WP}$ 引脚状态对存储器和状态寄存器的影响

WREN 命令（WEL）	器件引脚（$\overline{WP}$）	存储器块		状态寄存器 （BL0BL1WD0WD1）
		保护区	不保护区	
0	X	保护	保护	保护
X	0	保护	保护	保护
1	1	保护	可写入	可写入

3. 应用举例

【例 8-2】 利用单片机将 "0x55" 写入 X25045，然后将其读出送到 P1 口进行显示。电路如图 8-13 所示。

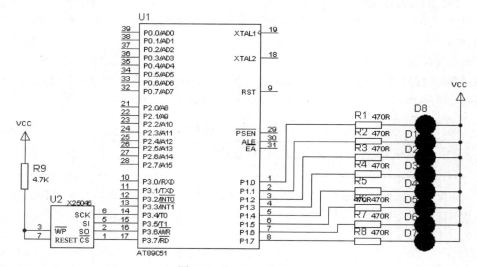

图 8-13　例 8-2 的电路图

程序如下：

```
//将数据 0x55 写入 X5045 再读出并送至 P1 口显示
#include<reg51.h>
#include<intrins.h>
#define uchar unsigned char
#define uint unsigned int
sbit  SCK=P3^4;
sbit  SI=P3^5;
sbit  SO=P3^6;
sbit  CS=P3^7;
#define  WREN  0x06          //写使能锁存器允许
#define  WRDI  0x04          //写使能锁存器禁止
#define  WRSR  0x01          //写状态寄存器
#define  READ  0x03          //读出
#define  WRITE  0x02         //写入
```

```c
void delayxms(uint xms)          //延时 xms 毫秒
{ uint t1, t2;
  for(t1=xms; t1>0; t1--)
    for(t2=110; t2>0; t2--);
}
uchar ReadCurrent(void)          //从 X5045 的当前地址读出数据，出口参数 x
{ uchar i;
  uchar x=0x00;                  //储存从 X5045 中读出的数据
  SCK=1;
  for(i=0;i<8;i++)
  { SCK=1;
    SCK=0;                       //在 SCK 的下降沿读出数据
    x<<=1;                       //左移，因为先读出的是最高的数据位
    x|=(uchar)SO;
  }
  return(x);
}


void WriteCurrent(uchar dat)     //写数据到 X5045，入口参数 dat
{ uchar i;
  SCK=0;
  for(i=0;i<8;i++)
  { SI=(bit)(dat&0x80);
    SCK=0;
    SCK=1;
    dat<<=1;                     //左移，因为首先写入的是字节的最高位
  }
}
/************************************
状态寄存器,可以设置看门狗的溢出时间及数据保护
入口参数：rs 存储寄存器状态值
*************************************/
void WriteSR(uchar rs)           //
{ CS=0;
  WriteCurrent(WREN);
  CS=1;
  CS=0;                          //重新拉低 CS，否则下面的写寄存器状态指令将被丢弃
  WriteCurrent(WRSR);
  WriteCurrent(rs);
  CS=1;
}
void WriteSet(uchar dat,uchar addr)  //写数据到 X5045 的指定地址,入口参数 addr
{ SCK=0;
  CS=0;
  WriteCurrent(WREN);
  CS=1;
  CS=0;                          //重新拉低 CS，否则下面的写寄存器状态指令将被丢弃
```

```
        WriteCurrent(WRITE);
        WriteCurrent(addr);
        WriteCurrent(dat);
        CS=1;
        SCK=0;
}
uchar  ReadSet(uchar  addr)   //从 X5045 的指定地址读出数据，入口参数 addr，出口参数 dat
{ uchar dat;
        SCK=0;
        CS=0;
        WriteCurrent(READ);
        WriteCurrent(addr);
        dat=ReadCurrent();
        CS=1;
        SCK=0;
        return dat;
}
void  WatchDog(void)               //看门狗复位功能
{ CS=1;
        CS=0;                          //CS 的一个下降沿复位看门狗定时器
        CS=1;
}
void  main()                       //主程序
{ WriteSR(0x12);                   //写状态寄存器（设定看门狗溢出时间 600ms，写不保护）
        delayxms(10);
    { WriteSet(0X0f,0x10);         //将数据 0x55 写入指定地址 0x10
        delayxms(10);
        P1=ReadSet(0x10);          //将数据读出送 P1 口，低电平灯亮
        WatchDog();
        while(1);
    }                              //复位看门狗
}
```

8.3 单总线的 C51 编程

单总线（1-wire）是 Dallas 公司推出的外围串行扩展总线。单总线只有一根数据输入/输出线 DQ，总线上所有器件都挂在 DQ 上，电源也经过这根信号线供给。这种使用一根信号线的串行扩展技术，称为单总线技术。

▶▶ 8.3.1 认识单总线

1．单总线原理

单总线系统中配置的各种测控器件是由 Dallas 公司提供的专用芯片实现的。每个芯片均有 64 位 ROM，厂家对每一个芯片用激光烧写编码，其中存有 16 位十进制编码序列号，是器件的地址编号，确保挂在总线上后，可以唯一地确定。除了器件地址编码，芯片内还含有收发控制和电源存储电路。

这些芯片的耗电量都很小，从总线上馈送电量（空闲时为几微瓦，工作时为几毫瓦）到大电容中，就可以正常工作，故一般不另附加电源。

图 8-14 所示为一个由单总线构成的分布式测温系统。许多带有单总线接口的实际温度计集成电路 DS18B20 都挂在 DQ 总线上。单片机对每个 DS18B20 通过总线 DQ 寻址。DQ 为漏极开路，须加上拉电阻 R_P。

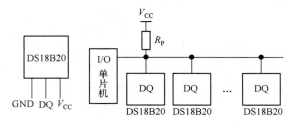

图 8-14　单总线构成的分布式测温系统

Dallas 公司为单总线的寻址及数据的传送提供了严格的时序规范。

2．常用的单总线器件

单总线器件主要提供存储器、混合信号电路、识别、安全认证等功能。常用的单总线器件见表 8-10。

表 8-10　常用的单总线器件

类　型	型　号
存储器	DS2431、DS28EC20、DS2502、DS1993
温度传感元件和开关	DS28EA00、DS1825、DS1822、DS18B20、DS18S20、DS1922、DS1923
A/D 转换器	DS2450
实时时钟	DS2417、DS2422、DS1904
电池监护	DS2871、DS2762、DS2438、DS2775
身份识别和安全易用	DS1990A、DS1961S
单总线控制和驱动器	DS1WN、DS2482、DS2480B

▶▶ 8.3.2　单总线典型器件 DS18B20 应用举例

1．DS18B20 基础

DS18B20 是达拉斯（Dallas）公司出品的数字式温度传感器芯片，它使用一个总线接口，其主要技术特点如下。

（1）工作电压范围广

工作电压范围为 3～5.5V，并且可以使用寄生电容供电的方式。

（2）集成度高

所有应用模块都集中在一个和普通三极管大小相同的芯片内，使用过程不需要任何外围器件；它使用一总线和 51 单片机进行数据通信。

（3）温度测量范围大

可测量温度区间为–55～+125℃，其中在–10～+85℃时测量精度为 0.5℃。

（4）测量分辨率可变

测量分辨率可以设置为 9～12 位，对应的最小温度刻度为 0.5℃、0.25℃、0.125℃和 0.0625℃。

（5）转换速度快

在 9 位精度时，速度最快，耗时 93.75ms；在 12 位精度时，则需要 750ms。

（6）支持多个设备

支持在同一条一总线上挂接多个 DS18B20 器件，形成多点测量，在数据传输过程中可以跟随 CRC 校验。

外部引脚如图 8-14 所示。

VCC：电源输入引脚，如果使用寄生供电方式，则该引脚直接连接到 GND 上。

GND：电源地引脚。

DQ：数据输出/输入引脚。

DS18B20 内部有一个 64 位的 ROM 空间，用于存放序列号。高序列号由 8 位产品种类编号（0x28），48 位产品序列号和 8 位 CRC 校验位组成。每个 DS18B20 都有一个唯一的序列号，可以用于区别其他 DS18B20。

DS18B20 可以将温度转换成 2 字节的数据，该数据可以设定为 9～12 位精度。如表 8-11 所示是 12 位精度的温度数据存储结构，其中 S 为符号位。当温度高于 0℃时，S 为 0，此时后 11 位数据直接乘以温度分辨率 0.0625℃，该乘积即为实际温度值；当温度低于 0℃时，S 为 1，此时 11 位数据为温度数据的补码，需要取反加 1 后再乘以温度分辨率才能得到实际的温度值。

表 8-11　DS18B20 的温度数据存储结构

	BIT7	BIT6	BIT5	BIT4	BIT3	BIT2	BIT1	BIT0
低位	2^3	2^2	2^1	2^0	2^{-1}	2^{-2}	2^{-3}	2^{-4}
高位	S	S	S	S	S	2^6	2^5	2^4

DS18B20 的温度分辨率只和选择的采样精度位数有关系，9 位采样精度对应的分辨率为 0.5℃，10 位采样精度时对应的分辨率为 0.25℃，11 位采样精度时对应的分辨率为 0.125℃，12 位采样精度时对应的分辨率为 0.0625℃。用 2B 的转化结果乘以对应的分辨率就可以得到温度值（注意符号位），但是要注意的是采样精度位数越高，需要的采样时间越长。

DS18B20 高速缓存的内部集成了一个由 9B 的高速缓存。其内部结构如表 8-12 所示。

表 8-12　DS18B20 的高速缓存的内部结构

0	1	2	3	4	5	6	7	8
温度测量结果低位	温度测量结果高位	高温触发器 TH	低温触发器 TL	配置寄存器	保留	保留	保留	CRC 校验

DS18B20 高速缓存中的配置寄存器设置 DS18B20 的工作模式及采样精度，其内部结构如表 8-13 所示，其中 TM 位用于切换 DS18B20 的测试模式和日常工作模式。在芯片出厂时该位被设置为 0，即设置了正常的工作模式，用户一般不需要对该位进行操作。

表 8-13　DS18B20 高速缓存中的配置寄存器的内部结构

BIT7	BIT6	BIT5	BIT4	BIT3	BIT2	BIT1	BIT0
TM	R1	R0	1	1	1	1	1

配置寄存器中的 R1 和 R0 位用于设置 DS18B20 的采样精度，如表 8-14 所示。

一总线的工作流程包括总线初始化、发送 ROM 命令+数据，以及发送功能命令+数据这 3 个步骤，其中功能命令由具体的器件决定，用于对器件内部进行相应功能的操作。DS18B20 的功能命令如表 8-15 所示。

表 8-14　DS18B20 的采样精度设置

R1	R0	分辨率/位	采样时间/ms	温度分辨率/℃
0	0	9	93.75	0.5
0	1	10	187.5	0.25
1	0	11	375	0.125
1	1	12	750	0.0625

表 8-15　DS18B20 的功能命令列表

功能命令的对应代码	功能命令的名称	功能
0x4e	写高速缓存	向内部高速缓存写入 TH 和 TL 数据,设置温度的上限和下限,该功能命令后跟随 2 字节的 TH 和 TL 数据
0xbe	读高速缓存	将 9 字节的内部高速缓存中的数据按照从低到高的顺序读出
0x48	复制高速缓存到 EEPROM	将内部高速缓存中的 TH、TL 及控制寄存器的数据写入 EEPROM
0xb8	恢复 EEPROM 到高速缓存	和 0X48 相反,将数据从 EEPROM 中复制到高速缓存中
0xb4	读取供电方式	当 DS18B20 使用外部电源供电时,读取数据为 1,否则为 0,此时使用寄生供电
0x44	启动温度采集	启动 DS18B20 进行温度采集

2. 应用实例

DS18B20 的操作步骤:

① 复位一总线。

② 当同一条总线上存在多个 DS18B20 时匹配 ROM,否则跳出。

③ 设置 DS18B20 的报警温度上、下限。

④ 启动采集且等待采集结果。

⑤ 先读取温度数据低位,后读取温度数据高位。

【例 8-3】　利用 DS18B20 测量温度,并通过 LED 显示出来。电路如图 8-15 所示。DS18B20 接在 P1.7 上,共阴极显示器的段在 P2 口上,位控制在 P3 口上。

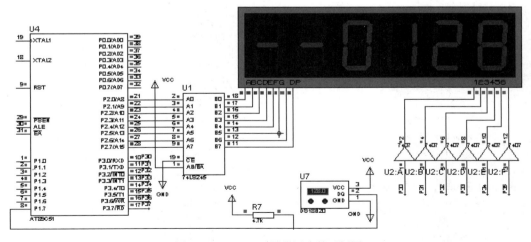

图 8-15　DS18B20 测量温度的示例图

```
#include<reg51.h>
#include<intrins.h>
```

```
#define  uchar  unsigned  char
#define  uint  unsigned  int
sbit  DIO=P1^7;
uchar  data  dis_buf[6];                    //显示缓冲区
uchar  code  table[18]={0x3f,0x06,0x5b,0x4f,0x66,0x6d,0x7d,0x07,  //显示的代码表
                        0x7f,0x6f,0x77,0x7c,0x39,0x5e,0x79,0x71,0x40,0x00};
void  dl_1ms( )                             //延时 1ms
{ data  uint  d;
   for(d=0;d<120;d++);
}
void  display( )                            //显示函数
{ data  uchar  bitcode,  i;
   bitcode=0xfe;
   for(i=0;i<6;i++)
   { P2=table[dis_buf[i]];
      P3=bitcode;
      dl_1ms( );
      P3=0xff;
      bitcode=bitcode<<1;
      bitcode=bitcode|0x01;
   }
}
void  delay_5us(uchar  y)                   //（2.17*y+5）微秒延时
{  while(--y);
}
void  delay()                               //延时 1000ms
{ uchar  i;
   for(i=0;i<140;i++)
   { display();
   }
}
void  OneWireWByte(uchar  x)                //向总线写 1 字节 x
{ uchar  i;
   for(i=0;i<8;i++)
   { DIO=0;                                 //拉低总线
      _nop_();                              //要求大于 1 微秒，但不超过 15 微秒
      _nop_();
      if(0x01&x)
      { DIO=1;                              //如果最低位为 1，则将总线拉高
      }
      delay_5us(30);                        //延时 60--120 微秒
      DIO=1;                                //释放总线
      _nop_();                              //要求大于 1 微秒
      x=x>>1;                               //移位，准备发送下一位
   }
}
uchar  OneWireRByte(void)                   //从一总线上读 1 字节，返回读到的内容
```

```
{ uchar  i, j;
  j=0;
  for(i=0;i<8;i++)
  {  j=j>>1;
     DIO=0;                              //拉低总线
     _nop_();                            //要求大于 1 微秒，但不超过 15 微秒
     _nop_();
     DIO=1;                              //释放总线
     _nop_();
     _nop_();
     if(DIO==1)                          //如果高电平
     {  j=j|0X80;
     }
     delay_5us(30);                      //延时 60--120 微秒
     DIO=1;                              //释放总线
     _nop_();                            //要求大于 1 微秒
  }
  return  j;
}
void  DS18B20_int(void)                  //初始化 DS18B20
{ DIO=0;
  delay_5us(255);                        //延时 480--960 微秒
  DIO=1;                                 //释放总线
  delay_5us(30);                         //延时 60--120 微秒
  if(DIO==0)
  {  delay_5us(200);                     //要求释放总线后 480 微秒内结束复位
     DIO=1;                              //释放总线
     OneWireWByte(0xcc);                 //发送 Skip ROM 命令
     OneWireWByte(0x4e);                 //发送写暂存 RAM 命令
     OneWireWByte(0x00);                 //温度报警上限设为 0
     OneWireWByte(0x00);                 //温度报警下限设为 0
     OneWireWByte(0x7f);                 //将 DS18B20 设为 12 位，精度为 0.25
     DIO=0;
     delay_5us(255);                     //延时 480--960 微秒
     DIO=1;                              //释放总线
     delay_5us(240);                     //要求释放总线后 480 微秒内结束复位
     DIO=1;                              //释放总线
  }
}
uint  DS18B20_readtemp()                 //读 DS18B20 的温度值
{ uint  temp;
  uchar  DS18B20_temp[2];                //温度数据
  DIO=0;
  delay_5us(255);                        //延时 480--960 微秒
  DIO=1;                                 //释放总线
  delay_5us(30);                         //延时 60--120 微秒
  if(DIO==0)
```

```
   { delay_5us(200);                    //要求释放总线后 480 微秒内结束复位
     DIO=1;
     OneWireWByte(0xcc);                //发送 Skip ROM 命令
     OneWireWByte(0x44);                //发送温度转换命令
     DIO=1;
     delay( );                          //延时 1000ms
     DIO=0;
     delay_5us(255);                    //延时 480--960 微秒
     DIO=1;
     delay_5us(30);                     //延时 60--120 微秒
     if(DIO==0)
     { delay_5us(200);                  //要求释放总线后 480 微秒内结束复位
       DIO=1;
       OneWireWByte(0xcc);              //发送 Skip ROM 命令
       OneWireWByte(0xbe);              //发送读暂存 RAM 命令
       DS18B20_temp[0]=OneWireRByte();       //读温度的低字节
       DS18B20_temp[1]=OneWireRByte();       //读温度的高字节
       temp=256*DS18B20_temp[1]+DS18B20_temp[0];
       temp=temp/16;
       DIO=0;
       delay_5us(255);                  //延时 480--960 微秒
       DIO=1;
       delay_5us(240);                  //要求释放总线后 480 微秒内结束复位
       DIO=1;
     }
     return  temp;
   }
}
void  main( )                           //主函数
{ uint  temp;
  DS18B20_int();
  dis_buf[0]=16;  dis_buf[1]=16;
  dis_buf[2]=0;   dis_buf[3]=0;
  dis_buf[4]=0;   dis_buf[5]=0;
  display( );
  while(1)
  { temp=DS18B20_readtemp();
    dis_buf[2]=temp/1000;
    dis_buf[3]=(temp%1000)/100;
    dis_buf[4]=(temp%100)/10;
    dis_buf[5]=temp%10;
    display( );
  }
}
```

8.4　串行 A/D 接口芯片 TLC2543 的 C51 编程

串行 A/D 转换器由于采用串行方式与 CPU 连接，具有硬件简单、体积小、占用 I/O 口线少的优点，在单片机应用系统中具有很大的优势。现在串行 A/D 品种越来越多，随着价格的降低，有取代并行 A/D 的趋势。TLC2543 是比较典型的串行 A/D 转换器。

1. TLC2543 的特性及引脚

TLC2543 是 TI 公司生产的 12 位串行 A/D 转换器，使用开关电容逐次逼近技术完成 A/D 转换过程。由于是串行输入结构，能够节省 8051 系列单片机的 I/O 资源，而且价格适中，其主要特点如下：

- 12 位分辨率 A/D 转换器。
- 在工作温度范围内 10μs 转换时间。
- 11 个模拟输入通道。
- 3 路内置自测试方式。
- 采样率为 66kb/s。
- 线性误差为+1LSB（max）。
- 有转换结束（EOC）输出。
- 具有单、双极性输出。
- 可编程的 MSB 或 LSB 前导。
- 可编程的输出数据长度。

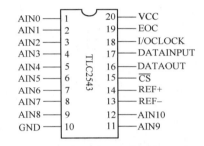

图 8-16　TLC2543 引脚图

TLC2543 的引脚排列如图 8-16 所示。

图中，AIN0～AIN10 为模拟输入端，$\overline{CS}$ 为片选端，DATAINPUT 为串行数据输入端，DATAOUT 为 A/D 转换结果的三态输出端，EOC 为转换结束端，I/OCLOCK 为 I/O 时钟，REF+为正基准电压端，REF–为负基准电压端，VCC 为电源，GND 为地。

2. TLC2543 的工作过程

TLC2543 的工作过程分两个周期：I/O 周期和实际转换周期。

（1）I/O 周期

I/O 周期由外部提供的 I/OCLOCK 定义，延续 8、12 或 16 个时钟周期，决定于选定的输出数据长度。器件进入 I/O 周期后同时进行两种操作。

① 在 I/OCLOCK 的前 8 个脉冲的上升沿，以 MSB 前导方式从 DATAINPUT 端输入 8 位数据到输入寄存器。其中前 4 位为模拟通道地址，控制 14 通道模拟多路器从 11 个模拟输入和 3 个内部自测电压中选通一路到采样保持器，该电路从第 4 个 I/OCLOCK 脉冲的下降沿开始，对所选信号进行采样，直到最后一个 I/OCLOCK 脉冲的下降沿。I/O 周期的时钟脉冲个数与输出数据长度（位数）有关，输出数据长度由输入数据的 D3、D2 选择为 8、12 或 16 位。当工作于 12 或 16 位时，在前 8 个时钟脉冲之后，DATAINPUT 无效。

② 在 DATAOUT 端串行输出 8、12 或 16 位数据。当 $\overline{CS}$ 保持为低时，第一个数据出现在 EOC 的上升沿；若转换由 $\overline{CS}$ 控制，则第一个输出数据发生在 $\overline{CS}$ 的下降沿。这个数据串是前一次转换的结果，在第一个输出数据位之后的每个后续位均由后续的 I/OCLOCK 脉冲下降沿输出。

（2）转换周期

在 I/O 周期的最后一个 I/OCLOCK 脉冲下降沿之后，EOC 变低，采样值保持不变，转换周期开始，片内转换器对采样值进行逐次逼近式 A/D 转换，其工作由与 I/OCLOCK 同步的内部时钟控制。转换结束后 EOC 变高，转换结果锁存在输出数据寄存器中，待下一个 I/O 周期输出。I/O 周期和转换周期交替进行，从而可以减小外部的数字噪声对转换精度的影响。

TLC2543 的工作时序如图 8-17 所示。

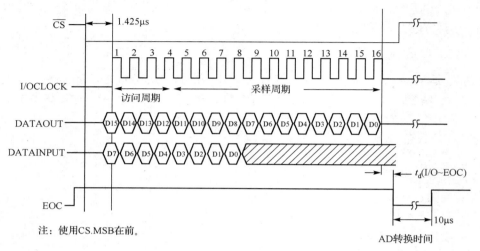

图 8-17　TLC2543 的工作时序

3. TLC2543 的命令字

每次转换都必须给 TLC2543 写入命令字，以便确定转换的信号来自哪个通道，转换的结果用多少位输出，输出的顺序是高位在前还是低位在前，输出的结果是有符号数还是无符号数。命令字的写入顺序是高位在前，命令字的格式如下：

通道地址选择（D7~D4）	数据的长度（D3~D2）	数据的顺序（D1）	数据的极性（D0）

通道选择地址位用来选择输入通道。二进制数 0000~1010 是 11 个模拟量 AIN0~AIN10 的地址，1011~1101 和 1110 分别是自测试电压和掉电的地址。地址 1011、1100 和 1101 所选择的自测试电压分别是(VREF(VREF+)–(VREF–))/2、VREF–、VREF+。选择掉电后 TLC2543 处于休眠状态，此时电流小于 20μA。

数据的长度（D3~D2）位用来选择转换的结果用多少位输出。D3D2 为×0，12 位输出；D3D2 为 01，8 位输出；D3D2 为 11，16 位输出。

数据的顺序位 D1 用来选择数据输出的顺序。D1 为 0，高位在前；D1 为 1，低位在前。

数据的极性位 D0 用来选择数据的极性。D0 为 0，数据是无符号数；D0 为 1，数据是有符号数。

4. TLC2543 的 C51 编程

【例 8-4】　电路如图 8-18 所示。模拟输入信号从通道 0 输入，将输入的模拟量转换成二进制数在显示器上显示出来。

C51 程序如下：

```
#include<reg51.h>
sbit  SDO=P3^0 ;                          //定义端口
sbit  SDI=P3^1 ;
```

```
sbit  CS=P3^2 ;
sbit  CLK=P3^3 ;
sbit  EOC=P3^4 ;
sbit  P2_0=P2^0 ;
sbit  P2_1=P2^1 ;
sbit  P2_2=P2^2 ;
sbit  P2_3=P2^3 ;
unsigned  char  code  xiao[]=
{0xC0, 0xF9, 0xA4, 0xB0, 0x99, 0x92, 0x82, 0xF8, 0x80, 0x90} ;
                                      //共阳极数码管 0-9 的段码
//********************************
//延时程序
//********************************
void  delay(unsigned  char  n)
{   unsigned  char  i,  j;
    for( i=0; i<n; i++)
    for( j=0; j<125; j++);
}
//********************************
//向 TLC2543 写命令及读转换后的数据
//********************************
unsigned  int  read2543(unsigned  char  con_word)
{   unsigned  int  ad=0,i;
    CLK=0 ;                           //时钟首先置低
    CS=0 ;                            //片选为 0，芯片工作
    for( i=0; i<12; i++)
    {   if(SDO)                       //首先读 TLC2543 的 1 位数据
        ad=ad|0x01;
        SDI=(bit)(con_word&0x80);     //向 TLC2543 写 1 位数据
        CLK=1;                        //时钟上升沿，TLC2543 输出使能
        delay(3);
        CLK=0;                        //时钟下降沿，TLC2543 输入使能
        delay(3);
        con_word<<=1;
        ad<<=1;
    }
    CS=1;
    ad>>=1;
    return(ad);
}
void  main()
{   unsigned  int  ad;
    while(1)
    {   ad=read2543(0x00) ;
        P0=xiao[ad/1000] ;            //千位数字的段码
        P2_0=1 ;                      //显示千位
        delay(3) ;
```

```
        P2_0=0 ;
        P0=xiao[(ad%1000)/100];              //百位数字的段码
        P2_1=1;                              //显示百位
        delay(3);
        P2_1=0;
        P0=xiao[(ad%100)/10];                //十位数字的段码
        P2_2=1;                              //显示十位
        delay(3);
        P2_2=0;
        P0=xiao[ad%10];                      //个位数字的段码
        P2_3=1;                              //显示个位
        delay(3);
        P2_3=0;
    }
}
```

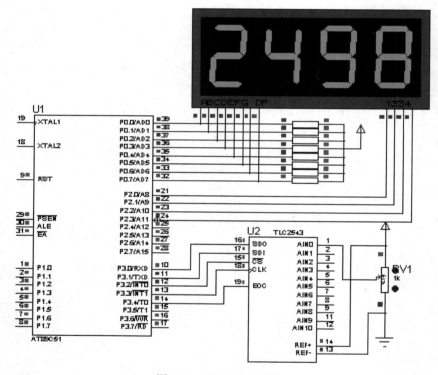

图 8-18　例 8-4 的电路图

本章小结

本章主要通过例子介绍了串行口扩展的基本方法，包括两部分内容。

① 51 单片机串行扩展技术：I^2C 总线与 AT24C02、SPI 总线与 X25045、一总线与 DS18B20。

② 典型的串行接口 A/D 芯片 TLC2543 的应用举例。

习题

1. SPI 总线一般使用几条线？分别是什么？
2. I²C 总线一般使用几条线？分别是什么？
3. 说明 I²C 总线主机、从机数据传输过程。
4. SPI 总线与 I²C 总线在扩展多个外部器件时有什么不同？
5. SPI 总线上挂有多个 SPI 器件，如何选中某一个 SPI 从器件？
6. I²C 总线上挂有多个 I²C 器件，如何选中某一个 I²C 器件？

第 9 章　μVision2 与 Proteus 使用基础

μVision2 集成开发环境（Integration Design Environment，IDE）是一个基于 Windows 的软件开发平台，包含一个高效的编辑器、一个项目管理器和一个 MAKE 工具。μVision2 支持所有的 Keil C51 工具，包括 C 语言编译器（C51）、宏汇编器（A51）、链接/定位器（BL51）、库（LIB51）、目标代码到 HXE 的转换（OH51）、实时操作系统（RTX51）及调试器（dScope51、tScope51 和 Monitor51），可以完成编辑、编译、链接、调试、仿真等整个开发流程。

Proteus 是英国 Lab Center Electronics 公司研发的 EDA 工具软件。Proteus 不仅是模拟电路、数字电路、模/数混合电路的设计与仿真平台，更是目前世界上较先进、较完整的多种型号微控制器（单片机）系统的设计与仿真平台。它真正实现了在计算机上完成从原理图设计、电路分析与仿真、单片机代码级调试与仿真、系统测试与功能验证，到形成 PCB 的完整的电子设计、研发过程。Proteus 从 1989 年问世至今，经过了 30 多年的使用、发展和完善，功能越来越强，性能越来越好。

本章主要介绍 μVision2 和 Proteus 的应用基础，更详细的介绍请读者参阅有关书籍。

 ## 9.1　μVision2 集成开发环境

μVision2 IDE 是基于 Windows 的开发平台，开发人员可以用μVision2 编辑器或其他编辑器编辑 C 语言或汇编语言文件，然后分别由 C51 语言和 A51 语言编译生成目标文件（.OBJ）。目标文件可由 LIB51 创建生成库文件（.LIB），也可与库文件一起经 L51 链接定位生成绝对目标文件（.ABS）。绝对目标文件由 OH51 转换成标准的 HEX 文件，以供调试器进行源代码级调试，也可由仿真器直接对目标板（用户板）调试，或直接写入程序存储器如 EPROM、Flash 中进行验证。

在μVision2 中，可以通过键盘或鼠标选择开发工具的命令、设置和选项，也可以通过键盘输入程序文本。μVision2 集成环境中有菜单栏、可以快速选择命令按钮的工具栏、源代码文件窗口、对话框窗口和信息显示窗口。软件可同时打开和查看多个源文件，通过鼠标或键盘可移动或调整窗口的大小。μVision2 集成环境如图9-1 所示。

图 9-1　μVision2 集成环境

　　μVision2 菜单栏提供了丰富的操作菜单，例如文件操作、编辑器操作、项目管理、选项设置、程序调试、外部程序执行、窗口管理及在线帮助等多项功能。

▶▶ 9.1.1　File、Edit 和 View 菜单

1．File（文件）菜单

File 菜单项、工具栏图标、默认的快捷键及描述如表 9-1 所示。

表 9-1　File 菜单

File 菜单	工具栏图标	快 捷 键	描　　述
New		Ctrl+N	创建新的源文件
Open		Ctrl+O	打开已存在的文件
Close			关闭当前文件
Save		Ctrl+S	保存当前文件
Save All			保存所有文件
Save As			保存并重新命名当前文件
Device Database			维护器件数据库
Print Setup			设置打印机
Print		Ctrl+P	打印当前文件
Print Preview			打印预览
1～10			打开最近使用的源文件
Exit			退出 μVision2

2．Edit（编辑）菜单

Edit 菜单项、工具栏图标、默认的快捷键及描述如表 9-2 所示。

表 9-2　Edit 菜单

Edit 菜单	工具栏图标	快 捷 键	描　　述
		Home	移动光标到本行的开始
		End	移动光标到本行的末尾
		Ctrl+Home	移动光标到当前文件的开始
		Ctrl+End	移动光标到当前文件的末尾
		Ctrl+←	移动光标到其前面单词词首
		Ctrl+→	移动光标到其后面单词词首
		Ctrl+A	选择当前文件全部内容
Undo		Ctrl+Z	撤销上次操作
Redo		Ctrl+Shift+Z	重复上次操作
Cut		Ctrl+X	剪切所选文本
		Ctrl+Y	剪切当前行所有文本
Copy		Ctrl+C	复制所选文本
Paste		Ctrl+V	粘贴
Indent Selected Text			将所选文本向右缩进一个制表符位

Edit 菜单	工具栏图标	快 捷 键	描　　述
Unindent Selected Text			将所选文本向左缩进一个制表符位
Toggle Bookmark		Ctrl+F2	设置/取消当前行书签
Goto Next Bookmark		F2	移动光标至下一个书签处
Goto Previous Bookmark		Shift+F2	移动光标到上一个书签处
Clear All Bookmarks			清除当前文件的所有书签
Find	command		在当前文件中查找文本
		F3	重复查找上次查找文本
		Shift+F3	向前重复查找光标所在处文字
		Ctrl+F3	向后重复查找光标所在处文字
Replace			替换文本
Find in Files			在多个文件中查找
Goto Matching Brace			选择相匹配的一对花括号、圆括号或方括号所包括的内容

3. View（视图）菜单

View 菜单项、工具栏图标及描述如表 9-3 所示。

表 9-3　View 菜单

View 菜单	工具栏图标	描　　述
Status Bar		显示/隐藏状态条
File Toolbar		显示/隐藏文件工具栏
Build Toolbar		显示/隐藏编译工具栏
Debug Toolbar		显示/隐藏调试工具栏
Project Window		显示/隐藏项目窗口
Output Window		显示/隐藏输出窗口
Source Browser		打开资源浏览器
Disassembly Window		显示/隐藏反汇编窗口
Watch & Call Stack Window		显示/隐藏观察和堆栈窗口
Memory Window		显示/隐藏存储器窗口
Code Coverage Window	CODE	显示/隐藏代码报告窗口
Performance Analyzer Window		显示/隐藏性能分析窗口
Symbol Window		显示/隐藏字符变量窗口
Serial Window #1		显示/隐藏串行口 1 的观察窗口
Serial Window #2		显示/隐藏串行口 2 的观察窗口
Toolbar		显示/隐藏自定义工具栏
Periodic Window Update		程序运行时，周期刷新调试窗口
Workbook Mode		显示/隐藏窗口框架模式
Options		设置颜色、字体、快捷键和编辑器的选项

▶▶ 9.1.2　Project、Debug 和 Flash 菜单

1．Project（项目）菜单

Project 菜单项、工具栏图标及描述如表 9-4 所示。

表 9-4　Project 菜单

Project 菜单	工具栏图标	描　　述
New Project		创建新工程
Import uVision2 Project		导入并转换一个 μVision2 的工程
Open Project		打开已存在的工程
Close Project		关闭当前的工程
Target Environment		定义工具包含文件和库的路径
Select Device for Target		从器件数据库中选择一个 CPU
Remove		从工程中删除一个组或文件
Options		设置对象、组或文件的工具选项
Build Target		编译修改过的文件并生成应用
Rebuild all target files		重新编译所有的文件并生成应用
Translate		编译当前文件
Stop build		停止生成应用
1～10		打开最近使用过的工程

2．Debug（调试）菜单

Debug 菜单项、工具栏图标、默认的快捷键及描述如表 9-5 所示。

表 9-5　Debug 菜单

Debug 菜单	工具栏图标	快　捷　键	描　　述
Start/Stop Debugging		Ctrl+F5	启动/停止调试模式
Go		F5	全速运行程序直到激活的断点
Step		F11	单步执行进入函数
Step Over		F10	单步执行越过函数
Step out of Current Function		Ctrl+F11	单步执行跳出当前函数
Run to Cursor Line		Ctrl+F10	全速运行程序至光标所在行
Stop Running		Esc	停止程序运行
Breakpoints			打开断点对话框
Insert/Disable Breakpoint			在当前行插入/清除断点
Enable/Disable Breakpoint			在当前行使能/禁止断点
Disable All Breakpoint			禁止程序中所有断点
Kill All Breakpoint			清除程序中所有断点
Show Next Statement			显示下一条可执行的语句或指令
Enable/Disable Trace Recording			使能跟踪记录，用于指令的观察
View Trace Records			观察以前执行的指令
Memory Map			打开存储器影像对话框
Performance Analyzer			打开性能分析器的设置对话框
Inline Assembly			对某一行重新汇编，可修改汇编代码
Function Editor			编辑调试函数和调试配置文件

3. Flash 菜单及命令

Flash 菜单项、工具栏图标及描述如表 9-6 所示。

表 9-6　Flash 菜单及命令

Flash 菜单	工具栏图标	描　述
Download	LOAD	下载程序到 Flash
Erase	ERA	擦除 Flash 原有程序
Configure Flash Tool		打开 Flash 配置对话框

▶▶ 9.1.3　Peripherals、Tools 和 Window 菜单

1. Peripherals（外围器件）菜单

Peripherals 菜单项的命令、工具栏图标及描述如表 9-7 所示。

对话框的列表和内容由所选择的 CPU 类型决定，不同类型的 CPU 的外设不同，该菜单项目也不同，例如有些器件带有 A/D、D/A 转换等外设资源。

2. Tools（工具）菜单

Tools 菜单项及描述如表 9-8 所示。

表 9-7　Peripherals 菜单

Peripherals 菜单	工具栏图标	描　述
Reset CPU	RST	复位 CPU
Interrupt		打开中断对话框
I/O-Ports		打开 I/O 对话框
Serial		打开串行口对话框
Timer		打开定时器对话框

表 9-8　Tools 菜单

Tools 菜单	描　述
Setup PC-Lint	设置 Gimpel Software 的 PC-Lint 程序
Lint	用 PC-Lint 处理当前编辑的文件
Lint all C Source Files	用 PC-Lint 处理项目中所有的 C 源代码文件
Setup Easy-Case	设置 Siemens 的 Easy-Case 程序
Start/Stop Easy-Case	运行/停止 Siemens 的 Easy-Case 程序
Show File(Line)	用 Easy-Case 处理当前编辑的文件
Customize Tools Menu	添加用户程序到工具菜单中

3. Window（视窗）菜单

Window 菜单项、工具栏图标及描述如表 9-9 所示。

表 9-9　Window 菜单

Window 菜单	工具栏图标	描　述
Cascade		层叠所有窗口
Tile Horizontally		横向排列窗口（不层叠）
Tile Vertically		纵向排列窗口（不层叠）
Arrange Icons		排列主框架底部的图标
Split		把激活的窗口拆分为若干窗格
Close All		关闭所有的窗口
1～10		激活选中的窗口

另外，μVision2 还有 SVCS 菜单和 Help（帮助）菜单，SVCS 用来配置软件版本控制系统的命令，Help 菜单可以打开在线帮助手册和技术支持、离线帮助手册及μVision2 版本号等信息。

 ## 9.2　用 μVision2 建立与调试工程

μVision2 集成开发环境有一个工程管理器，使得 51 系列单片机应用系统的程序设计更为简单方便。利用μVision2 建立的应用项目是多文件模式，所有的文件包括程序（包括 C 语言程序、汇编语言程序）、头文件及说明性的技术文档，都可以放在工程项目文件里统一管理。

程序编译通过并不意味着程序执行后就能实现用户的既定目标，可能还隐含着很多看不见的错误，这就需要对程序进行调试。调试相关的命令在 Debug 菜单下。

▶▶ 9.2.1　工程创建、设置、编译与链接

1．工程创建

μVision2 是一个标准的 Windows 应用程序，直接单击程序图标就可以启动它。μVision2 启动后，程序窗口的左边为一个工程管理窗口。该窗口中有 3 个标签，即 Files、Rges 和 Books，分别显示当前项目的文件结构、CPU 的工作寄存器和部分特殊功能寄存器，以及所选 CPU 的附加说明文件，当首次启动μVisions2 时，3 个标签全是空的。

从μVision2 的 Project 菜单中选择 New Project，将打开如图 9-2 所示的创建新工程对话框，给将要建立的工程文件起一个名字，并选择合适的存储位置，然后单击"保存"按钮，出现下一个对话框。

这个对话框要求用户选择目标 CPU 型号，从图中可以看出，Keil 支持的 CPU 种类繁多，几乎所有目前流行的芯片厂家的 CPU 型号都包含在内。用户可根据实际情况选用 CPU，方法是在器件厂商列表中单击所用器件厂商名字前的"+"，展开之后选择对应型号即可。

选择好 CPU 型号后，会弹出如图 9-3 所示的对话框，询问用户是否添加标准的 8051 启动代码（STARTUP.A51），单击"是"按钮，启动代码自动添加到工程文件组中。

图 9-2　创建新工程对话框　　　　　　　　图 9-3　启动代码自动添加对话框

文件 STARTUP.A51 是 51 系列 CPU 的启动代码，启动代码主要用来对 CPU 数据存储器进行清 0，并初始化硬件和重入函数堆栈指针等。用户也根据自己所用目标硬件来修改启动文件，以适应实际需要。

使用菜单 File/New 或单击工具栏上的新建文件按钮，即可在项目窗口的右侧打开一个新的文本编辑窗口，在该窗口中输入程序代码，然后保存文件。注意保存时必须加上扩展名。源文件的编写也可以使用另外的文本编辑器。

虽然源文件已创建并保存好了，但此时与工程项目并无任何关系，还需要采用下述方式把其添加至项目中。右击 Project 窗口 Files 选项卡中的 Source Group 1，弹出快捷菜单，单击菜单中的 Add Files to Group 'Group 1' 选项，可打开一个如图9-4所示的添加文件对话框，从对话框中选择用户创建的源文件，单击 Add 按钮即可把其加入项目中。

图 9-4　添加文件对话框

2. 工程设置

工程建立好之后，还要对工程进行进一步的设置，以满足实际需要。μVision2 允许为目标硬件及其相关元件设置必要的参数。μVision2 还可以设置 C51 语言编译器、A51 汇编器、链接及定位和转换等软件开发工具选项。使用鼠标或键盘可以选择相应的项目或更改选项设置。

在选择 Project/Options for Target 命令后弹出的对话框中，可以通过各个选项卡定义目标硬件及所选的所有相关参数。各目标硬件选项卡的说明如表 9-10 所示。

表 9-10　目标硬件选项卡说明

选 项 卡	描　　述
Target	定义应用的目标硬件
Output	定义 Keil 工具的输出文件并让定义生成处理后执行的用户程序
Listing	定义 Keil 工具输出的所有列表文件
C51	设置 C51 编译器的特别工具选项，如代码优化或变量分配
A51	设置汇编器的特别工具选项，如宏处理
BL51 Locate	定义不同类型的存储器和存储器的不同段的位置。典型情况下，可选择 Memory Layout from Target Dialog 来获得自动设置
BL51 Misc	其他与链接器相关的设置，如告警或存储器指示
Debug	μVision2 Debugger 的设置
Utilities	文件和文件组的文件信息与特别选项

（1）Target 选项卡

软件默认的选项卡为 Target（目标）选项卡，在该选项卡中可设置的主要参数及其描述如下。

① Xtal（MHz）

Xtal（MHz）用来设置单片机的工作频率，默认值是所选 CPU 的最高可用频率值，如果单片机所用晶振是 11.0592 MHz，那么在文本框中输入 11.0592 即可。

② Use On–chip ROM（0x0–0xFFF）

Use On–chip ROM（0x0–0xFFF）表示使用片上的 Flash ROM。例如，AT89c52 有 8 KB 的 Flash ROM，就要用到这个选项。如果单片机的 $\overline{EA}$ 引脚接高电平，那么要选这个选项；如果单片机的 $\overline{EA}$ 接低电平，表示使用外部 ROM，那么不要选中该选项。

③ Off–chip Code memory

Off–chip Code memory 是在片外所接 ROM 的开始地址和大小，如果没有外接程序存储器，那么不要输入任何数据。假如使用一个片外的 ROM，地址从 0x8000 开始，Size 则为外接 ROM 的大小。

④ Off–chip Xdata memory

Off–chip Xdata memory 可以输入外接的 Xdata。例如，接一个片外 RAM62256，则可以指定 Xdata 的起始地址为 0x4000，大小为 0x8000。

⑤ Code Banking

Code Banking 表示使用 Code Banking 技术，Keil C51 可以支持程序代码超过 64 KB 的情况，最大可以有 2 MB 的程序代码。如果代码超过 64 KB，那么就要使用 Code Banking 技术来支持更多的程序空间。Code Banking 支持自动的 Bank 的切换，它建立一个大型的系统需求，例如，在单片机中实现汉字字库及汉字输入法，都要用到该技术。

⑥ Memory Model

单击 Memory Model 下的三角按钮，共有 3 个选项。

- Small 表示变量存储在内部 RAM 中。
- Compact 表示变量存储在外部 RAM 中，使用 8 位间接寻址。
- Large 表示变量存储在外部 RAM 中，使用 16 位间接寻址。

一般使用 Small 方式来存储变量，单片机优先把变量存储在内部 RAM 中，如果内部 RAM 不够，才会存到外部 RAM 中。Compact 方式要自己通过程序来指定页的高位地址，编程比较复杂。Compact 方式适用于比较少的外部 RAM 的情况。Large 方式是指变量会优先分配到外部 RAM 中。要注意 3 种存储方式都支持内部 256 字节和外部 64 KB 的 RAM，区别是变量优先存储在哪里。除非不想把变量存储在内部 RAM 中，才使用后面的 Compact 和 Large 方式。因为变量存储在内部 RAM 中，运算速度比存储在外部 RAM 中要快得多，大部分的应用都选择 Small 方式。

⑦ Code Rom Size

单击 Code Rom Size 下的三角按钮，共有 3 个选项。

- Small。Program 2K or less 选项适用于程序存储空间只有 2 KB 的单片机，所有跳转地址只有 2 KB，如果代码跳转超过 2 KB，就会出错。
- Compact。2 K functions，64K program 选项表示每个子函数的程序大小不超过 2 KB，整个工程可以有 64 KB 的代码。
- Large。64 K program 选项表示程序或子函数大小都可以大到 64 KB。使用 code bank 程序大小还可以更大。Code Rom Size 选择 Large 方式，速度不会比 Small 慢很多，所以一般没有必要选择 Compact 或 Small 方式，通常情况下一般选择此选项即可。

⑧ Operating

单击 Operating 下的三角按钮，共有 3 个选项：

- None 选项表示不使用操作系统；
- RTX–51 Tiny 选项表示使用 Tiny 操作系统；
- RTX–51 Full 选项表示使用 Full 操作系统。

Keil C51 提供了 Tiny 系统，Tiny 是一个多任务操作系统，使用定时器 0 作为任务切换。一般用 11.0592 MHz 时，切换任务的速度为 30 ms。如果有 10 个任务同时运行，那么切换时间为 300 ms，同时不支持中断系统的任务切换，也没有优先级。因为切换的时间太长，实时性大打折扣，对内部 RAM 的占用也过多。多任务操作系统一般适合于 16 位、32 位这样的速度更快的 CPU。

Keil C51 Full 是比 Tiny 要好一些的系统，但需要用户使用外部 RAM，支持中断方式的多任务和任务优先级，但 Keil C51 中不提供该运行库。

一般情况下不使用操作系统，即该项的默认值为 None。

（2）Output 选项卡

Output 选项卡中可设置的主要参数及其描述如下。

① Select Folder for Object

单击该按钮可选择编译后目标文件的存储目录，如果不设置，就存储在项目文件的目录中。

② Name of Executable

设置生成目标文件的名字，默认情况下和项目文件名字一致。目标文件可以生成库或 OBJ、HEX 等文件格式。

③ Create Executable

如果要生成 OMF 和 HEX 文件，一般选中 Debug Information 和 Browse Information。选中这两项，才有调试所需要的详细信息，比如要调试 C 语言程序，如果不选中，调试时无法看到高级语言编写的程序。

④ Create HEX File

选中该项，编译之后即可生成 HEX 文件。默认情况下该项未选中。如果要把程序写入硬件，则必须选中该项，这一点容易被初学者忽视。

⑤ Create Library

选中该项时将生成 lib 库文件。一般的应用是不生成库文件的。默认情况下该项未选中。

⑥ After Make

After Make 栏中有以下几个选项：

Beep when complete：编译完成后发出蜂鸣声。

Start Debugging：编译完成后即启动调试，一般不选。

Run User Program #1，Run User Program #2：设置编译完成后所要运行的其他应用程序。

（3）Listing 选项卡

Listing 选项卡用于调整生成的列表文件选项。

① Select Folder for Listing

该按钮用来选择列表文件存放目录，默认情况下为项目文件所在目录。

在汇编或编译完成后将生成（*.lst）的列表文件，在链接完成后也可产生（*.m51）的列表文件，该页用于对列表文件的内容和形式进行细致的调节。这两个文件可以告诉用户程序中所使用的 idata、idata、bit、xdata、code、RAM、ROM 等相关信息，以及程序所需要的代码空间。

实际使用中，一般选中 C Compile Listing 下的 Assemble Code 项，选中该项可以在列表文件中生成 C 语言程序所对应的汇编代码。

② C51 语言选项卡的设置选项

用于对 Keil 的 C 编译器的编译过程进行控制，其中比较常用的是 Code Optimization 组。

该选项中的 Level 是优化等级，C51 语言在对程序进行编译时，可以对代码进行 9 级优化，默认为第 8 级，一般无须修改，如果在编译中出现问题，可以尝试降低优化级别。

Emphasis 表示选择编译优先方式，第 1 项是代码量优化（最终生成的代码量最小），第 2 项是速度优化（最终生成的代码速度最快），第 3 项是默认值。默认情况下是速度优先，可根据需要更改。

（4）Debug 选项卡

Debug 选项卡用来设置μVision2 调试器，其选项如图9-5 所示。

从图 9-5 所示 Debug 选项卡中可以看出，仿真有两种方式：Use Simulator（软件模拟）和 Use：Keil Monitor-51 Driver（硬件仿真）。软件模拟是纯粹的软件仿真，此模式下，不需要实际的目标硬件就可以模拟 80C51 单片机系列的很多功能，在硬件做好之前，就可以测试和调试嵌入式应用程序。μVision2 可以模拟很多外围部件，包括串行口、外部 I/O 和定时器。外围部件设置是在从器件数据库选择 CPU 时选定的。

硬件仿真选项有高级 GDI 驱动和 Keil Monitor-51 驱动，运用此功能用户可以把 Keil C51 嵌入到自己的系统中，从而实现在目标硬件上调试程序。若要使用硬件仿真，则应选择 Use 选项，并在该栏后的驱动方式选择框内选择这时的驱动程序库。

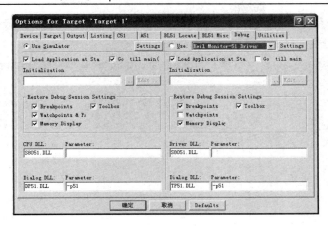

图 9-5　Debug 选项卡

Load Application at Start：选择此选项，Keil 会自动装载程序代码。

Go till main：调试 C 语言程序时可选择此项，PC 会自动运行到 main 程序处。

3. 编译与链接

工程建立并设置好后，需要对工程进行编译。编译命令位于如图 9-6 所示的 Project 菜单下，也可单击如图9-7所示的工具栏中的编译命令按钮。

图 9-6　Project 菜单中的编译命令

图 9-7　工具栏中的编译命令按钮

如果一个项目包含多个程序文件，而仅对某一个文件进行了修改，则不用对所有文件编译，仅对修改过的文件进行编译即可，方法是选择 Project→Build target（▦）。如果要对所有的程序进行编译，选择 Project→Rebuild all target files（▦）即可。

编译之后，如果没有错误，开发环境的下方会显示编译成功的信息，如图9-8所示。

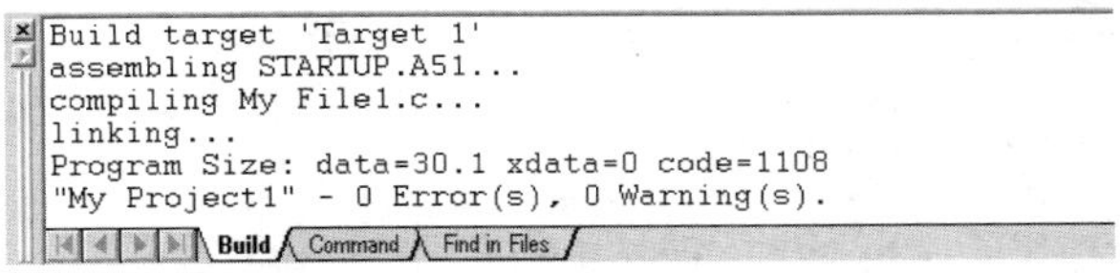

```
Build target 'Target 1'
assembling STARTUP.A51...
compiling My File1.c...
linking...
Program Size: data=30.1 xdata=0 code=1108
"My Project1" - 0 Error(s), 0 Warning(s).
Build  Command  Find in Files
```

图 9-8　编译成功信息

▶▶ 9.2.2　用μVision2调试工程

程序编译通过并不意味着程序执行后就能实现用户的既定目标，可能还隐含着很多看不见的错误，这就需要对程序进行调试。调试相关的命令在 Debug 菜单下。

1. 程序执行与断点设置

单击 Debug 菜单下的 Start/Stop Debug（▨）命令，μVision2 会载入应用程序进入调试模式，如

图 9-9 所示，μVision2 保持编辑器窗口的布局，并恢复最后一次调试时窗口显示的 CPU 指令，下一条可以执行的语句用黄色箭头标出。

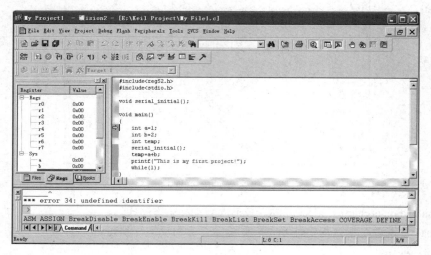

图 9-9　调试模式

调试时，编辑器的很多功能仍然可以使用。例如，使用查找命令或纠正程序的错误。程序的源文件在同一窗口显示。μVision2 调试模式和编辑模式有以下的不同点：

① 提供 Debug 菜单和 Debug 命令；

② 不能修改项目结构或工具参数，所有 Build 命令禁止。

程序调试必须明确两个重要的概念，即单步执行和全速执行。全速执行是指一行程序执行完后接着执行下一行程序，中间没有间断，程序执行速度很快，只能看到程序执行的总体结果，如果程序中存在错误，则难以判断错误的具体位置。选择菜单命令 Debug→Go（▤↓）或按快捷键 F5，程序全速执行。

单步执行是指每一次执行一行程序，执行完该行程序即停止，等待命令执行下一行程序。在这种执行方式下，可以方便地观察每条程序语句的执行结果，可以依次判断程序错误的具体位置。

选择菜单命令 Debug→Step（⟴）或按快捷键 F11，可以单步执行程序。选择菜单命令 Debug→Step Over（⟴）或按快捷键 F10，可以以过程单步形式执行命令。所谓过程单步，是指将汇编程语言中的子程序或 C 语言中的函数作为一条语句来执行。

另外，单击 Debug 菜单下的 Step out of Current Function（⟴），单步执行跳出当前函数。单击 Debug 菜单下的 Run to Cursor Line（⟴），全速运行程序至光标所在行。单击 Debug 菜单下的 Stop Running（✖），程序停止运行。

程序调试时，一些程序必须满足一定的条件才能被执行，如程序中某一变量达到一定的值、按键被按下、有中断产生等事件发生，这些条件发生往往是异步发生或难以预先设定的，这类问题使用单步执行的方法是很难调试的，这时就需要使用程序调试中的另一种重要方法：断点设置。

μVision2 可以用几种不同的方法定义断点。在程序代码翻译以前，也可以在编辑源文件时，设置断点。断点可以用以下的方法定义和修改。

① 用工具栏按钮。在 Editor（编辑器）或 Disassembly（反汇编）窗口选中代码行，然后单击断点按钮（🖑）。

② 用快捷菜单的断点命令。在 Editor（编辑器）或 Disassembly（反汇编）窗口选中代码行，单击鼠标右键，打开快捷菜单。

③ Debug 菜单下的 Breakpoints 对话框可以查看、定义和修改断点设置。这个对话框可以定义不同访问属性的断点。

另外，菜单命令 Debug→Enable→Disable Breakpoint（🖐）用来开启或暂停光标所在行的断点功能，Debug→Disable All Breakpoint（🖐）用来暂停所有的断点，Kill All Breakpoint（🖐）用来清除所有的断点设置。

设置好断点后可以全速运行程序，一旦执行到设置断点的程序行即停止运行，可以在此观察相关变量或特殊寄存器的值，以判断确定程序中存在的问题。

2. 调试窗口

μVision2 提供了友好的人机交互界面，调试窗口如图9-10所示，其编译环境包括多个窗口，主要有观察窗口（Watch & Call Stack Window）、存储器窗口（Memory Window）、反汇编窗口（Disassembly Window）、输出窗口（Output Window）和串行窗口（Serial Window）等。启动调试模式后，可以通过菜单 View 下的命令打开或关闭这些窗口。

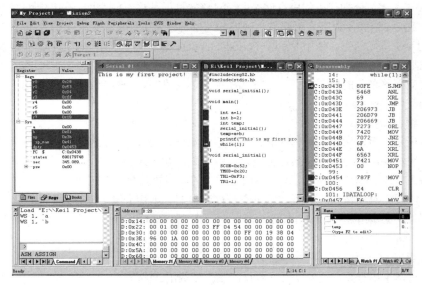

图 9-10 调试窗口

（1）观察窗口

如图9-11所示，观察窗口可以查看和修改程序变量，并列出当前函数的嵌套调用。观察窗口的内容会在程序停止运行后自动更新。也可以使用 View→Periodic Window Update 选项，在目标程序运行时自动更新变量的值。如果要在程序运行中或运行后观察某一变量的值，可以在观察窗口中按 F2 键，然后在文本框中输入相应的变量名字。

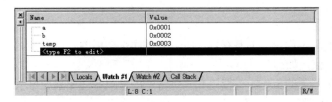

图 9-11 观察窗口

（2）存储器窗口

存储器窗口能显示各种存储区的内容，如图9-12所示。最多可以通过 4 个不同的页观察 4 个不同的存储区。用上下文菜单可以选择输出格式。

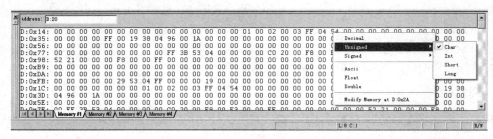

图9-12　存储器窗口

在存储器窗口 Address 后的文本框内输入"字母:数字"，即可显示相应存储单元的值，其中字母可以是 C、D、I 和 X，分别代表程序存储空间、直接寻址的片内存储空间、间接寻址的片内存储空间和扩展的片外 RAM 空间；数字表示要显示区域的起始地址。例如，输入"D:50"，即可观察到首址为 0x50 的片内 RAM 单元的值。使用 View→Periodic Update 选项，可以在程序运行时自动更新存储器窗口。该窗口的显示值可以用不同形式显示，如十进制、十六进制、无符号字符型、有符号字符型等。另外，可以改变存储单元的值，改变显示方式和存储单元值的方法是把鼠标置于数值上，单击鼠标右键，在弹出的菜单中选择即可。

（3）反汇编窗口

如图9-13所示，反汇编窗口用程序和汇编程序的混合代码或汇编代码显示目标应用程序，可以在该窗口进行在线汇编，利用该窗口跟踪已经执行的代码，并在该窗口按汇编代码的方式单步执行。

如果选择反汇编窗口作为活动窗口，则所有程序的单步执行命令会工作在 CPU 的指令级，而不是程序的行。可以用工具栏按钮或上下文菜单命令在选中的文本行上设置或修改断点。

可以使用 Debug 菜单打开 In Line Assembly 对话框来修改 CPU 指令，同时允许在调试时纠正错误或在目标程序上进行暂时的改动。

（4）串行窗口

μVision2 有两个串行窗口，可以用于串行口输入和输出。从仿真 CPU 输出的串行口数据在这个窗口中显示，而在串行窗口键入的字符将被输入到仿真 CPU 中，用该窗口可以在没有硬件的情况下用键盘模拟串行口通信。

```
SCON=0x50;                    //串行口模式 1，8 位
TMOD=0x20;                    //定时器器 1 为模式 2，8 位自动装载
TH1=0xf4;    TL1=0xf4;        //T1 为 1200bit/s 的装载值，16MHz
EA=1;    TI=1;
TR1=1;
```

（5）工程窗口的寄存器页面

在进入调试模式前，工程窗口的寄存器（Regs）页面是空白的，进入调试后，此页面就会显示当前仿真状态下寄存器的值，如图9-14所示。

寄存器页面包括了当前的工作寄存器组和一些特殊的寄存器（如累加器 A、乘法器 B、堆栈寄存器 SP、状态寄存器 PSW 等）。当程序运行改变某一寄存器的值时，该寄存器则以反色显示，用鼠标单击后按下 F2 键，可修改该寄存器的值。

```
6:  void main()
7:  {
8:        int a=1;
C:0x0414   752200   MOV      0x22,#0x00
C:0x0417   752301   MOV      0x23,#0x01
9:        int b=2;
10:       int temp;
C:0x041A   752400   MOV      0x24,#0x00
C:0x041D   752502   MOV      0x25,#0x02
11:       serial_initial();
C:0x0420   120460   LCALL    serial_initial(C:0460)
12:       temp=a+b;
C:0x0423   E523     MOV      A,0x23
C:0x0425   2525     ADD      A,0x25
C:0x0427   F527     MOV      0x27,A
C:0x0429   E522     MOV      A,0x22
C:0x042B   3524     ADDC     A,0x24
C:0x042D   F526     MOV      0x26,A
13:       printf("This is my first project!");
C:0x042F   7BFF     MOV      R3,#0xFF
C:0x0431   7A04     MOV      R2,#0x04
C:0x0433   793A     MOV      R1,#0x3A
C:0x0435   120065   LCALL    PRINTF(C:0065)
```

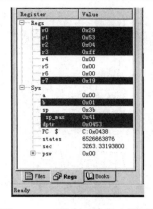

图 9-13　反汇编窗口　　　　　　　　　　　　图 9-14　工程窗口的寄存器页面

▶▶ 9.2.3　C51 程序调试举例说明——HELLO.C

　　HELLO.C 是一个样例程序,位于目录 C:\KEIL\C51\EXAMPLES\HELLO\中。这个程序只是将 Hello World 输出到串行口。整个程序只包含一个源文件 HELLO.C。

　　HELLO 的硬件是基于标准的 8051 CPU 的。使用的唯一片内功能围器件是串行口。不需要实际的目标 CPU,因为μVision2 可以模拟程序所需的硬件。

1. KELLO 项目文件

　　在 μVision2 中,应用都位于项目文件中,已经有 HELLO 的项目文件了。选择 Project 菜单中的 Open Project,从文件夹 C:\KEIL\C51\EXAMPLES\HELLO\中打开 HELLO.UV2,来载入项目。

2. 编辑 HELLO.C

　　双击 Project Window Files 页中的 HELLO.C,即可编辑 HELLO.C。μVision2 在编辑窗口载入并显示 HELLO.C 的内容。

```
/*------------------------------------------------------------
HELLO.C
Copyright 1995-1999 Keil Software, Inc.
------------------------------------------------------------*/
#include <REG52.H>            /*special function register declarations*/
/*for the intended 8051 derivative*/
#include <stdio.h>            /*prototype declarations for I/O functions*/
#ifdef MONITOR51              /*Debugging with Monitor-51 needs*/
char code reserve [3] _at_ 0x23; /*space for serial interrupt if*/
#endif                        /*Stop Exection with Serial Intr.*/
                             /*is enabled                    */
/*------------------------------------------------
The main C function.  Program execution starts
here after stack initialization.
------------------------------------------------*/
void main (void) {
/*------------------------------------------------
Setup the serial port for 1200 baud at 16MHz.
```

```
-------------------------------------------------*/
#ifndef MONITOR51
    SCON  = 0x50;              /*SCON: mode 1, 8-bit UART, enable rcvr   */
    TMOD |= 0x20;              /*TMOD: timer 1, mode 2, 8-bit reload     */
    TH1   = 221;              /*TH1:  reload value for 1200 baud @ 16MHz */
    TR1   = 1;                /*TR1:  timer 1 run                        */
    TI    = 1;                /*TI:   set TI to send first char of UART  */
#endif
/*-----------------------------------------------
Note that an embedded program never exits (because
there is no operating system to return to).  It
must loop and execute forever.
-----------------------------------------------*/
    while (1)
    {   P1 ^= 0x01;                    /*Toggle P1.0 each time we print*/
        printf ("Hello World\n");      /*Print "Hello World"*/
    }
}
```

3. 编译和链接 HELLO

用 Project 菜单或 Build 工具栏的 Build Target 命令编译和链接项目。μVision2 开始编译和链接源文件，并生成一个可以载入 μVision2 调试器进行调试的绝对目标文件。Build 过程的状态信息出现在输出窗口的 Build 页上。

使用 μVision2 提供的样例程序不会出现错误。

4. 调试 HELLO

HELLO 程序被编译和链接后，可以用 μVision2 调试器对它进行调试。在 μVision2 中使用 Debug 菜单或工具栏上的 Start/Stop Debug Session 命令可以开始调试。μVision2 初始化调试器并启动程序运行，且运行到 main 函数。

① 用 View 菜单或 Debug 工具栏上的 Serial Window #1 命令打开 Serial Window #1，此窗口显示应用程序的串行输出。

② 用 Debug 菜单或工具栏上的 Go 命令运行 HELLO 程序。在 HELLO 程序执行后，在 Serial 窗口显示文字 Hello World。在 HELLO 程序输出 Hello World 后，开始执行一个无限循环程序。

③ 用 Debug 菜单或工具栏上的 Halt 命令停止 HELLO 程序，也可以在 Output 窗口的命令页上按下 Esc 键来停止 HELLO 程序。

④ 单步和断点如下：

● 用工具栏或鼠标右键打开的快捷编辑菜单的 Insert/Remove Breakpoints 命令，在 main 函数的开始处设置一个断点。

● 用 Debug 菜单或工具栏上的 Reset CPU 命令。如果 HELLO 已停止运行，则 Run 命令可以启动程序执行，μVision2 会在断点处停止程序。

● 用 Debug 工具栏上的 Step 按钮可以单步执行 HELLO 程序。当前的指令用黄色箭头标出，每执行一步箭头都会移动，将鼠标移到一个变量上可以看到它们的值。

● 任何时间都可以用 Start/Stop Debug Session 命令停止调试。

▶▶ 9.2.4　Keil C51 的调试技巧及举例

1．Keil C51 的调试技巧

在用 Keil C51 调试程序的过程中，有很多的调试技巧，主要总结如下。

（1）如何设置和删除断点

设置/删除断点最简单的方法是双击待设置断点的程序行或反汇编程序行，或用断点设置命令 Insert→Remove Breakpoint。

（2）如何查看和修改寄存器的内容

仿真式寄存器的内容显示在寄存器的窗口，用户除了可以观察，还可以自行修改。单击选中一个单元，例如单元 DPTR，然后再单击 DPTR 的数值位置，出现文本框后输入相应的数值并按回车键即可。另外，可以使用命令窗口进行修改，例如输入 A=0X34 将把 A 的数值修改为 0X34。

（3）如何观察和修改变量

变量的观察和修改如下：单击 View→Watch&Call stack Window，出现相应的窗口，选择 Watch 中的任一窗口，按 F2 键，在 Name 栏中填入用户变量名，如 Temp1、Counter 等，但必须是存在的变量。如果想修改数值，可单击 Value 栏，出现文本框后输入相应的数值。用户可以连续修改多个不同的变量。

另外，Keil μVision2 IDE 提供了观察变量更简单的方法。在用户程序停止运行时，移动光标到要观察的变量上停大约 1 秒，就弹出一个"变量提示"对话框。

（4）如何观察存储区域

在 Keil μVision2 IDE 中可以区域性观察和修改所有的存储器区域，这些数据从 Keil μVision2 IDE 中获取。

Keil μVision2 IDE 把 MCS-51 内核的存储器资源分成 4 个区域：

● 内部可直接寻址 RAM 区 data，IDE 表示为 D:**；
● 内部间接寻址 RAM 区 data，IDE 表示为 I:**；
● 外部 RAM 区 xdata，IDE 表示为 X:****；
● 程序存储器 ROM 区 code，IDE 表示为 C:****。

这 4 个区域都可以在 Keil μVision2 IDE 的 Memory Windows 中观察和修改。在 IDE 集成环境中单击菜单 View→Memory Windows，便会打开 Memory 窗口，Memory 窗口可以同时显示 4 个不同存储器区域，单击窗口下部的编号可以相互切换显示。

在地址输入栏内输入待显示的存储器区起始地址。例如，D:45H 表示从内部可直接寻址 RAM 区 45H 地址处开始显示，X:3F00H 表示从外部 RAM 区 3F00H 处开始显示，C:0X1234 表示从程序存储器 ROM 区 1234H 地址处开始显示，I:32H 表示从内部间接寻址 RAM 区 32H 地址处开始显示。

在区域显示中，默认的显示形式为十六进制数（byte），但是可以选择其他显示方式，在 Memory 显示区域内右击，在弹出的菜单中可以选择的显示方式如下。

● Decimal：按照十进制方式显示。
● unsigned：按照无符号数字显示，又分为 char 单字节、int 整型、long 长整型。
● singed：按照无符号的数字显示，又分为 char 单字节、int 整型、long 长整型。
● ASCII：按照 ASCII 码的格式进行显示。
● float：按照浮点格式进行显示。
● double：按照双精度浮点格式显示。

在 Memory 窗口中显示的数据可以修改，修改方法为：用鼠标对准要修改的存储器单元，右键单

击，在弹出的菜单中选择 Modify Memory at 0x...，在弹出的对话框的文本输入栏内输入相应数值后，按回车键，修改即告完成。但代码区数据不能修改。

2．应用举例

（1）并行口的使用

并行口可以用来输入和输出信息，在 Keil μVision2 IDE 中，可以仿真并行口的输入和输出。下面用例子说明。

【例 9-1】 以下程序实现把 P1 口输入的数据通过 P0 口输出。

```c
#include<reg52.h>
void  main(void)
{   unsigned  char  i;
    P1=0xff;
    while(1)
    {   i=P1;
        P0=i;
    }
}
```

当项目文件建立后，程序文件输入、项目编译、链接，然后启动调试后，用 Peripherals 菜单下的 I/O-Ports 命令打开 P0 和 P1 口，然后执行程序。程序执行后，修改 P1 口的值，可以看见 P0 口的内容随 P1 口的内容变化而变化。观察变量 i 的值，也可以看见 i 的值随 P1 口的内容变化而变化。

（2）定时/计数器的使用

定时/计数器工作在定时方式时，是对系统机器周期计数，定时时间到后触发中断，对外部脉冲 T0（P3.4）或 T1（P3.5）计数时，实现计数的功能。

【例 9-2】 以下程序实现对定时/计数器 T0 定时，定时时间到则中断，显示相应提示信息。

```c
#include<reg52.h>
#include<stdio.h>
void  main(void)
{   SCON=0X52;
    TMOD=0X22;
    TH1=0XF3;
    TR1=1;
    TL0=TH0=-200;
    EA=1;
    ET0=1;
    TR0=1;
    while(1)
    {   ;}
}
void timer0_int(void)  interrupt  1
{   printf("I am TIMER0,I will serve you heart and so\n");
}
```

程序执行后，打开 Serial#窗口，可以看见不断输出的字符串：

```
"I am TIMER0,I will serve you heart and so"
```

【例 9-3】　以下程序实现对定时/计数器 T0 计数，工作于方式 2，计数到则中断，显示相应提示信息。

```
#include<reg51.h>
#include<stdio.h>
void  main(void)
{   SCON=0X52;
    TMOD=0X26;
    TH1=0XF3;
    TR1=1;
    TL0=TH0=0XFE;
    EA=1;ET0=1;
    TR0=1;
    while(1);
}
void  COUNTER0_int(void)  interrupt  1
{   printf("I  am  COUNTER0,I will serve you heart and so\n");
}
```

程序执行后，打开 Serial#1 窗口，用 Peripherals 菜单下面的 I/O-Ports 命令打开 P3 窗口，用鼠标改变 T0（P3.4），每改变两次，则溢出中断，在 Serial#1 窗口看见以下字符串一次：

```
"I am COUNTER0,I will serve you heart and so"
```

（3）串行口的使用

通过串行口可以发送和接收信息，在 Keil μVision2 IDE 中，进行启动调试后，可以通过 Peripherals 菜单下面的 Serial 命令打开串行接口，看到串行口的相应情况。

【例 9-4】　以下程序实现把 P1 口接收的数据通过串行口发送出去，再从串行口接收进来。

```
#include<reg51.h>
#include<stdio.h>
void  main(void)
{   unsigned  char  i,j;
    SCON=0X52;
    TMOD=0X20;
    TH1=0XF3;
    TR1=1;
    P1=0XFF;
    while(1)
    {   i=P1;
        SBUF=P1;
        while(!TI)
        {   j=SBUF;
        }
    }
}
```

程序执行后，用 Peripherals 菜单下面的 I/O-Ports 命令打开 P1 窗口，用 Serial 命令打开串行窗口，改变 P1 的输入，可以在下面的变量窗口中看见 i 变量的相应值，通过串行窗口看见串行口的数据缓冲区中的相应值。但变量 i 看不见，因为这里只是软件仿真，串行口的发送数据线 TXD 和接收数据线 RXD 不能连在一起。

（4）外中断的使用

单片机有两个外中断源，中断请求每提出一次，则中断一次。

【例 9-5】 以下程序在外部中断 INT0 中断一次时，显示提示信息一次。

```c
#include<reg51.h>
#include<stdio.h>
void main(void)
{   SCON=0X52;
    TMOD=0X22;
    TH1=0XF3;
    TR1=1;
    EA=1;EX0=1;
    IT0=1;
    while(1);
}
void int0_int(void)  interrupt  0
{   printf("I am INT0,I will serve you heart and so\n");
}
```

程序执行后，打开 Serial#1 窗口，用 Peripherals 菜单下面的 I/O-Ports 命令打开 P3 窗口，用鼠标改变 INT0（P3.2），每改变一次，则中断一次，在 Serial#1 窗口看见以下字符串一次：

```
"I am INT0,I will serve you heart and so"
```

 ## 9.3　Proteus 快速入门

英国 Lab Center Electronics 公司推出的 Proteus 软件采用虚拟技术，很好地解决了单片机及其外围电路的设计和协同仿真问题，可以在没有单片机实际硬件的条件下，利用个人计算机实现单片机软件和硬件的同步仿真，仿真结果可以直接应用于真实设计，极大地提高了单片机应用协同的设计效率，同时也使得单片机的学习和应用开发变得容易与简单。

Proteus 软件包提供了丰富的元件库，可以根据不同要求设计各种单片机应用系统。该软件已有 20 多年的使用历史，它针对单片机应用，可以直接在基于原理图的虚拟模型上进行软件编程和虚拟仿真调试，配合虚拟示波器、逻辑分析仪等，用户能看到单片机系统运行后的输出/输入结果。

▶▶ 9.3.1　集成 Proteus ISIS 环境

在计算机中安装好 Proteus 后，启动 Proteus ISIS，进入 ISIS 窗口，如图 9-15 所示。ISIS 的编辑界面完全为 Windows 风格，主要包括标题栏、菜单栏、工具栏（包括命令工具和模式工具栏）、状态栏、仿真控制按钮、方位控制按钮、对象选择栏、原理图编辑栏和预览栏。

其中标题栏用于指示当前设计的文件名；状态栏仅显示当前鼠标的坐标值；原理图编辑栏用于放置元器件，进行连线，绘制原理图；预览栏用于预览选中的对象，或以原理图中的某点为中心快速地显示整个原理图。

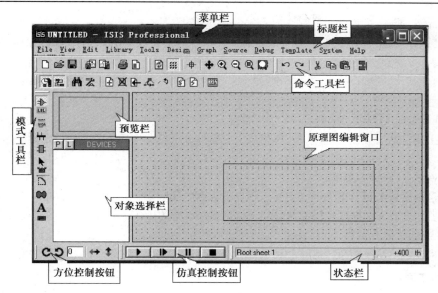

图 9-15　ISIS 窗口

1．菜单栏

ISIS 菜单栏包括各种命令操作，利用菜单栏中的命令可以实现 ISIS 的所有功能，它主要包括 File、View、Edit、Library、Tools、Design、Graph、Source、Debug、Template、System 和 Help 等 12 个下拉菜单。

（1）File（文件）菜单

该菜单包括新建设计文件、打开（装载）已有的设计文件、保存设计、导入/导出部分文件、打印设计、显示最近的设计文件，以及退出 ISIS 系统等常用操作。其中 ISIS 设计文件的后缀名为".DSN"，部分文件的后缀名为".SEC"。

（2）View（视图）菜单

该菜单包括重绘当前视图、是否显示栅格、鼠标显示样式（无样式、"×"号样式、"大+"号字样式）、捕捉间距设置、原理图缩放、元器件平移以及各个工具栏的显示与否。

（3）Edit（编辑）菜单

该菜单包括撤销/恢复操作、通过元器件名查找元器件、剪切、复制、粘贴，以及分层设计原理图时元器件上移或下移一层操作等。

（4）Library（库）菜单

该菜单包括从元器件库中选择元器件及符号、创建元器件、元器件封装、分解元器件操作、元器件库编辑、验证封装有效性、库管理等操作。

（5）Tools（工具）菜单

该菜单包括实时注解、实时捕捉栅格、自动布线、搜索标签、属性分配工具、全局注解、导入 ASCII 数据文件、生成元器件清单、电气规则检查、网络表编译、模型编译等操作。

（6）Design（设计）菜单

该菜单包括编辑设计属性、编辑当前图层的属性、进行设计注释、电源端口配置、新建一个图层、删除图层、转到其他图层，以及层次化设计时在父图层与子图层之间的转移等操作。

（7）Graph（图形）菜单

该菜单包括编辑图形、添加跟踪曲线、仿真图形、查看日志、一致性分析和某路径下文件批处理模式的一致性分析等操作。

（8）Source（源）菜单

该菜单包括添加/删除源文件、添加/删除代码生成工具、设置外部文本编辑器和编译操作。

（9）Debug（调试）菜单

该菜单包括启动调试、执行仿真、设置断点、限时仿真、单步执行，以及对弹出的调试窗口的设置等操作。

（10）Template（模板）菜单

该菜单主要包括设置图形格式、文本格式、元器件外观特征（线条颜色和填充颜色等）、连接点样式等操作。

（11）System（系统）菜单

该菜单包括设置 ISIS 编辑环境（主要包括自动保存时间间隔和初始化部分菜单）、选择文件路径、设置图纸大小、设置文本样式、快捷键分配、仿真参数设置等操作。

（12）Help（帮助）菜单

该菜单主要包括系统信息、ISIS 教程文件和 Proteus VSM 帮助文件，以及设计实例等。

2．命令工具栏

ISIS 的标准工具栏包含 4 部分，分别为 File Toolbar（文件工具栏）、View Toolbar（视图工具栏）、Edit Toolbar（编辑工具栏）、Design Toolbar（设计工具栏），工具栏的显示与隐藏可通过 View/Toolbar 菜单实现。如图 9-16 所示，勾选或去掉相应工具栏前面的"√"，即可实现工具栏的显示或隐藏。

工具栏中的每个按钮都对应一个具体的菜单命令，各个按钮的功能如表 9-11 所示。

图 9-16　工具栏菜单

表 9-11　工具栏按钮功能

工 具 栏	按 钮	对应菜单项	功 能
File Tools		File/New Design	新建一个设计文件
		File/Load Design	打开已有设计文件
		File/Save Design	保存设计文件
		File/Import Section	导入部分文件
		File/Export Section	导出部分文件
		File/Print	打印文件
		File/Set Area	选择打印区域
View Tools		View/Redraw	刷新编辑窗口和预览窗口
		View/Grid	栅格开关
		View/Origin	改变图纸原点（左上角点/中心）
		View/Pan	选择图纸显示中心
		View/Zoom In	放大图纸
View Tools		View/Zoom In	缩小图纸
		View/Zoom All	显示整张图纸
		View/Zoom to Area	整个视窗显示选中区域
Edit Tools		Edit/Undo	撤销
		Edit/Redo	恢复

工　具　栏	按　　钮	对应菜单项	功　　能
Edit Tools	✂	Edit/Cut to Clipboard	剪切
	📋	Edit/Copy to Clipboard	复制（与粘贴按钮一起使用）
	📋	Edit/Paste to Clipboard	粘贴（与复制按钮一起使用）
		Copy Tagged Objects	复制粘贴选中对象
		Move Tagged Objects	移动选中对象
		Rotate/Reflet Tagged Objects	旋转/镜像选中对象
		Delete All Tagged Objects	删除所有选中对象
		Library/Pick Device/Symbol	从元器件库挑选元器件、设置符号等
		Library	将选中器件封装成元件并放入元件库
		Library/Packaging Tool	显示可视的封装工具
		Library/Decompose	分解元器件
Design Tools		Tools/???	实时捕捉开关
		Tools/???	自动布线开关
		Tools/???	查找
		Tools/???	属性分配工具
		Design/???	新建图层
		Design/???	删除图层
		Design/???	转到某根图层或其他图层
		Design/???	转到所指对象所在图层
		Design/???	转到当前父图层
		Tools/???	生成元件列表（按 HTML 格式输出）
		Tools/???	生成电气规则检查报告
	ARES	Tools/???	借助网络表转换为 ARES 文件

3. 模式工具栏

该工具栏包括主模式图标、部件图标和 2D 图形工具图标，用来确定原理图编辑窗口的编辑模式，也就是选择不同的模式图标，在编辑窗口单击鼠标将执行不同的操作。例如选择 Junction dot 图标（选中图标呈凹陷状态），然后在编辑窗口单击，所执行的即为放置连接点操作。需要注意的是，与命令工具栏不同，模式工具栏没有对应的命令菜单项，并且该工具栏总呈现在窗口中，无法隐藏。各个模式图标所具有的功能如表 9-12 所示。

表 9-12　各模式图标功能

类　　别	图　标	功　　能
主模式图标	▶	选择元器件
	✛	在原理图中放置连接点
	LBL	在原理图中放置或编辑连线标签
		在原理图中输入新的文本或者编辑已有文本
		在原理图中绘制总线
		在原理图中放置子电路框图或者放置子电路元器件
	▶	即时编辑任意选中的元器件

续表

类　别	图　标	功　　能
部件图标		使对象选择器列出可供选择的各种终端（如输入、输出、电源等）
		使对象选择器列出 6 种常用的元件引脚，用户也可从引脚库中选择其他引脚
		使对象选择器列出可供选择的各种仿真分析所需的图表（如模拟图表、数字图表、A/C 图表等）
		对原理图电路进行分割仿真时采用此模式，用来记录前一步仿真的输出，并作为下一步仿真的输入
		使对象选择器列出各种可供选择的模拟和数字激励源（如直流电源、正弦激励源、稳定状态逻辑电平、数字时钟信号源和任意逻辑电平序列等）
		在原理图中添加电压探针，用来记录原理图中该探针处的电压值，可记录模拟电压值或者数字电压的逻辑值和时长
		在原理图中添加电流探针，用来记录原理图中该探针处的电流值，只能用于记录模拟电路的电流值
		使对象选择器列出各种可供选择的虚拟仪器（如示波器、逻辑分析仪、定时/计数器等）
2D 图形工具图标		使对象选择器列出可供选择的连线的各种样式，用于在创建元器件时画线或直接在原理图中画线
		使对象选择器列出可供选择的方框的各种样式，用于在创建元器件时画方框或直接在原理图中画方框
		使对象选择器列出可供选择的圆的各种样式，用于在创建元器件时画圆或直接在原理图中画圆
		使对象选择器列出可供选择的弧线的各种样式，用于在创建元器件时画弧线或直接在原理图中画弧线
		使对象选择器列出可供选择的任意多边形的各种样式，用于在创建元器件时画任意多边形或直接在原理图中画多边形
		使对象选择器列出可供选择的文字的各种样式，用于在原理图中插入文字说明
		用于从符号库中选择符号元器件
		使对象选择器列出可供选择的各种标记类型，用于在创建或编辑元器件、符号、各种终端和引脚时，产生各种标记图标

4. 方位控制按钮

对于具有方向性的对象，ISIS 提供了旋转、镜像控制按钮，来改变对象的方向。需要注意的是，在 ISIS 原理图编辑窗口中，只能以 90°间隔（正交方式）来改变对象的方向。各按钮的功能如表 9-13 所示。

表 9-13　旋转、镜像按钮功能表

类　别	按　钮	功　　能
旋转按钮		对原理图编辑窗口中选中的方向性对象，以 90°间隔顺时针旋转（或在对象放入原理图之前）
		对原理图编辑窗口中选中的方向性对象，以 90°间隔逆时针旋转（或在对象放入原理图之前）
编辑框	0	该编辑框可直接输入 90°、180°、270°，逆时针旋转相应角度改变对象在放入原理图之前的方向，或者显示旋转按钮对选中对象改变的角度值
镜像按钮		对原理图编辑窗口中选中的对象或者放入原理图之前的对象，以 Y 轴为对称轴进行水平镜像操作
		对原理图编辑窗口中选中的对象或者放入原理图之前的对象，以 X 轴为对称轴进行垂直镜像操作

5. 仿真控制按钮

交互式电路仿真是 ISIS 的一个重要部分，用户可以通过仿真过程实时观测到电路的状态和各个输出，仿真控制按钮主要用于交互式仿真过程的实时控制，其按钮功能如表 9-14 所示。

表 9-14　仿真控制按钮功能

类　　别	按　　钮	功　　能
仿真控制按钮	▶	开始仿真
	▶▶	单步仿真,单击该按钮,则电路按预先设定的时间步长进行单步仿真,如果选中该按钮不放,电路仿真一直持续到松开该按钮
	▮▮	可以暂停或继续仿真过程,也可以暂停仿真之后以单步仿真形式继续仿真,程序设置断点之后,仿真过程也会暂停,可以单击该按钮,继续仿真
	▮	停止当前的仿真过程,使所有可动状态停止,模拟器不占用内存

▶▶ 9.3.2　电路原理图设计

电路原理图的设计是 Proteus VSM 和印制电路板设计中的第一步,也是非常重要的一步。原理图设计的好坏直接影响到后面的工作。首先,原理图的正确性是最基本的要求,因为在一个错误的基础上进行的工作是没有意义的;其次,原理图应该布局合理,以便于读图、查找和纠正错误;再次,原理图要力求美观。原理图的设计过程可分为以下几个步骤。

(1)新建设计文件并设置图纸参数和相关信息

在开始电路设计之前,用户根据电路图的复杂度和具体要求确定所用设计模板,或直接设置图纸的尺寸、样式等参数,以及文件头等与设计有关的信息,为以后的设计工作建立一个合适的工作平面。

(2)放置元器件

根据需要从元器件库中查找并选择所需的元器件,然后从对象选择器中将用户选定的元器件放置到已建立好的图纸上,并对元器件在图纸上的位置进行调整,对元器件的名称、显示状态、标注等进行设定,以方便下一步的布线工作。

(3)对原理图进行布线

该过程实际上是将事先放置好的元器件用具有意义的导线、网络标号等连接起来,使各元器件之间具有用户所设计的电气连接关系,构成一张完整的电路原理图。

(4)调整、检查和修改。在该过程中,利用 ISIS 提供的电气规则检查命令对前面所绘制的原理图进行检查,并根据系统提供的错误报告修改原理图,调整原理图布局,以同时保证原理图的正确和美观。最后视实际需要,决定是否生成网络表文件。

(5)补充完善

在该过程中,主要是对原理图做一些说明和修饰,以增加可读性和可视性。

(6)保存和输出

该过程主要是对设计完成的原理图进行保存、打印输出等,以供在以后的工作中使用。

在原理设计过程中,对鼠标的使用非常频繁。在 ISIS 中,鼠标操作与传统的方式不同,右键选取、左键编辑或移动:

右键单击——选中对象,此时对象呈红色;再次右击已选中的对象,即可删除该对象。

右键拖曳——框选一个块的对象。

左键单击——放置对象或对选中的对象编辑对象属性。

左键拖曳——移动对象。

在本节中,将以图 9-17 所示的 P1 口输入/输出操作电路图为例,详细介绍电路原理图的基本设计过程。

该实例主要包括了如何选择、放置、旋转、移动、删除和编辑元器件,以及如何编辑元器件属性等操作,同时具体体现了上节所介绍的部分工具栏图标的用法。

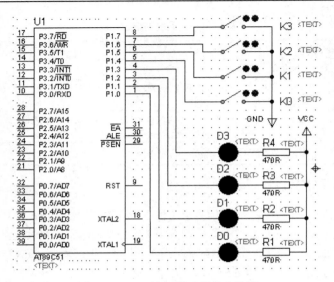

图 9-17　　P1 口输入/输出操作电路图

1. 新建设计文件

运行 ISIS，它会自动打开一个空白文件，也可以执行菜单命令 File/New Design，在图 9-18 所示的创建新设计文件对话框中选择创建新设计文件的模板（本电路图选择的是 DEFAUH 模板），新建一个空白文件。不管哪种方式新建的设计文件，其默认文件名都是 Untitled.dsn，其图纸样式都基于系统的默认设置，如果图纸样式有特殊要求，用户可以从 System 菜单进行相应的设置。

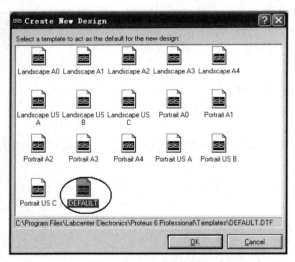

图 9-18　　创建新设计文件对话框

2. 放置元器件

（1）选择元器件

放置元器件之前，需要先从元器件库中选择需要的元器件，以添加到对象选择器中。图 9-17 所示电路所需的元器件名称及包含该元器件的元器件库名称如表 9-15 所示。

表 9-15 　图 9-17 电路所用元件列表

图 中 标 注	元 件 名 称	元件库名称
U1	AT89C51	MICRO
R1～R4	470R	Resistors
D0～D3	LED-GREEN	ACTIVE
K0～K3	SW-SPST	ACTIVE

下面以添加 AT89C51 元件为例，说明选择元器件的具体步骤。

① 选择主模式图标工具栏中的  图标，并选择如图 9-19 所示对象选择器中的 P 按钮，出现如图 9-20 所示的选择元器件对话框。

图 9-19 　对象选择器中的 P 按钮

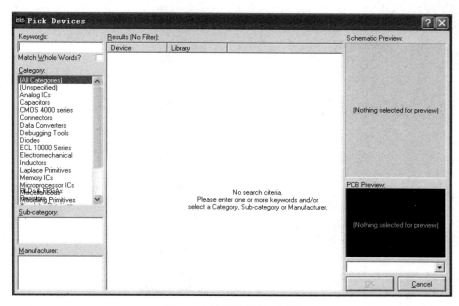

图 9-20 　选择元器件对话框

另外，直接单击编辑工具栏上的 按钮，或者使用快捷键，ISIS 系统默认快捷键为 P（表示 Pick），同样会直接出现图 9-20 所示的选择元器件对话框。

② 因为已经知道了 AT89C51 所在的元件库，所以直接在选择元器件对话框中的 Category 栏中选择 Microprocessor ICS 库，从图 2-20 的 Results 窗口中选择 AT89C51，单击 OK 按钮，或直接双击 AT89C51，即把该元件添加到了对象选择器中。

从选择元器件对话框中选择元器件，除上述方法外，用户还可以通过直接在 Keywords 下的编辑框中输入元器件名称或者元器件的值来进行查找，通过勾选 Match Whole Words 后面的方框，用户还可以选择是进行精确查找还是进行模糊查找，也就是查找结果是否要和用户输入值完全一致。

或者用户可以交叉应用上述两种方法以限定查找结果，例如需要查找 470 Ω 的电阻，可以在 Key Words 编辑框中输入 "470R"，并用鼠标单击 Resistors 库，可以很大程度地限制系统查找结果。

依上述方法把表 2-15 中其他元器件添加到对象选择器中，关闭选择元器件对话框。

（2）放置元器件

在对象选择器中添加元器件之后，就要在原理图中放置元器件。在对象选择器中，单击 AT89C51，同时预览窗口将会显示所选元器件。在编辑窗口单击，放置 AT89C51。

以该方法可以放置其他器件。

（3）移动元器件

在编辑窗口右击选中对象，并按住左键拖动该对象到合适的位置，然后在编辑窗口的空白处右击，撤销对象的选中状态。

（4）删除元器件

对于误放置的元器件，右键双击该对象，即可删除。如果不小心进行了误删除操作，可通过编辑工具栏中的 Undo 按钮 ↺，进行恢复。

（5）调整元器件方位

在编辑窗口右击选中某一器件，使其高亮显示，单击旋转按钮中的 ↻ 按钮，调整其方位，并依该方法调整好其他元件。元器件放置结果如图 9-21 所示。

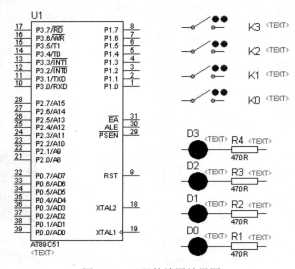

图 9-21　元器件放置结果图

（6）放置电源与地

在部件图标中选择 目 按钮，单击 POWER 可以选择电源和地。

（7）编辑元器件标签

在编辑窗口右击选中对象，继续在选中对象上单击，即可打开该元器件的编辑对话框。或者选择主模式图标工具栏中的 ▶ 图标，然后在编辑窗口单击元器件，也可直接打开该元器件的编辑对话框，如图 2-22 所示为 LED-GREEN 的编辑对话框。

用户可以对对话框中的一些参数进行设置与修改。不同的元件其参数不同，对应的对话框是不一样的。

（8）编辑元器件属性

在图 9-21 中发现每个元器件下面都有一个〈TEXT〉框，为了保证原理图的美观，把每个〈TEXT〉去掉，需要对元器件的属性进行编辑。在即时编辑模式下，直接单击每个〈TEXT〉项，或者先选中元器件，然后单击〈TEXT〉框，进入元器件属性编辑对话框，并且单击 Style 项，如图 9-23 所示。

图 9-22　LED-GREEN 的编辑对话框

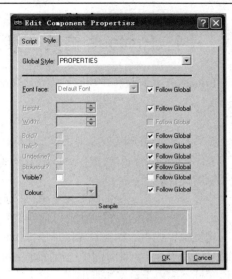

图 9-23　元器件属性编辑对话框

要取消 Visible 项的 Follow Global 属性，可取消其勾选状态，将〈TEXT〉框从原理图中隐藏。按此步骤，将每个元器件下面的〈TEXT〉框变为隐藏状态。

3．对原理图布线

ISIS 编辑环境未提供专门的连线工具，省去了用户选择连线模式的麻烦。在 ISIS 环境下，在两个元器件之间进行连线非常简单。只需要直接单击两个元器件的连接点，ISIS 即可自动定出走线路径并完成两连接点的连线操作。如果想自己决定走线路径，只需单击第一个元器件的连接点，然后在希望放置拐点的地方单击，最后单击另一个元器件的连接点即可；放置拐点的地方鼠标会呈"×"形。在布线结束后选中连线，在最初放置拐点的地方，可通过左键拖动拐点改变连线的样式。

需要注意的是，布线过程不能在即时编辑模式下进行，其他任何模式下都可以实现。按照上述步骤，通过用户自己决定走线路径的方法，连接图9-21中的各个元器件，连接后的原理图如图9-24所示。

到此就设计出了一个原理图。后面还有生成网络表文件、对原理图进行电气规则检查、标题栏、说明文字、保存、打印等内容，请读者参看有关资料。

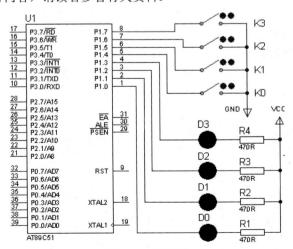

图 9-24　原理图

9.4　Proteus 仿真工具介绍

Proteus 在仿真过程中用到许多仿真工具，主要有探针、虚拟仪器、信号发生器、仿真图表等。

▶▶ 9.4.1　探针

探针在电路仿真时被用来记录它所连接网络的状态（也就是端口的电压值或者电路中的电流值），通常被用于仿真图表分析中，也可用于交互仿真以显示操作点的数据，并可以分割电路。ISIS 提供两种类型的探针。

电压探针：电压探针既可用于模拟仿真电路，又可用于数字仿真电路。在模拟电路中，电压探针用来记录电路两端的真实电压值；而在数字电路中，电压探针记录了逻辑电平及其强度。

电流探针：电流探针只能用于模拟仿真电路中，并且必须放置在电路中的连线上。也就是连线必须经过电流探针，测量方向由电流探针中的箭头方向来标明，且箭头不可垂直于连线。需要注意的是，电流探针不能用于数字仿真电路，也不能放置在总线上。

探针和电路中的其他元器件一样，可对其进行旋转、移动和编辑等操作。放置探针可通过如下步骤完成：选择模式工具栏中的 ✍ Voltage Probe 按钮或者 ✍ Current Probe 按钮，此时在对象预览窗口可以看到探针。电压探针和电流探针分别如图 9-25 所示。

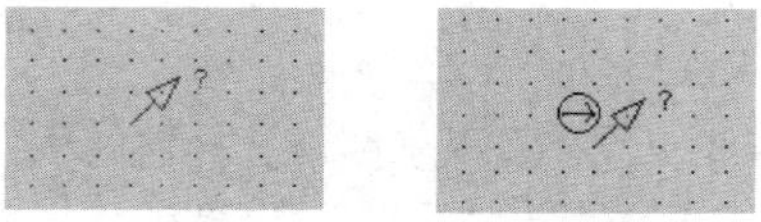

电压探针　　　　　　电流探针

图 9-25　电压探针和电流探针

▶▶ 9.4.2　虚拟仪器

VSM 提供的虚拟仪器包括虚拟示波器、逻辑分析仪、信号发生器、定时/计数器、虚拟终端、模拟发生器、SPI 调试器、I²C 调试器、电压表与电流表。

选择模式工具栏中的 Virtual Instrument 图标 📷，可列出虚拟仪器表中的所有虚拟仪器，如图 9-26 所示。

图 9-26 中列出的虚拟仪器名称、符号对照如表 9-16 所示。

右击选中待编辑的虚拟仪器并单击，即可打开该虚拟仪器的编辑对话框，可在该对话框内进一步设置信号发生器的有关参数。

图 9-26　虚拟仪器名称列表

表 9-16　虚拟仪器名称符号对照表

符　号	名　称	符　号	名　称
OSCILLOSCOPE	虚拟示波器	SIGNAL GENERATOR	信号发生器
Logic Analyser	逻辑分析仪	PATTERN GENERATOR	模拟发生器
COUNTER TIMER	定时/计数器	DC VOLTMETER	直流电压表
VIRTUAL TERMINAL	虚拟终端	AC VOLTMETER	交流电压表
SPI DEBUGGER	SPI 调试器	DC AMMETER	直流电流表
I2C DEBUGGER	I2C 调试器	AC AMMETER	交流电流表

▶▶ 9.4.3　信号发生器

信号发生器用来产生各种激励信号，Proteus 提供如下几种信号发生器。单击 Generator 图标，在对象选择器中会显示出的 12 种信号发生器，如图9-27所示。

图 9-27 中列出的信号发生器的名称和符号对照如表 9-17 所示。

右击选中待编辑的信号发生器，并单击，即可打开该信号发生器的编辑对话框，可在该对话框内进一步设置信号发生器的有关参数。

图 9-27　信号发生器

表 9-17　信号发生器名称与符号对照表

符　号	名　称	符　号	名　称
DC	直流电压源	File	按照 ASCII 码文件产生任意形状的脉冲或波形
Sine	正弦信号发生器	Audio	将.wav 文件作为输入波形，借助 Audio graphs 可以直接听到被测电路的音频效果
Pulse	模拟脉冲发生器	DState	产生稳态逻辑电平
Exp	指数脉冲发生器	DEdge	产生单边沿信号
SFFM	单频调频波发生器	DPulse	单数字脉冲信号
Pwlin	分段线性信号发生器	DPattem	任意形式的逻辑电平序列

▶▶ 9.4.4　仿真图表

Proteus 提供的图表可以控制电路的特定仿真类型并显示仿真结果。单击主模式工具栏中的 Simulation Graph 图标，对象选择器中就会列出如图9-28所示的仿真图表。

图9-28中多列图表的符号和名称对照如表9-18所示。

表 9-18　图表符号与名称对照表

符　号	名　称	符　号	名　称
ANALOGUE	模拟图表	FOURIER	傅里叶分析图表
DIGITAL	数字图表	AUDIO	音频图表
MIXED	混合模式图表	INTERACTIVE	交互式分析图表
FREQUENCY	频率图表	CONFORMANCE	性能分析图表
TRANSFER	传输图表	DC SWEEP	DC 扫描分析图表
NOISE	噪声分析图表	AC SWEEP	AC 扫描分析图表
DISTORTION	失真分析图表		

图 9-28　仿真图表

各种图表都可以被移动、缩放，或者通过编辑属性对话框更改具体的属性值。右击选中编辑区的图表，并单击，即可打开相应的编辑对话框。

每个图表都可以显示一条或几条跟踪线，每条跟踪线对应一个信号发生器或探针。模拟图表和混合分析图表还可以用一条跟踪线对应显示跟踪表达式中的 1～4 个探针信号。每条跟踪线沿着 Y 轴都有一个标签，表示它显示的是哪个探针的信号。可以通过如下两种方法制定具体的跟踪对象：一是把信号发生器或探针直接拖放到图表中，二是通过 Quick Add 对话框添加。

9.5　Proteus 软件中的 C51 程序运行与调试

通过 Proteus 设计出一个单片机应用系统原理图，通过 μVision2 编辑与编译完成了一个单片机的
C51 应用程序，两者之间可以采用离线调试和在线调试。

离线调试非常简单。通过 μVision2 编辑与编译生成了一个单片机应用程序的文件，其扩展名为.hex，在 Proteus 中对 CPU 进行如图 9-29 所示的设置，在 Program File 选择框中选择扩展名是.hex 的文件，这样，在 Proteus 环境中就可以离线调试硬件和软件了。

下面主要就在线调试进行说明。

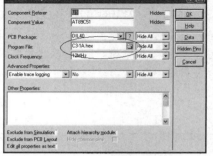

图 9-29　.hex 文件选择

▶▶ 9.5.1　驱动的安装

在进行在线调试过程中，要做到 Keil 和 Proteus 的联动，
必须安装联动驱动程序。联动驱动程序为 vdmagdi.exe（早期的版本称为 keilheproteus.exe）。

在 Proteus 文件夹中执行 vdmagdi.exe 后，出现如图9-30所示的驱动安装界面，根据安装界面的提示就可以顺利完成驱动的安装。

在安装过程中，将要进行如下几步：

① 选择是对 μVision2 的启动还是对 μVision3 的驱动（μVision2 针对单片机的环境，μVision3 可针对单片机和 ARM）；

② μVision2 安装路径的选择；

③ 确认要安装的驱动和文件夹；

④ 最后安装完成，如图9-31所示。

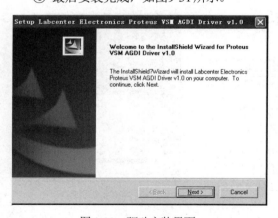

图 9-30　驱动安装界面

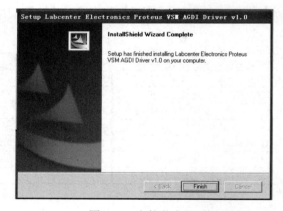

图 9-31　安装完成界面

▶▶ 9.5.2　Keil 和 Proteus 的配置

驱动程序安装完毕之后，需要对 Keil 和 Proteus 进行一些配置工作，具体工作如下。

① 启动 Proteus，在 Debug 菜单下选择 Use Remote Debug Monitor；

② 调出编辑单片机属性的对话框，将其 Program File 框设置为空；

③ 启动 Proteus 对应的 Keil μVision2 中的工程，通过 Target 1 中的 Option for Target 1 对 MCU、Debug 进行设置，如图9-32所示。

在图9-32中，单击 Settings 按钮，出现如图9-33所示的对话框。如果 Proteus 和 Keil 安装在同一台计算机上，则要使用本地回环地址 127.0.0.1，如果不在同一台计算机上，则要设定为 Proteus 所安装的计算机的 IP 地址，默认的端口号位 8000。设定完毕后确认退出。

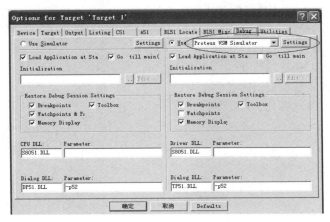

图 9-32　Debug 设置

图 9-33　IP 地址设定对话框

以上是对 Keil 和 Proteus 的设定，是使用之前必须完成的工作，否则将不能正常工作。

▶▶ 9.5.3　Keil 和 Proteus 的调试过程

完成了驱动的安装和软件的配置之后，就要进行系统的调试。

① 启动 Keil 和 Proteus；

② 编译工程通过；

③ 进入 Keil 的调试环境。此时 Keil 调试系统启动，同时 Proteus 中仿真功能也启动，等待执行命令；

④ 在调试过程中可以全速执行、执行到断点处、单步执行。

关于 Proteus 软件中的 C51 程序运行与调试，在这里只是进行了入门说明，详细内容读者可以参阅有关书籍。

本章小结

本章主要介绍了单片机应用系统开发设计过程中两个软件平台的初步使用。

μVision2 IDE 是一个基于 Windows 的软件开发平台，它包含了源文件编辑器、项目管理器（Project）、程序调试器（Debug）等。μVision2 支持所有的 Keil C51 工具，包括 C 语言编译器（C51）、宏汇编器（A51）、链接/定位器（BL51）、库（LIB51）、目标代码到 HXE 的转换（OH51）、实时操作系统（RTX51）以及调试器（dScope51、tScope51 和 Monitor51），可以完成编辑、编译、链接、调试、仿真等整个开发流程。在用 C 语言开发单片机的过程中，必须熟练地掌握μVision2 的使用。

Proteus 是一款集单片机仿真和 Spice 分析于一体的 EDA 仿真软件，很好地解决了单片机及其外围电路的设计和协同仿真问题，可以在没有单片机实际硬件的条件下，利用个人计算机实现单片机软件和硬件的同步仿真，极大地提高了单片机应用系统的设计效率，同时使得对单片机的学习和应用开发过程变得容易和简单。

 习题

1. Keil 软件在调试程序时提供了多个窗口，主要包括哪几个？
2. Keil 调试窗口的观察窗口有什么作用？
3. Proteus 软件有哪些功能？
4. 集成环境 ISIS 下拉菜单提供了哪些功能选项？
5. 绘制电路原理图应在集成环境 ISIS 的哪个窗口内进行？
6. 利用 ISIS 模块开发单片机系统需要经过哪几个主要步骤？

附录 A ASCII 码字符表

低 位 / 高 位		0H	1H	2H	3H	4H	5H	6H	7H
		000	001	010	011	100	101	110	111
0H	0000	NUL	DLE	SP	0	@	P	`	p
1H	0001	SOH	DC1	!	1	A	Q	a	q
2H	0010	STX	DC2	"	2	B	R	b	r
3H	0011	EXT	DC3	#	3	C	S	c	s
4H	0100	EOT	DC4	$	4	D	T	d	t
5H	0101	ENQ	NAK	%	5	E	U	e	u
6H	0110	ACK	SYN	&	6	F	V	f	v
7H	0111	BEL	ETB	`	7	G	W	g	w
8H	1000	BS	CAN	(	8	H	X	h	x
9H	1001	HT	EM	)	9	I	Y	i	y
AH	1010	LF	SUB	*	:	J	Z	j	z
BH	1011	VT	ESC	+	;	K	[	k	{
CH	1100	FF	FS	,	<	L	\	l	|
DH	1101	CR	GS	-	=	M	]	m	}
EH	1110	SO	RS	.	>	N	^	n	~
FH	1111	SI	US	/	?	O	_	o	DEL

附录 B　单片机应用资料查询方法

名　称	网　址
51 单片机世界	http://www.mcu51.com
周立功单片机世界	http://www.zlgmcu.com
中国单片机公共实验室	http://www.Bol-system.com
中国单片机综合服务网	http://www.emcic.com
中国电子网	http://www.21ic.com
单片机联盟	http://zxgmcu.myrice.com
单片机技术开发网	http://www.Mcu-tech.com
平凡的单片机	http://www.21icsearch.com
单片机之家	http://homemcu.51.net
单片机技术网	http://mcutime.51.net
我爱单片机	http://will009.myrice.com
广州单片机网	http://gzmcu.myrice.com
世界单片机论坛大全	http://www.Etown168.com
单片机爱好者	http://www.mcufan.com
我爱 51 单片机	http://mcu51.hothome.net
单片机产品开发中心	http://www.syhbgs.com
电子工程师	http://www.eebyte.com
老古开发网	http://www.laogu.com
世界电子元器件	http://www.gecmag.com
宏晶科技有限公司的 STC 系列	http://www.stcmcu.com
ATMEL 公司的 AT89 系列	http://www.atmel.com
NXP 半导体公司（原 Philips 半导体公司）	http://www.nxp.com
ST 公司的增强型 8051 单片机	http://www.st.com
Microchip 公司的 PIC 系列	http://www.microchip.com
TI 公司的 MSP430 系列 16 位单片机	http://www.ti.com

附录 C　Proteus 常用分离器件名称

类型	符号	说明	符号	说明
电阻类	MINRES	固定电阻	RESPACK-X	电阻排
	POT-LIN	可调电阻	RESPACK-7	排电阻（7）
	RESISTOR BRIDGE	桥式电阻	RESPACK-8	排电阻（8）
电容电感类	CAP	电容	ELECTRO	电解电容
	CAPACITOR	电容	INDUCTOR	电感
	CAPACITOR POL	有极性电容	INDUCTOR IRON	带铁芯电感
	GENELECT10U50V	电解电容	INDUCTOR3	可调电感
	CAPVAR	可调电容		
显示器类	LED-	各种单个发光二极管	DPY_3-SEG	3 段 LED
	7SEG-COM-CATHODE	1 个共阴极七段数码显示器（红色）	DPY_7-SEG	七段 LED
	7SEG-COM-AN-GRN	1 个共阳极七段数码显示器（绿色）	DPY_7-SEG_DP	七段 LED（带小数点）
	7SEG-COM-CAT-GRN	1 个共阴极七段数码显示器（绿色）	MATRIX-5×7-GREEN	5×7 点阵块（绿色）
	7SEG-MPX4-CA-GRN	4 个七段共阴绿色数码管	MATRIX-8×8-GREEN	8×8 点阵块（绿色）
	7SEG-MPX6-CC	6 个共阴极七段数码显示器（红色）	LM016L	液晶显示器
按钮开关	SW-SPST	单刀单掷开关	SW-SPDT	单刀双掷开关
	DIPSWC_X	X 位拨动开关	BUTTON	按钮开关
	SW-DPDY	双刀双掷开关	SW-PB	按钮
二极管/三极管类	BRIDEG 1	整流桥（二极管）	NPN	三极管
	BRIDEG 2	整流桥（集成块）	NPN DAR NPN	三极管
	CIRCUIT BREAKER	熔断丝	NPN-PHOTO	感光三极管
	DIODE	二极管	PHOTO	感光二极管
	DIODE SCHOTTKY	稳压二极管	PNP	三极管
	DIODE VARACTOR	变容二极管	SCR	晶闸管
	JFET N N	沟道场效应管	TRIAC？	三端双向可控硅
	JFET P P	沟道场效应管	MOSFET	MOS 管
其他类	SPEAKER	蜂鸣器	FUSE	熔断器
	BUZZER	蜂鸣器	LAMP	灯泡
	MOTOR-DC	直流电机	LAMP NEDN	起辉器
	OPAMP	运算放大器	METER	仪表
	AlterNATOR	交流发电机	MICROPHONE	麦克风
	MOTOR AC	交流电机	CRYSTAL	晶体整荡器
	MOTOR SERVO	伺服电机	PELAY-DPDT	双刀双掷继电器
	ANTENNA	天线	THERMISTOR	电热调节器
	BATTERY	直流电源	TRANS1	变压器
	BELL	铃，钟	TRANS2	可调变压器

参 考 文 献

[1]　张自红等. C51 单片机基础及编程应用. 北京：中国电力出版社，2012.

[2]　孙育才等. MCS-51 系列单片机及其应用. 5 版. 南京：东南大学出版社，2012.

[3]　王雷等. 单片机系统设计基础. 北京：北京航空航天大学出版社，2012.

[4]　张欣等. 单片机原理与 C51 程序设计基础教程. 北京：清华大学出版社，2010.

[5]　范立南. 单片机原理及应用教程. 2 版. 北京：北京大学出版社，2013.

[6]　蔡振江等. 单片机原理及应用. 2 版. 北京：电子工业出版社，2012.

[7]　张旭涛等. 单片机原理与应用. 3 版. 北京：北京理工大学出版社，2013.

[8]　边莉等. 51 单片机基础与实践进阶. 北京：清华大学出版社，2012.

[9]　祁红岩等. MCS51 单片机实践与应用（基于 C 语言）. 北京：机械工业出版社，2012.

[10]　程国钢. 案例解说单片机 C 语言开发——基于 8051+Proteus 仿真. 北京：电子工业出版社，2012.

[11]　宋戈等. 51 单片机应用开发大全. 2 版. 北京：人民邮电出版社，2012.

[12]　姜志海等. 单片机的 C 语言程序设计与应用——基于 Proteus 仿真. 3 版. 北京：电子工业出版社，2015.

[13]　姜志海等. 单片机原理及应用. 4 版. 北京：电子工业出版社，2017.

反侵权盗版声明

电子工业出版社依法对本作品享有专有出版权。任何未经权利人书面许可，复制、销售或通过信息网络传播本作品的行为，歪曲、篡改、剽窃本作品的行为，均违反《中华人民共和国著作权法》，其行为人应承担相应的民事责任和行政责任，构成犯罪的，将被依法追究刑事责任。

为了维护市场秩序，保护权利人的合法权益，我社将依法查处和打击侵权盗版的单位和个人。欢迎社会各界人士积极举报侵权盗版行为，本社将奖励举报有功人员，并保证举报人的信息不被泄露。

举报电话：（010）88254396；（010）88258888

传　　真：（010）88254397

E-mail:　　dbqq@phei.com.cn

通信地址：北京市海淀区万寿路 173 信箱
　　　　　电子工业出版社总编办公室

邮　　编：100036